分布密度作用下球头铣刀
介观几何特征参数优化研究

杨树财　佟　欣　著

科 学 出 版 社

北 京

内 容 简 介

钛合金综合性能优良，在我国的航空航天、医疗、军事等领域中占据重要地位。基于仿生学的刀具表面织构化处理，对改善钛合金的加工状况、减小切削力并降低切削温度、缓解刀具磨损等都具有重要意义。本书以微织构刀具作为研究对象，基于理论分析、仿真建模和试验等手段，深入研究激光工艺对微织构加工精度和尺寸的影响，设计微织构精准排布模型，分析不同工况下介观几何特征对刀具铣削性能和工件表面完整性的影响规律，并以此优化参数；进而基于刀具磨损状态，提出刀具变分布密度微织构的概念并研究其抗磨减摩机理，为实现钛合金高效高质量加工及刀具优化设计提供解决思路。

本书可供机械加工领域的技术人员和金属工艺加工领域的科研人员使用，也可供高等院校和科研院所中机械工程等专业的师生参考。

图书在版编目（CIP）数据

分布密度作用下球头铣刀介观几何特征参数优化研究 / 杨树财，佟欣著. — 北京：科学出版社，2025.6
　ISBN 978-7-03-076782-0

Ⅰ. ①分… Ⅱ. ①杨… ②佟… Ⅲ. ①铣刀-研究 Ⅳ. ①TG714

中国国家版本馆 CIP 数据核字（2023）第 202702 号

责任编辑：张　庆　霍明亮 / 责任校对：任云峰
责任印制：徐晓晨 / 封面设计：无极书装

科 学 出 版 社 出版
北京东黄城根北街 16 号
邮政编码：100717
http://www.sciencep.com

三河市春园印刷有限公司印刷
科学出版社发行　各地新华书店经销

*

2025 年 6 月第 一 版　开本：720 × 1000　1/16
2025 年 6 月第一次印刷　印张：15 3/4
字数：318 000

定价：178.00 元
（如有印装质量问题，我社负责调换）

前　　言

钛合金作为 20 世纪发展起来的一种重要的结构金属,具有强度高、耐蚀性好、耐热性好等优点,被广泛应用到航空航天领域中,尤其是制作飞机和火箭发动机部件等结构部分。尽管钛合金拥有许多优异性能,但其导热系数小,因此在加工钛合金时切削温度很高且热量很难通过工件释放。导热系数小带来的另一个问题是加工过程中的工件局部温度上升快,导致刀具出现温度高、刀尖急剧磨损的现象,进而降低刀具寿命。加工难度大、加工成本高等原因使钛合金的普及应用遇到很大困难。

表面织构技术是近几年来基于仿生学提出的概念,众多学者的研究证明在摩擦表面置入微织构可以提高表面的摩擦学性能。表面微织构技术是通过改变材料表面结构来提高材料表面性能的方法。根据应用领域不同,表面微织构的形式也具有一定差异,但基本形式为尺寸介于宏观尺度与微观尺度之间且具有一定排列规律的凹坑或凸起结构。微织构在轴承领域、计算机硬盘领域已得到广泛应用,但其在刀具领域的应用仍处于初级阶段。根据作者的研究,在铣削刀具的前刀面应用微织构可以减小刀-屑接触面积并改善刀-屑接触状态,起到减小切削力和降低切削温度的作用,并能减少粘结磨损、扩散磨损等情况发生,进而提高刀具使用寿命。

作者将微织构与球头铣刀进行多角度结合,研究微织构制备中的各环节对刀具切削性能的影响,同时针对切削深度变化提出不同的微织构分布形式,进而研究微织构刀具的抗磨减摩机理,为钛合金材料的切削刀具提供设计思路及研究方向。作者还拓宽了现有刀具在难加工材料加工领域的应用范围,这对减少刀具磨损、提高刀具寿命、降低难加工材料的加工成本具有重要的实际意义,也对研究仿生技术在切削加工领域的应用具有重要的实践价值。

作者在铣削刀具中的微织构应用及其抗磨减摩机理领域研究数年,书中的内容是基于近几年的研究成果撰写而成。内容涉及微织构刀具的制备、微织构的精准分布设计、不同切深下的微织构应用优化及微织构排布对切削性能影响的研究等。本书的主要目的是向读者介绍微织构铣削刀具的发展近况并推广这些研究成果,希望对我国铣削刀具发展及微织构技术的广泛应用起到积极作用。

本书共 6 章,由杨树财与佟欣共同撰写,第 1 至 3 章由杨树财撰写,第 4 至 6 章由佟欣撰写。撰写过程中,作者邀请了哈尔滨理工大学机械动力工程学院院长刘献礼教授和杨树财的恩师郑敏利教授审阅本书，并综合他们提出的宝贵意见完成修改。本书中的研究内容得到国家自然科学基金项目（项目编号 51875144 和 51375126）的资助，在此表示衷心感谢！

　　鉴于微织构在刀具领域的应用仍处于快速发展阶段，书中不足之处在所难免，恳请读者批评指正。

杨树财

2024 年 9 月

目　　录

第1章 绪 论

本章综合研究微织构精准设计、制备及刀具介观几何特征（表面微织构、切削刃口）对钛合金切削性能的影响，并对多目标优化方法的应用进行研究。同时，本章以微织构球头铣刀铣削钛合金的物理性能、刀具磨损及表面质量为评价指标优化介观几何特征参数。该研究对改变钛合金目前的低效加工模式具有十分重要的意义。

1.1　钛合金切削加工的研究现状

钛合金虽然具备优异的综合性能，但其切削加工性能相对较差。切削过程常伴随着过大的切削力与过高的切削温度。尤其在铣削过程中，切削刃的受力是不连续的，在刀具身上就表现出切削温度的不断变化，循环的力热耦合作用很容易导致刀具磨损（孙少云等，2015；王亮，2012；何勇等，2010；刘月萍，2010）。

王哲等（2019）进行了陶瓷刀具车削 TC4 钛合金的试验，依靠扫描电镜与超景深显微镜观察了工件表面质量和刀具磨损形貌，同时对铣削力进行采集。综合上述几个评价指标研究了不同几何形状刀片的失效形态及失效机理。Liu 等（2019）对 Ti-6Al-4V 微铣削过程进行了仿真与试验研究。研究了刀具钝圆刃口磨损量的增加对微端面铣削性能的影响。结果表明，刀具磨损对切削力、切削温度、切屑流动和毛刺形成有显著的影响。Mishra 等（2019）考虑冷却液的作用下进行 Ti-6Al-4V ELI 正交车削试验，结果发现，切削速度对刀具磨损的影响最大，进给量对工件表面质量的影响最大。王永鑫和张昌明（2019）进行 TC18 钛合金的正交车削试验，研究了切削三要素对切削力和工件表面粗糙度 Ra 的影响。结果发现，切削深度对切削力的影响较大，进给速度对表面粗糙度的影响最大，切削速度对两者基本没有影响。

乌克兰的 Devin 等（2019）采用人造金刚石（polycrystalline diamond，PCD）刀具车削 VT10 钛合金，发现切削温度随着切削速度增加而升高，因此产生高硬度氧化钛和氮化物，并导致切削力出现明显的随机波动，这反过来使工件表面粗糙度产生变化。Seung 等（2019）进行碳化物涂层陶瓷刀具切削 Ti-6Al-4V 的正交试验，发现在钛合金加工过程中，刀具磨损的主要原因是高温切削造成的切屑粘着，刀具材料是影响刀具寿命的主要因素。易湘斌等（2019）进行涂层硬质合金刀具切削 TB6 试验，对钛合金的切屑形态及几何特征进行研究，结果表明，随着切削速度增加，切屑尺寸与锯齿化程度同时增加，绝热剪切带的生成及演化是产生锯齿形切屑的主要原因。

Shokrani 和 Newman（2019）研究了 Ti-6Al-4V 钛合金深冷端铣刀的不同几何结构参数，研究表明，一个 14°的前角和 10°的主间隙角是最适合低温加工的几何结构；通过研究切削速度对刀具寿命的影响，得出 110m/min 的切削速度可以获得 91min 的最长刀具寿命，同时允许在加工 Ti-6Al-4V 时提高 83%的生产率。总体而言，随着材料去除率提高，Ti-6Al-4V 的加工性能受到显著影响。

程锐等（2018）为深入研究微织构刀具结合微量润滑技术对金属切削加工性的影响，利用激光机在硬质合金刀具前刀面制备出不同的微凹坑阵列，并在不同微量润滑条件下开展钛合金车削试验；以工件加工表面质量作为评价标准，对相关影响因素进行优选，并对刀具磨损进行分析。研究表明，在一定的加工条件下，表面质量有显著提高；其中，温度和面积占有率是主要的影响单因子，而刀具磨损仍以粘结磨损为主，磨损情况得到改善。

王沁军和孙杰（2019）针对钛合金 Ti-6Al-4V 的加工特性，采用聚晶立方氮化硼（polycrystalline cubic boron nitride，PCBN）刀具，基于单因素试验，研究高速铣削条件下工艺参数对切削力、切削振动等的影响规律，提出综合考虑切削力、切削振动、表面粗糙度的工艺参数优选方法。研究表明，切削力和切削振动随切削速度和每齿进给量的增大呈现一定的波动，且随径向切深和轴向切深增大而增大，切削振动受切削力影响较为显著。考虑切削性能，以材料切除率为优化目标，以切削力、切削振动和表面粗糙度等为约束条件，建立工艺参数优选模型，可以得到不同约束条件下工艺参数的优选组合。

陶亮等（2018）以硬质合金刀具切削钛合金 Ti-6Al-4V 为研究对象，采用约翰逊-库克（Johnson-Cook）本构模型，运用金属切削仿真软件进行了高压冷却、浸入式冷却及局部喷射冷却的切削仿真分析。仿真结果表明，在三种冷却方式中，刀具高温区主要分布在切削刃附近区域；在浸入式冷却中切削刃温度和应力最低、切削力最小；浸入式冷却切削性能最好，高压冷却性能次之，局部喷射冷却性能最差。

彭凌洲等（2018）通过 4 种钝化值 PCD 刀具在不同切削参数下铣削钛合金试验，研究了刃口钝化对工件表面粗糙度与刀具寿命的影响；使用触针式表面粗糙度仪检测工件表面粗糙度，利用超景深显微镜观察刀具刃口磨损状况，并以刀具后刀面磨损量大于 0.2mm 或刃口崩缺时的切削距离表示刀具寿命。结果表明，钝化 PCD 刀具铣削钛合金表面粗糙度大于未钝化 PCD 刀具，表面粗糙度随钝化值增大而增大；钝化 PCD 刀具铣削钛合金时，与未钝化 PCD 刀具相比，刀具寿命更高；刀具寿命随钝化值增大呈先提高后降低的趋势，当钝化值为 15μm 时，刀具寿命最高。

罗学全等（2019）为了研究刀具切削钛合金时的失效机理，利用物理气相沉积（physical vapor deposition，PVD）涂层刀具进行钛合金铣削试验并通过对刀具刃口区及前后刀面磨损区域进行观测及元素检测，发现三个区域的失效形式各不相同，前后刀面以粘结磨损为主导致其失效，而刃口磨损主要是粘结及机械疲劳因素导致的，刃口磨损产生的微裂纹扩展到前后刀面引发刀具崩坏。郑敏利和范依航（2011）对切削钛合金过程中的刀-屑接触区进行研究，通过刀具切削区域的温度差异来解释刀具与切屑的摩擦状态，指出切削冷却条件不同对钛合金切削时的应力场与温度场影响较大，而切削过程中温度与材料属性变化复杂，很难控制刀-屑间的摩擦状态。

许良（2020）对钛合金切削后发生的回弹展开研究，通过摩擦原理计算切削过程中工件的理论回弹量，为探究不同切削参数下已加工表面回弹量差别，利用有限元技术进行二维切削试验，试图从刀具设计角度减少刀具振动并减少已加工表面的回弹量。刘进彬（2020）采用正交车铣方法加工钛合金，该方法使工件及刀具共同旋转，以此解决钛合金加工表面热量不易消散的问题，将切削力作为评价指标。可以发现，在正交车铣中轴向进给量对切削力影响最大，而切削深度与铣刀转速增加可以降低切削力，工件转速增加会导致切削力同步增长。

刘丽娟等（2015）对钛合金高速切削产生切屑进行研究，发现切削层在高速铣削过程中其第一变形区的材料会在刀具作用下出现熔融再结晶的现象，通过这一结论对 Johnson-Cook 本构模型进行改进，并验证了改正后的材料模型具有更高的准确性。Su 等（2012）针对钛合金高速切削刀具磨损情况，在高速切削中刀具表面温度升高加快刀具磨损，但相比 PCBN 刀具，PCD 刀具在切削钛合金时磨损较小，且切削速度越高差别越明显。通过扫描电镜对刀具破损处进行分析发现，粘结磨损与扩散磨损是刀具失效的主要形式。

郭涛（2019）针对钛合金车削效率低下展开新工艺研究，从刀具结构出发设计具有消振效果的刀具并利用摆动车削技术将钛合金车削速度提高近 50%。王宝林（2013）对车削钛合金的切削参数展开研究，结果发现切削深度是影响切削力的主要因素，但对刀具寿命影响不大，切削速度对刀具寿命与切削温度影响明显，此外还总结了切屑形态与切削参数之间的联系。姜增辉等（2014）对切削钛合金的刀具牌号展开研究，通过研究不同切削速度情况下的刀具磨损形式，发现在低速切削时刀具磨损主要由切屑粘结导致，而高速切削下还伴有扩散磨损与氧化磨损，并总结出适合不同切削速度时的刀具牌号。

总体来说，钛合金的加工是一项系统性工程，开发新型刀具结构、寻求经济高效的切削工艺、优化仿真技术等均能够提高钛合金的切削性能、提高加工效率，进而提高产品质量。但是，加工质量、刀具寿命、生产成本等多目标的工艺方案仍需优化，不同冷却润滑介质在刀具、工件、切屑中的耦合作用机理也仍然需要深入探索。

1.2　微织构刀具制备的方法

制备出表面微织构的方法主要有高压脉冲加工法、机械加工法及化学处理法等。高压脉冲加工法包括：激光加工、电火花加工及聚焦离子束加工。机械加工法包括：表面划刻加工、表面压刻加工、超声加工、磨料射流加工、磨削加工及微切削加工。化学处理法主要包括：光化学刻蚀、反应离子刻蚀及化学涂层等。在诸多加工方法中，激光加工由于加工精度高，成本低且易于实现计算机控制而成为表面微织构制备技术中最为常用的方法。

国内外相关研究表明，激光参数对加工微织构的几何成型有很大的影响，具体研究内容如下。陈世平等（2015）以发动机常用摩擦副作为研究对象，分析了采用不同激光工艺参数对凹腔微观参数的影响，研究表明激光功率增大，已加工工件表面汽化现象明显，加工表面蒸气部分受到电离加热，进而通过热辐射使前方冷空气也发生加热和电离，形成激光维持燃烧波。当激光功率增大时，激光维持燃烧波吸收能量变多，形成激光支持爆轰波，使射入的激光被工件表面完全吸收。当激光头距工件 2mm 并且泵浦电流为 15.5～17.5A 时激光加工质量最好；并发现随着脉冲次数增加，凹腔深度呈线性增长，而凹腔半径尺寸基本不变。表面多次扫描的光斑重叠，是由于激光能量为高斯分布，光斑四周的功率密度较小。当凹腔深度较大时，熔融的金属喷溅不出凹腔，熔融金属会在凹腔内重铸，导致深度减小，因此脉冲次数的选择不宜过多。陈辉（2011）用光纤激光器分析了激光工艺参数对钢箔表面冲孔质量的影响，研究表明，随着激光功率增加，气相作用越来越明显，蒸气冲击作用增强，气相物质带走的液相物质越来越多，微坑的直径越来越大，孔周围热影响区域增大，成型精度下降，激光制备微织构流体模型如图 1-1 所示；随着扫描速度增加，由于脉冲速度减小，材料去除率减小，孔的直径越来越小，当扫描速度超过 5mm/s 时，不能形成孔；随着激光脉冲频率增加，单脉冲峰值功率减小，单脉冲所去除的物质减少，去除率降低，孔径基本不变。

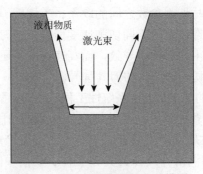

图 1-1　激光制备微织构流体模型

张培耘等（2013）分析了离焦量、重复频率和重复次数等对微织构质量的影响，研究表明微凹腔深度和直径随着泵浦电流增加而变大；随着重复频率范围增大，由于脉冲峰值功率下降，单个凹腔每次获得的脉冲能量逐渐减小，凹腔直径和深度呈减小的趋势。李小兵等（2004）利用模糊分析法在 Al_2O_3 陶瓷材料上采用准分子激光器加工出微织构，分析激光放大器的扫描速度、脉冲频率和电压等各参数对材料表面粗糙度的影响，发现激光扫描速度对表面形貌参数的影响最大，激光脉冲频率对表面形貌参数的影响次之、激光放大器电压对表面形貌参数的影响最小。符永宏等（2012）为分析激光工艺参数对微织构质量的影响，利用泵浦激光器"单脉冲同点间隔多次"对 SiC 机械密封试件端面进行激光加工工艺试验研究，研究表明，由于微凹腔的直径由一组脉冲中单个脉冲的能量、宽度等参数决定，因此重复的频率对微织构参数几乎无太大的影响；微织构直径和深度随着泵浦电流增加而变大，当电流为 14～16A 时效果最好，其原因是光束模式为基模的激光能量分布呈高斯分布，越靠近光轴功率密度越大。因此，靠近光轴区域汽化，远离光轴区域融化。泵浦电流越大，即功率密度越大，产生的蒸汽压力越大，高压蒸汽带走的液相物质越多，孔径越大；当重复次数在 10 次以内时，微凹腔的深度随着重复次数增加近似呈线性增大的趋势，而由于光斑的重叠，微凹腔的直径几乎不变。苏永生等（2014）在硬质合金刀具的前刀面利用光纤激光器加工出微坑织构和微沟槽织构，分析了加工工艺参数对微织构形态的影响，其中平均功率增大会引起微坑直径和微沟槽宽度同时增加；相反，脉冲频率增加会导致微坑直径和微沟槽宽度同时减少。较大的脉冲频率与输出功率能使微织构形态和质量得到明显的提高；当离焦量为 -1.4～-1mm 时，使微沟槽底部获得较好形态和较高质量的聚焦量为 -1.4～-1mm。王海波（2016）为了获得最好的织构形态，对微沟槽织构和毛化织构进行了系统性的工艺测试，发现微沟槽织构刀具与毛化织构刀具可以有效地降低切削温度和分散应力集中。在切屑形态方面，毛化织构刀具形成的切屑最为卷曲，微凹槽织构次之。在粗加工中，毛化织构刀具最高应力发生在毛化凸点位置，主切削力 F_z 降低 13.9%、切削合力 F 降低了 10.1%。但在干式切削环境下，切削力降低不明显，甚至在精加工干式切削下，切削力反而出现增大的现象。毛化织构刀具表面黏结长度的降低最为明显，并在精加工中有效地降低了刀具表面磨损深度。相比于无织构刀具，微凹槽织构刀具增大了切屑卷曲程度，减小了切屑毛刺尺寸，使切屑边界相对更加平整，如图 1-2 所示。

李德鑫（2017）针对超短脉冲皮秒激光在氧化铝陶瓷和氮化硅陶瓷凹槽形表面上制备微织构的能力进行了分析。结果表明，调整平均功率、扫描速度、重复次数等工艺参数可以有效地降低凹槽底部粗糙度、减小凹槽壁面锥度和氧化产物。谢永等（2013）研究了激光不同参数（能量、波长）对刀具表面微织构的影响，研究发现：不同波长对刀具表面的残余应力影响相近，是由于试验采用的能量较小，

(a) 无织构刀具切屑卷曲　　　　　(b) 微织构刀具切屑卷曲　　　　　(c) 毛化织构刀具切屑

图 1-2　各种形式微织构刀具切屑

材料对不同激光的吸收对表面强化效果影响不大，而基体本身残余压应力较大。因此，不同波长对刀具的强化效果相近；当激光波长一定时，能量越大，刀具表面硬度越高，在相同能量下不同激光波长对刀具表面冲击区硬度影响差别不大；当波长为 1064nm 时刀具表面的硬度略高于波长为 532nm 时刀具表面的硬度。这是由于硬质合金由高硬度细化晶粒烧结而成，激光加工微织构后，激光热效应冷却形成的球形融化聚集区使材料表面硬度得到提高，然而激光光斑能量较小，冲击强化效果不太明显，加上基体硬度较大，因而冲击后的表面硬度变化不大。刘泽宇等（2016）采用不同激光功率、频率、扫描速度和扫描次数在陶瓷刀具表面使用光纤激光器加工制备出微织构，研究分析其对微沟槽尺寸和形貌的影响。研究发现，随着激光频率增大，微织构深度逐渐增大，宽度逐渐减小，原因是随着脉冲频率增高，光斑的重叠率会增高，材料去除率增大，使加工微织构沟槽深度增大；随着激光器扫描次数增加，微织构沟槽宽度变化不大，这是由于扫描次数的改变并未改变单脉冲能量和光斑直径大小，对激光能量密度影响较小，因此，仅增加扫描速度，不改变光斑直径，对微沟槽宽变化影响不大。而随着激光器扫描速度增加，单位面积的能量密度会减少，材料去除率降低，进而使微沟槽的深度逐渐减少。当光纤激光器波长达到 1064nm 时，陶瓷刀具表面加工出的微织构质量最高。Huang 等（2012）研究了几种微纳米材料表面的激光加工和力学性能，实现了具有均匀纳米点的纹理、不同时期的亚微米尺度波纹、微米尺度波纹和双尺度波纹的复合结构。试验结果表明，激光功率对微米尺度波纹有很大的影响，同时扫描速度对亚微米尺度波纹结构的大小和周期都有重要的影响。Yuan 等（2018）发现激光扫描路径中激光脉冲重叠对激光加工微细纹理有显著的影响。用纳秒脉冲激光在不同扫描速度下制备了 WC-8CO 陶瓷的微尺度槽。研究发现，随着扫描速度增加，在第一次扫描中，从连续的深凹坑过渡到连续重叠的浅坑均有烧蚀痕迹。上述学者分析了激光工艺参数对加工微织构的几何形状和尺寸均有影响，表明了对激光加工工艺进行研究的必要性。

刘伟伟（2018）通过有限元仿真软件，对激光加工过程中不同激光功率、扫描速度、光斑直径及织构间距的温度场及应力场进行仿真分析，结果表明，随着激光功率增大，材料表面光斑作用中心温度升高，热应力影响范围增大，扫描速度反之；光斑直径对作用中心区温度的影响与扫描速度相似，对材料表面应力范围影响不大，当织构间距小于 200μm 时，由于能量的叠加作用，对材料表面影响较大，当间距大于 250μm 时，材料表面形成残余应力空洞。

华南理工大学刘欣（2015）采用激光加工工艺在 WC-10Ni₃Al 硬质合金刀具和 YG8 硬质合金刀具上使用同一组试验参数进行微沟槽加工，进行单因素对比试验，研究在不同激光功率条件下的材料表面微沟槽的形貌及三维参数。结果表明，当激光功率为 10W 时，WC-10Ni₃Al 表面的微沟槽已经开始形成，而 YG8 表面的微沟槽并没有完全形成，直到功率达到 20W 时，如图 1-3 所示，YG8 和 WC-10Ni₃Al 表面的微沟槽可以完整地形成。并且研究了不同的激光功率条件对微沟槽宽深比的影响规律，最终得到两种刀具的最优微沟槽激光制备功率：WC-10Ni₃Al 刀具最合适的激光功率为 14W，YG8 刀具最合适的激光功率为 20W。

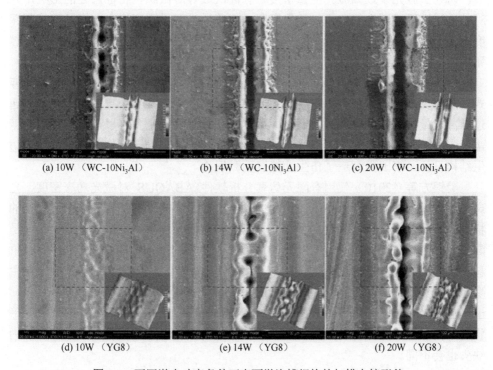

(a) 10W （WC-10Ni₃Al）　　(b) 14W （WC-10Ni₃Al）　　(c) 20W （WC-10Ni₃Al）

(d) 10W （YG8）　　(e) 14W （YG8）　　(f) 20W （YG8）

图 1-3　不同激光功率条件下表面微沟槽织构的扫描电镜形貌

（a）～（c）为 WC-10Ni₃Al 材料表面微沟槽织构的扫描电镜形貌；（d）～（f）为 YG8 材料表面微沟槽织构的扫描电镜形貌

印度的 Sasi 等（2017）使用 Nd：YAG 激光器在高速钢刀具（high-speed steel

tool，HSS）表面加工微坑织构，研究激光波长、激光照射时间等参数对微织构的影响。结果表明，使用 355nm 的波长可以有效地获得均匀的圆形凹坑微织构，并且可以降低切削力及减少刀具与切屑的接触。

德国的 Bonse（2015）使用紫外脉冲激光和红外脉冲激光进行材料表面的微织构加工，对比了两种脉冲激光加工得到的微织构的区别。结果表明，不同波长的飞秒激光在金属钛表面进行加工时，诱导条纹间隔会随着波长增大而减小。

日本的 Kawahara 等（2002）研究了飞秒激光加工技术中激光能量密度与被烧蚀金属质量的关系，通过在金属铜和铝的表面进行沟槽的制备，发现随着激光能量密度增大，微沟槽的形貌质量降低。结论为由于材料的热传导特性产生了重凝层增多的特性，微沟槽的表面形貌受到影响。

西安交通大学的王文君（2008）搭建了飞秒激光微加工的试验平台系统，使用飞秒加工技术在钢、铜、钛、铝等典型金属表面进行了微孔和微沟槽的加工制备，研究了激光参数如激光能量密度、脉冲次数等对微织构特征尺寸的影响，并对其原因进行了细致的分析。结果表明，随着激光能量密度增大，烧蚀直径和深度随之增大，脉冲次数对烧蚀直径的影响较小，与烧蚀深度呈线性关系。王文君还提出了两步倾斜烧蚀的加工工艺方法，以实现微织构加工形状的精确控制。

中国科学技术大学的李国强（2015）使用乙醇环境和蔗糖溶液环境辅助的方式并利用飞秒激光加工技术在金属镍表面进行大面积三维微织构的制备，并且通过脉冲能量控制乙醇环境下金属表面微纳米笼状结构的生长，以及通过控制蔗糖溶液中蔗糖与水的质量比及激光脉冲能量的方式来控制锥形结构的生长。结合仿生结构设计，李国强制造了仿生功能表面微织构。

姜银方等（2010）使用有限元仿真分析软件 ABAQUS 对激光功率密度、光斑形状与板状材料表层的残余应力场的关系进行了研究，并探索了残余应力场的机制。结果表明，材料表层的残余应力场会随着激光功率密度增大而增大，但是随之会产生"残余应力空洞"现象（图 1-4）。同时对激光能量冲击之后的材料位移和表面应力动态响应进行了分析，结果表明，产生"残余应力空洞"现象的主要原因在于材料表面受到了激光能量的冲击与材料弹性力作用产生了振荡过程，于是在激光光斑的边缘反射波的反向加载引起了反向的塑性变形。同时，光斑形状的不同，激光能量冲击后产生的反射波的情况不同，从而导致中心的残余应力缺失也会不同。

陈汇丰（2018）通过正交试验设计出 25 组织构参数，并对具有不同织构参数的微织构刀具进行有限元切削仿真试验。分析得出五组织构参数的因素效果趋势图，从中发现五组织构参数中织构刃边角对微织构刀具切削性能起了主要的作用。根据五组织构参数的因素效果趋势图，分析得出理论最佳织构参数。再在理论最佳织构参数的基础上对主要因素（织构刃边角）进行二次优化，进而得出实际最

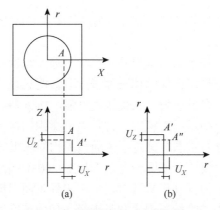

U_X：冲击区节点A在X方向的位移
U_Z：冲击区节点A在Z方向的位移

图 1-4 "残余应力空洞"产生示意图

佳织构参数：织构上宽度为 50μm、织构间距为 90μm、织构刃边距为 90μm 及织构刃边角为 80°。将设计与优化出来的微织构刀具 Tool TT-P、Tool TT-I 与传统无织构刀具 Tool-NT 进行切削仿真对比试验。从仿真结果中的切削力与切削温度数据可以看出，两种微织构刀具都有效地降低了切削仿真过程中的切削力与切削温度，且三种刀具中 Tool TT-I 的切削性能最好。

王志刚（2019）在 YG6 表面加工出直线型沟槽阵列，并且进行了干摩擦磨损试验和不同油润滑条件下的摩擦磨损试验（基础油润滑和纳米粒子润滑油润滑），结合试验结果对直线型沟槽阵列与硬质合金表面结合后的抗磨减摩规律进行了分析。在干摩擦磨损试验过程中，微织构表面表现出较好的摩擦磨损特性，但是会增大钢球磨斑；在油润滑试验过程中，相比较于普通抛光表面，垂直型沟槽阵列会增大接触表面的摩擦系数，平行型沟槽阵列会减小接触表面摩擦系数。

综上研究结果表明，织构化刀具可以减小刀-屑接触长度，提高系统摩擦学性能，减缓刀具磨损并减轻切屑粘结现象，降低切削力和切削温度。但如何充分地利用仿生学技术，开发出摩擦阻尼更小的微观组织；将微织构技术与涂层技术相结合，构造织构化涂层，进一步提升现有涂层的切削性能；开发低成本、产业化的微织构刀具制造工艺，成为目前切削制造业亟待解决的问题。

1.3 微织构参数设计的研究现状

杨树财等（2015）通过无织构和织构化刀具对比仿真及试验研究，分析微织构对球头铣刀切削性能的影响规律，揭示了微织构的抗磨减摩机理。结果表明，在相同切削条件下，微织构在球头铣刀切削过程中能够改善刀具受力、受热特性，抑制刀具磨损，延长刀具寿命。

王洪涛等（2016）基于微织构尺寸参数设计分形织构并与等面积比织构表面进行对比研究，发现分形织构能够使表面摩擦系数明显地降低，在相同载荷条件下，分形织构的受力分布更均匀，承载能力更强。Tang等（2013）建立了微凹坑织构的理论参数模型，揭示承载机理，评价表面微织构在不同凹坑面积分数的影响，确定了最佳凹坑分布状态，确定了表面微织构的积极作用。

张慧萍等（2016）设计了硬质合金车刀加工300M超高强度钢单因素试验，分析了不同加工参数及刀具几何参数对已加工工件表面粗糙度的影响，得到其对工件表面粗糙度影响为进给量＞刀尖圆弧半径＞切削速度＞背吃刀量，并建立表面粗糙度的预测模型，并验证了该模型的准确性。

周永志（2018）对微织构球头铣刀铣削钛合金进行了理论分析，研究了微坑织构参数对表面质量的影响关系，通过有限元仿真，并且以切削力和切削温度为评价标准，优选出微织构刀具的介观几何特征最佳参数范围；通过微织构球头铣刀铣削钛合金试验研究，获得了已加工表面粗糙度、表面残余应力、表面加工硬化等试验数据，探寻了微坑织构参数对已加工表面质量的影响规律，并且对铣削机理进行了分析。周永志研究了微织构刀具与无织构刀具铣削钛合金表面质量的影响规律。综合以上试验数据，周永志建立了微织构球头铣刀铣削钛合金已加工表面质量预测模型。

佟欣（2019）基于微织构球头铣刀铣削过程理论分析，建立了微织构参数化设计模型，界定了铣削条件下微织构球头铣刀刀-屑接触区域范围，设计出微织构最佳分布形状为扇形；基于激光制备的微织构几何形状，建立了微圆坑直径与深度正比关系模型，提高了微织构的制备精度；分析了微织构在刀-屑接触区内的分布界限，获得了微织构分布参数在刀-屑接触区内的极值；分析了不同切削深度对刀-屑接触区内微织构分布影响，得到了不同切削深度下微圆坑织构在刀-屑接触区内的分布形式；利用有限元仿真分析了设计的微织构对刀片强度的影响，为后续微织构球头铣刀切削性能的研究提供了保证。

李强（2019）通过硬质合金微织构球头铣刀铣削钛合金的仿真及试验，发现微织构参数对切削温度影响大小的排序为直径＞间距＞距刃距离＞坑深，微织构参数对切削力影响大小的排序为直径＞距刃距离＞坑深＞间距，微织构参数对刀具磨损影响大小排序为距刃距离＞间距＞坑深＞直径，微织构参数对工件已加工表面粗糙度影响程度排序为直径＞距刃距离＞间距＞坑深，通过对微织构球头铣刀铣削过程分析，发现微织构能够在铣削过程中储存细小切屑、磨粒等杂质，从而提高工件的表面质量。

崔江涛（2019）通过钝圆刃口微织构球头铣刀仿真研究，对铣削力进行极差分析得到：钝圆刃口和微织构参数对铣削力的影响主次关系是钝圆刃口半径＞微织构直径＞距切削刃距离＞间距＞深度，即钝圆刃口半径对铣削力的影响最大，微织构的深度对铣削力的影响最小；以最小铣削力为优选准则，得到最佳参数组合：钝圆刃口半径为 0.04mm，微织构直径为 40μm，间距为 200μm，距刃距离为 130μm，深度为 80μm。分析钝圆刃口与微织构参数对铣削温度的影响主次关系为钝圆刃口半径＞深度＞微织构直径＞间距＞距切削刃距离，即钝圆刃口半径对铣削温度的影响最大，微织构的距切削刃距离对铣削温度的影响最小。

崔晓雁（2016）通过钛合金球试件及硬质合金盘试件摩擦磨损试验，对比分析了微坑直径、深度、间距及类型对球试件及盘试件的磨损情况。结果表明，随着微坑直径及深度增加，盘试件磨损程度有所减弱，但随着微坑间距增加，盘试件表面磨损现象严重。在不同织构类型下，无织构球试件磨损面积较小但磨屑相对较大且粘着磨损现象比较严重，微坑织构、正交织构、沟槽织构球试件只产生轻微的磨粒磨损，球试件的磨损情况得到了明显的改善。

王焕焱（2017）通过金属切削剪切变形理论，建立了微织构刀具的能量表达式，理论分析发现微织构的置入能有效地减少刀-屑接触长度，减少耗能。通过微织构刀具铣削仿真分析，发现微织构刀具可以降低刀具温度，并且相对于横槽织构，微坑织构切屑与刀具的最高梯度温度值分别减少了 13.9%和 3.4%，微坑织构参数对平均切削力的影响顺序为微织构直径＞间距＞距切削刃距离＞深度＞横向距离；各微坑织构参数对平均切削温度的影响顺序为间距＞微织构直径＞距切削刃距离＞深度＞横向距离。

王志伟（2016）进行硬质合金-钛合金 TC4 副摩擦磨损试验，分析了硬质合金微织构表面干摩擦性能，对比分析了在不同形式硬质合金微织构表面干摩擦性能及固体润滑剂条件下不同形式硬质合金微织构表面摩擦性能，结果发现微坑织构表面摩擦系数最低；分析不同微坑织构参数对摩擦系数影响规律及微坑织构表面不同工况下摩擦性能，描述了硬质合金微织构表面磨损形貌，揭示了微坑织构抗磨减摩机理；通过硬质合金-钛合金摩擦副摩擦磨损试验，建立硬质合金微坑织构摩擦系数优化模型，获得了微坑织构最优参数，即当微织构直径为 46.6μm、深度为 27μm、间距为 123μm 时，摩擦系数取得最小值 0.3755。采用施加渐变式载荷方式，对硬质合金微织构球头铣刀结构强度进行分析，结果表明，微织构置入对硬质合金球头铣刀结构强度影响较小；制备硬质合金微织构球头铣刀并进行铣削钛合金试验，结果发现硬质合金微织构刀具具有降低磨损、捕获磨粒杂质、延长刀具寿命作用等功能。

张磊（2017）将微织构与钝圆刃口半径引入硬质合金球头铣刀，研究介观几何特征对球头铣刀铣削钛合金时切削性能的影响规律，并且以切削力与切削温度为优化目标对织构参数和刃口参数进行优化，结果表明，介观几何特征对摩擦系数的影响的主次为钝圆刃口半径＞微织构直径＞间距＞距切削刃距离＞深度,并且当微坑直径为 50.63μm、深度为 37.69μm、微坑织构间的距离为 156.56μm、距离切削刃的距离为 107.69μm、钝圆刃口半径为 25.54μm 时切削力及切削温度达到最优。

马旭青(2018)研究微织构刀具铣削钛合金的刀具磨损特性,分析了不同织构参数球头铣刀的切削力及刀具磨损特性,采用多目标优化的方法,建立了以微织构参数为设计变量,以刀具前后刀面磨损为目标函数的多目标优化模型,选择合理的微织构参数,从而在保证加工质量的基础上降低刀具磨损、延长刀具寿命。

柏云(2016)在模具钢表面制备出不同尺寸参数和密度的微织构,进行摩擦磨损试验并研究其摩擦性能,发现微织构的直径对材料表面摩擦系数的影响最大,微织构密度对其影响较小,合适的微织构参数和密度能够使摩擦系数更小。于海武等(2011)和王晓雷等(2008)研究了微织构不同位置对其减摩性能的影响,通过改变微织构参数及试验参数得到微织构的分布形式会影响织构化表面的耐磨性,且合理的微织构分布形式可以起到更好的减摩作用,而且发现混合型微织构表面可以承受的最大载荷比均匀分布的微织构表面更高。

朱华等(2010)在工件表面制备出变分布密度的微织构,通过模拟试验分析微织构分布密度对活塞缸套工件摩擦性能的影响规律,研究发现,不同载荷条件下不同分布密度的微织构摩擦性能表现出不同的效果,变分布密度微织构的减摩效果优于均匀密度微织构,并且发现在高速高载条件下,参数组合为两端密、中间稀疏的变分布密度微织构减摩作用更好。Tang 等(2013)研究了微织构对工件摩擦磨损的作用机理,建立了多凹坑数值模型,分析其所能承受的最大载荷,研究微织构对其面积占有率的影响,得到了最好的微织构分布形态,得出表面微织构是降低摩擦、减小磨损的重要方法。

Wan 等(2019)将硬质合金刀具表面分为三个影响区域并分别在三个区域加工出微织构,并通过三维仿真软件和钛合金切削试验研究不同分布形式对刀具切削加工性能的影响,结果表明,不同分布形式的微织构对刀具切削性能会产生积极的影响,合适的微织构分布可以起到延缓刀具磨损的作用。闫彩等(2019)利用激光加工方法在缸套表面制备出不同分布密度的微圆坑织构,并研究不同分布密度微织构对其摩擦特性的影响,研究发现微圆坑织构面积占有率过大会增大刀具表面粗糙度,影响其摩擦性能,当其面积占有率为 12%时,摩擦性能最好。

印度的 Durairaj 等(2018)对凹坑状微织构的几何参数进行了优化,指出点阵孔的直径是影响切削力、剪切角、6061 铝合金黏结的最重要参数,合理地选择点阵孔几何参数可以减小刀屑实际接触面积的 61%。

Ma 等(2015)对微坑织构参数在切削过程中的作用进行了仿真分析,结果表明,微坑的存在降低了切削过程中的能量消耗,并减小了切削力。

印度的 Arulkirubakaran 等(2017)在硬质合金刀具上加工三种不同图案的微

织构（平行于切削刃微槽、垂直于切削刃微槽、交叉织构），并用它们分别加工钛合金；结果显示相同条件下垂直于切削刃纹理刀具对钛合金的加工效果最好，切削力最小，摩擦系数最小。

　　印度的 Sharma 和 Pandey（2017）研究微织构尺寸参数的交互作用对切削力的影响，并找出最优的一组参数，使刀具在加工时切削力最小。

　　通过以上分析可以看出，织构技术在改良高端装备构件耐磨、润滑、耐腐蚀等方面有很大的研究价值。织构化刀具已经被证实可以有效地降低切削力、切削温度及刀-屑接触区域的磨损。如何合理地设计微织构的相关尺寸参数、布置微织构在刀具表面的相对位置仍然是未来研究的一个重点方向。

1.4　介观几何特征刀具的研究现状

　　在切削加工中常用的钝圆、倒棱刃口参数，即钝圆半径与倒棱宽度，其尺寸一般是几十至几百微米。近年来在刀具表面置入的微织构尺寸大都在 100～200μm，由于介于纳米与毫米之间的尺度统称为介观尺度，因此将钝圆刃口、倒棱刃口与微织构统称为刀具介观几何特征。钛合金的切削加工通常处于高切削速度与小切深的精加工领域，这种加工条件下的铣削加工特点是连续加工时间短、切削力较小及切削温度较低。此时，刀具介观几何特性对铣削过程的影响作用大于刀具材料、刀具形状等宏观参数，因此刀具介观几何特征对铣削行为的影响不可忽视。

　　Deng 等（2012）率先将微织构与自润滑刀具相结合，设计开发了一种新型的自润滑刀具，并对其相比于普通刀具所起到的抗磨减摩作用机理进行了进一步的研究。在微织构刀具前刀面的凹坑或者沟槽织构内填充固体润滑剂会起到抗磨减摩的作用。因此，微织构自润滑刀具在加工过程中可以极大程度地减小前刀面刀具与工件摩擦，降低铣削力和温度。

　　戚宝运等（2011）在车刀前刀面上设计置入表面织构，而且利用该种刀具在微量润滑剂和干式切削的条件下分别进行了加工 Ti-6Al-4V 的试验。研究结果表明，刀具前刀面置入沟槽类型织构的刀具，在微量润滑剂的作用下进行切削，能够有效地减小前刀面的刀-屑接触长度，改善刀-屑接触区域摩擦状态，进而达到减小切削力和温度的目的，并且带有这种表面织构的刀具在微量润滑剂的条件下进行切削可以有效地减少切屑对刀具的黏结现象；在干式切削的情况下，这种带有沟槽表面织构的刀具也能起到一定的润滑作用。

　　杨翠蕾（2016）将表面织构置入刀具，并且通过摩擦磨损的对比试验发现：微织构的存在减小了刀-屑接触面积，起到了很好的抗磨减摩作用，从而进一步分析了尺寸和形状不同的表面织构所起到的抗磨减摩程度；通过仿真对比试验结果可知：置入了微织构的刀具与传统刀具相比可以减小铣削过程中的切削力及切屑的塑性应变。

姜超等（2016）深入地研究了织构化 AlCrN 涂层刀具车削加工不锈钢的切削机理。将微织构置入刀具前刀面且将其应用于不锈钢的加工中。其中，微织构的分布方向为沿切削刃。试验研究结果表明，微织构涂层刀具的切削性能（切削温度和切削力）及刀具和工件所受摩擦情况得到了明显的改善。同时，研究还发现流体润滑剂流入微织构中，使加工时微织构结构得到了保护，微织构充分地发挥了抗磨减摩作用，延长了刀具的使用寿命。

日本的 Kawasegi 等（2009）采用激光器在刀具前刀面上置入了微米级及纳米级的凹槽组织，并且加入微量润滑剂进行车削铝合金试验。研究结果表明，在刀具表面置入微沟槽能够有效地减小刀-屑接触区域的摩擦系数进而减小切削力，与切屑流出方向垂直的沟槽刀具效果更为显著。日本的 Sugihara 和 Enomoto（2009）针对铝合金深孔加工刀具粘结失效问题，在刀具的前刀面制备了微米级和纳米级相结合的凹槽组织，对表面织构所起到的抗磨减摩作用进行研究进而设计出一种微米级与纳米级复合型的微织构刀具。研究发现与主切削刃平行的条纹槽在湿切削时具有优异的抗黏性能，且该条纹表面显著地改善了刀具在干式切削时的抗黏性能和切削性能，特别是带有细条纹凹槽的刀具抗黏性能最好。日本的 Obikawa 等（2011）将四种形状的织构分别置入涂层刀具前刀面后，为对比其加工铝合金材时刀具切削性能的优劣进行了试验，试验结果表明，当前刀面织构排布与切屑流出方向垂直或呈点状时，该种织构可以起到减小摩擦力和摩擦系数的作用，其原因是当微织构距离切削刃 100μm 以上时，微织构减小了刀-屑接触长度，使前刀面摩擦力减小。Sugihara 和 Enomoto（2009）进行了条纹状表面组织刀具在铝合金面铣削过程中的抗磨减摩性能研究，研究结果表明，由于在干式切削过程中刀具表面与切屑接触强烈，微织构的置入减小了刀具表面和切屑之间的接触面积，降低黏附力，抑制切屑的堆积。

张俊生（2015）依据微织构的抗磨减摩机理，将微凹坑织构制备在型号为 YT15 的刀具表面，用其车削 45 号钢。试验发现：在加工过程中，与传统刀具比较，用上述刀具进行加工时产生的力相比于传统刀具来说要小很多，其原因主要是微织构的置入使加工中刀具和切屑之间的实际接触面积减小，避免加工中积屑瘤的形成，减小了刀具和切屑接触区域内单位面积上的剪切强度。

德国的 Kümmel 等（2015）研究了不同织构对前刀面摩擦特性、切屑变形及工件表面粗糙度的影响，结果表明，织构刀具能够有效地改善刀具的切削性能，且织构面积占有率及织构参数对改善刀具的切削性能至关重要，能够在很大程度上改善工件的表面质量。微织构刀具在钛合金铣削过程中明显地降低切削力和切削温度，磨损值较普通刀具降低 25%，通过静力学仿真，微织构可以减少刀具变形。

邢佑强等（2013）将微米级织构与纳米级织构相结合，在陶瓷刀具负倒棱处加工出纳米级织构，在前刀面加工出微米级织构，并填充润滑剂制备出一种微纳复合织构自润滑陶瓷刀具，能够有效地降低切削力和切削温度，减小刀具前刀面的磨损。

李庆华等（2019）在 PCBN 车刀前刀面上置入横/纵向直线微织构，借助有限元分析软件研究切削速度改变时横/纵向直线微织构刀具切削淬硬钢的切削力变化，对比试验结果发现，两种微织构槽型在较高切削速度下都可以减小切削力，且微槽型结构可以改善刀具刃口处的受力情况。Segu 和 Hwang（2015）在试件表面置入不同形貌（包括圆形、方形、三角形等）的混合微织构进行摩擦磨损试验，结果表明，在无论是否有润滑的条件下，置入微织构的试件摩擦系数都要小于无织构的试件摩擦系数，摩擦系数与表面滑动速度存在一定的关系，具有微织构的试件周围碎屑要少于无织构试件，表明微织构可以捕获摩擦产生的碎屑。图 1-5 为表面微织构与捕获碎屑。

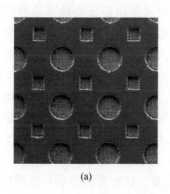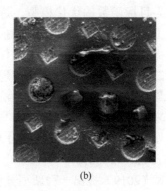

(a)　　　　　　　　　　(b)

图 1-5　表面微织构与捕获碎屑

美国的 Borjali 等（2017）通过在聚乙烯材料上用激光烧蚀出不同形貌及密度的微织构，发现微织构可以减少材料磨损，通过正交试验得出了合适的微织构密度，并发现对于抗磨减摩效果来说，微织构密度并未越大越好。

Xing 等（2014）在研究自润滑刀具中，提出将微织构与润滑技术相结合，设计出带有自润滑功能的微织构刀具，通过切削试验对微织构刀具的抗磨减摩效果检验，研究发现，当切屑在流经前刀面时微织构内部的润滑介质可以起到抗磨减摩的作用，从而降低刀屑摩擦，减小前刀面上的剪切应力，使摩擦系数、切削力及切削温度下降。日本的 Obikawa 等（2011）通过在刀具前刀面上置入四种形状的微织构，并在其表面涂覆类金刚石涂层/TiN，并用这四种刀具进行铝合金断面车削，研究结果表明，平行槽微织构及方点型微织构在铣削铝合金时可以有效地改善润滑条件，且微织构深度的增加可以带来更好的润滑效果。

德国的 Kümmel 等（2015）在研究刀具表面微织构对积屑瘤的影响中发现，在无润滑切削工况下，切削产生的积屑瘤在织构表面不易脱落，从另一种角度降低刀具磨损，而圆坑型的微织构起到的作用要优于沟槽型微织构，因此通过此方式可以适当地减少刀具前刀面黏结情况。

刀具刃口的钝化、倒棱与置入微织构的理论和试验表明，具有适当钝圆半径的切削刃提高了整个加工过程中的稳定性，同时增强了刀具强度和使用寿命；具有适当倒棱刃的切削刃减小了刀具所受到的冲击，从而减小了崩刃的可能性，提高了刀具的使用寿命。微织构不仅可以捕获磨屑减缓刀具的磨损，还可以减小切削力、切削温度，增强抗黏结性，提高刀具的使用寿命。

1.5　多目标优化方法的应用

构建以介观几何参数作为设计变量，以铣削力、铣削温度、刀具的磨损及工件表面质量为目标函数的优化模型，进而优化出最适合的介观几何参数，在保持较好的加工质量基础上降低刀具磨损和延长刀具寿命是本书研究的重点。在使用回归分析建模前，应对数据进行优化处理以保证回归分析模型的显著性。支持向量回归机是一种基于统计学习理论、VC（Vapnik-Chervonenkis）维理论及结构风险最小化原理的优化数据方法。支持向量回归机起初被用来进行数据的分类，后来扩展到函数的逼近拟合与信息的融合领域。支持向量回归机可以迅速地解决分类问题，如回归问题和分布估计问题等一些常见问题（吴青，2009；Osunat and Freund，2002）。

吕明珠等（2019）提出一种新型分类器，该分类器是利用改进型粒子群算法来优化支持向量回归机参数，从而解决惩罚因子及核参数选择不当导致支持向量回归机分类效果不理想的问题。这种分类器其分类性能更为稳定，几乎不会降低分类的精度，并且所需的收敛时间较短。美国的 Chapelle 等（2002）针对参数数目超过两个时，穷尽搜索就变得难以处理，需自动调整模式识别支持向量多参数的问题，基于广义上各种边界梯度有关这些参数的错误，提出了一种自动调整支持向量回归机内核参数的方法。试验验证了该方法具有优化量大、运行时间短、容易计算等优点，且避免了对一些数据进行验证。Ye 等（2007）研究了支持向量机（support vector machine，SVM）在工业中的应用，利用支持向量回归机建立软测量模型。该模型与原始预测模型相比具有良好的泛化能力，比通用算法运行效率更高，可以解决更大规模的问题。Quan 等（2004）提出将大型的二次规划（quadprog，QP）问题分解为许多小型的二次规划子问题，这样可以解决大数据量的支持向量回归机（support vactor regression，SVR）的选块算法。这种算法需要先选择一个工作集或者数据子集，然后在这个数据子集上求解二次规划问题，将获得的支持向量与此时不符合 KKT（Karush-Kuhn-Tucker）条件的 M 个数据组成新的工作集或者数据子集，最后在新的工作集或者数据子集上求解二次规划问题，并反复重复这一过程，直到满足优化条件。这一算法虽然相较于传统的支持向量回归机算法有部分改进，然而在处理大型数据集或建模数据时不具备稀疏性的缺点依旧存在。印度的 Shevade 等（2000）提出了求解支持向量回归机的方法，该方法每次只优化两个拉格朗日乘子，因为每次只处理两个参数，其他参数均不做处理，所以该方法是采用数字运算的分析方法来代替二次规划方法进行优化的。因此该方法常用于大数据集的学习，并能提高运行速度。

金凌霄和张国基（2007）针对统计学习理论的支持向量回归机样本中包含与所研究内容不完全相关甚至完全无关的特征时，会导致每个特征对研究内容的相关程度出现较大的差距，进而影响到支持向量回归机的效果这一问题，对所研究问题的相关水平采用相应权重的措施，从而使支持向量回归机的预测能力得到提升，并通过试验验证了该方法的有效性。苗恩铭等（2013）针对数控加工过程中主轴热误差进行误差补偿，使机床加工精度得到了提升。对主轴热误差多元回归模型与支持向量回归机模型进行了对比分析，结果表明，支持向量回归机模型在进行热误差补偿时不但精度高，而且其鲁棒性也比较好，因此更加适用于数控机床热误差建模。

汪骏飞等（2018）提出了可以准确地预测铣刀在加工过程中磨损量的算法，该算法是一种基于粒子群算法的支持向量回归机的优化算法，利用该算法进行铣刀磨损量的建模与预测，得出特征向量维度的最优解及对应的支持向量回归机训练参数，构建铣刀磨损量的预测模型，粒子群适应度值与迭代次数的关系如图 1-6 所示，随机选取几组真实样本可以验证这一模型的准确性。

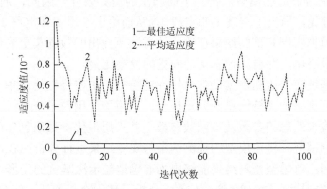

图 1-6　粒子群适应度值与迭代次数的关系

为了解决在加工过程中钛合金材料容易受铣削力影响而发生变形的问题，向国齐（2017）结合试验设计方法建立了基于支持向量回归机的切削力预测模型，并建立了一种基于支持向量回归机和遗传算法的优化方法，以预测模型替代优化模型的目标函数或约束函数，利用遗传算法优化了钛合金铣削工艺参数。

对于钻削力预测虽然目前已有预测方法，但该方法有网络结构复杂、对样本的需求量比较大和极易陷入局部极值等问题。针对这些问题，张丹丹和丛岩（2018）研究出一种基于支持向量回归机的新型钻削力预测方法，并建立基于支持向量回归机的钻削力预测模型。仿真实例的预测结果显示：所建立的新型预测模型对 10 组样本扭矩预测的平均相对误差为 1.13%，轴向力预测的平均相对误差为 1.26%，误差比其他预测方法小很多，表明这一新型预测模型有更高的精度和更强的泛化能力。为了更加精确地预测锂电池健康状态，刘皓等（2018）提出一种联合算法，该算法利用遗传算法处理支持向量回归机模型中的超参数优化问题。研究结果显示，这一联合算法比基于混合像元核函数的高斯过程回归算法、基于多尺度周期协方差函数的高斯过程回归算法和基于多尺度平方指数函数的高斯过程回归算法及改进的基于粒子群优化的支持向量回归算法都要好。传统数据拟合方法需要事先确立拟合函数，因此对用户经验依赖性较强，蒋波涛等（2018）针对这一问题提出一种基于蚁群优化的最小二乘支持向量回归机的数据拟合方法。在核工程的两个测量数据拟合实例中使用该方法与传统的回归拟合方法，获得堆芯功率曲线和熔融液滴在冷却剂中运动特性曲线，分析比较所得的两条曲线的拟合结果。分析得出，基于蚁群优化的最小二乘支持向量回归机的数据拟合方法比传统回归拟合方法的拟合精度高并且不必对数据进行分段确定拟合函数。

Xue 等（2018）针对 υ-twin 支持向量回归过度拟合问题，提出了一种自适应双支持向量回归机来减少支持向量中异常值的负面影响。首先，在粗糙集和模糊集理论中构建两个优化模型，得到了回归量的边界条件。因此，通过应用 KKT 条件和对偶理论，导出了定理 1 和定理 2，从而给出定理 1 和定理 2 之间的联系。其次，通过模拟实例和试验结果证明了该方法所提出的数据集更为可靠，可以实现结构风险最小化，并自动控制支持向量的模糊比例。

针对深基坑变形监测数据动态非线性的特征，王俊锋和姚志华（2018）建立了一种粒子群优化的支持向量回归机模型。该模型利用粒子群算法寻找最优支持向量回归机模型的惩罚参数及核函数参数，并采用最优参数组创建改良的支持向量回归机预测模型。将该模型的预测结果与实测结果进行分析比较，如图 1-7 所示，分析表明：该模型预测结果能够更为准确地显示深基坑的变形动态。

刘文韬和刘战强（2018）通过仿真，分析了高压冷却条件下钛合金 Ti-6Al-4V 表面的冷作硬化现象，发现切削液的增加会使已加工表面残余应力状态逐渐地从残余拉应力向残余压应力转变，且随着测量深度增加，残余压应力与残余拉应力均变大。

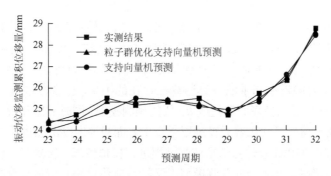

图 1-7　模型预测值对比

在进行切削加工的相关研究中，经常需要以切削力、切削温度、工件表面质量等性能指标作为评价变量优化来切削参数。传统的做法是以切削试验作为优化手段，通过进行多次切削试验并对切削参数进行优化。这种做法不但时间、经济成本高，同时受试验条件的限制，所得的最优参数精度往往较低。近年来，越来越多的学者开始将普通算法与遗传算法程序相结合，以切削试验为基础，得到不同切削参数对切削力、切削温度等指标的影响规律，同时将该规律编写为目标方程，以参数选取区间为约束条件，采用遗传算法进行参数的寻优。由于遗传算法是依据参数的固有变化规律进行寻优的，因此，先将一些经过试验优化得出的参数输入程序，即可保证优化结果的可靠性，从而降低试验成本，提高参数的优化精度。遗传算法的运算流程图如图 1-8 所示。

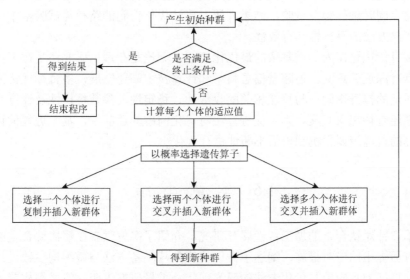

图 1-8　遗传算法的运算流程图

张如敏和张建锋（2011）采用回归统计方法，建立了铣削加工中淬硬钢表面粗糙度 *Ra* 值的响应模型，通过遗传算法优选出最佳参数组合，为高速铣削加工中切削参数的优选、表面质量的优化提供了一种有效的途径。卢泽生和王明海（2005）针对现有的最小二乘法与普通算法存在的不足，结合金刚石刀具切削铝合金的试验，整理出了工件表面粗糙度 *Ra* 值的预测模型。同时对比分析了遗传算法与普通算法，发现遗传算法比普通算法更适合于表面粗糙度 *Ra* 值的预测。高东强等（2010）基于 DEFORM 软件对斜角切削过程进行模拟仿真，得到了各切削参数对切削过程的影响规律及切削力的预测模型，又结合遗传算法对切削参数进行优化，得到了使刀具综合切削性能最优的参数组合。谢科磊等（2014）以 MATLAB 为载体，综合了遗传算法与模拟退火算法，编写了数控铣削加工的预测模型，最终优化出一组最优切削参数，并进行了验证试验，证明其优化结果的有效性。

张程焱等（2019）建立了薄壁环类工件切削过程的数学模型，使用遗传算法，依靠残余应力和变形量对切削速度、进给量和夹紧力进行优化计算，结果表明，切削参数对工件表面残余应力的影响起主要作用。当以预紧扭矩 160N·m、进给量 0.05mm/r、切削速度 83m/min 进行加工时，工件质量达到最优。王永鑫和张昌明（2019）进行了 300M 高强度钢车削试验，并且采用遗传算法分析了切削参数对切削力和表面粗糙度的影响规律，最后对切削参数进行优化。结果表明，切削深度对切削力的影响最大，进给量对表面粗糙度的影响最大。

韩佳和刘晓艳（2018）提出了一种覆盖件模具的铣削优化方法，即在求解的过程中考虑瞬时切削厚度。为了得到刀具铣削的最优路径，采用遗传算法进行参数优化。同时进行验证试验，结果表明，算法优化得到的路径与试验基本一致，证明了该方法的可行性和有效性。

多目标优化作为一类复杂的最优化问题，无论是在理论研究还是在工程实践中都具有深远的意义。但随着信息科学和计算技术高速发展，多目标优化方法仍具有一定的提升空间，与算法相关的收敛性、稳定性、参数鲁棒性及计算复杂度等研究还有待深入开展。为了促进算法对优化问题的适应性，基于进程估计和策略选择的自适应调整机制仍需不断地进行优化。

1.6　本章小结

本章针对钛合金的加工特性展开研究，介绍了多位学者在解决钛合金的难加工性方面提出的应对措施，阐述了微织构刀具从制备方法与微织构参数设计到介观几何特征刀具应用与优化方法的研究现状。大量研究表明，将微织构置入刀具中可以有效地提高刀具的切削加工性能，改善刀具磨损情况，提高已加工工件的表面完整性。因此对微织构展开多角度研究具有重要的意义,对改变钛合金目前的低效加工模式来说具有深远的影响。

本书从微织构在刀具领域的应用入手,通过有限元仿真技术与试验结合的方式对刀具的结构强度、切削性能、工件表面完整性等指标展开研究,借助遗传算法、支持向量回归机等多种方法对刀具性能进行优化。具体的研究路线如下。

(1)通过理论分析、试验方法对微织构制备参数与实际微织构尺寸误差的关系进行研究,得到微织构制备参数对实际加工出的微织构直径间的影响关系,以最小直径误差作为评价标准并优选激光加工参数组合;利用有限元仿真技术对激光加工微织构的过程进行模拟,并对加工材料表面及内部的温度场、应力场进行分析;以切削性能为优化目标对激光加工参数进行优化,并通过试验验证优化结果。

(2)对球头铣刀进行切削过程中切削与刀具前刀面接触区域进行理论推导,在此接触区域内进行均匀排布的微织构的分布形式的精准设计并建立微织构参数化设计模型,结合切削试验,分析不同切削深度对刀-屑接触区内微织构的分布影响。并根据分布形式的不同对刀具强度展开有限元研究。

(3)针对在大切深条件下,同时对倒棱刃口、钝圆刃口刀的介观几何特征对切削参数的影响进行研究,建立力-热模型并对两种刃口形式的微织构刀具进行切削仿真,研究刃口-微织构结合对刀具切削性能的影响,最后对刀具介观几何特征进行优化并验证结果。

(4)针对小切深条件下的介观几何特征对切削参数的影响进行研究,研究微织构的置入区域,并对在后刀面置入微织构的刀具强度进行研究,利用有限元仿真与试验相结合的方式对刀具切削性能影响展开研究,并利用优化方法得出最优的微织构参数。

(5)研究微织构分布密度对切削性能的影响,对变分布密度微织构的置入区域展开理论推导,并利用有限元技术与试验相结合的方法对变分布密度微织构刀具进行研究,建立变分布密度微织构球头铣刀切削性能的评价体系,得到该评价下最优的微织构分布参数。

参 考 文 献

柏云. 2016. 基于流体动压润滑理论的模具钢面微织构优化设计[D]. 镇江: 江苏大学.

陈辉. 2011. 光纤激光器打孔工艺研究[D]. 无锡: 江南大学.

陈汇丰. 2018. 面向绿色切削的等离子体织构化刀具设计制备及其切削性能研究[D]. 厦门: 厦门大学.

陈世平, 刘艳中, 杜江, 等. 2015. 发动机气缸内表面激光微织构工艺试验研究[J]. 现代制造工程, (11): 99-105.

程锐, 艾兴, 葛栋良, 等. 2018. MQL 条件下微织构刀具车削钛合金的切削加工性试验分析[J]. 工具技术, 52 (11): 36-39.

崔江涛. 2019. 钝圆刃口微织构球头铣刀参数设计与优化[D]. 哈尔滨: 哈尔滨理工大学.

崔晓雁. 2016. 微织构球头铣刀铣削钛合金表面质量研究[D]. 哈尔滨：哈尔滨理工大学.

符永宏，王祖权，纪敬虎. 2012. SiC 机械密封环表面微织构激光加工工艺[J]. 排灌机械工程学报，30（2）：210-213.

高东强，黎忠炎，毛志云. 2010. 基于 Deform 和遗传算法的高速切削工艺参数分析[J]. 轻工机械，28（6）：66-69.

郭涛. 2019. 某航空发动机钛合金整体盘轴加工工艺研究[D]. 大连：大连理工大学.

韩佳，刘晓艳. 2018. 汽车覆盖件模具铣削优化研究[J]. 自动化与仪器仪表，（6）：68-71.

何勇，孙杰，李剑峰. 2010. 快速落刀试验及有限元仿真分析 Ti-6Al-4V 合金锯齿状切屑特性[J]. 粉末冶金材料科
　　　学与工程，15（6）：560-566.

姜超，邓建新，张翔. 2016. 织构化 AlCrN 涂层刀具车削加工奥氏体沉淀硬化不锈钢的切削性能研究[J]. 工具技
　　　术，50（12）：13-19.

姜银方，来彦玲，张磊. 2010. 激光冲击材料表面"残余应力洞"形成规律与分析[J]. 中国激光，2010（8）：
　　　2073-2079.

姜增辉，王琳琳，石莉，等. 2014. 硬质合金刀具切削 Ti6Al4V 的磨损机理及特征[J]. 机械工程学报，50（1）：
　　　178-184.

蒋波涛，Hines J W，赵福宇. 2018. 蚁群优化最小二乘支持向量机在测量数据拟合中的应用[J]. 核动力工程，
　　　39（6）：156-160.

金凌霄，张国基. 2007. 基于特征加权的支持向量回归机研究[J]. 计算机工程与应用，43（6）：42-44.

李德鑫. 2017. 激光表面微织构加工及减阻技术研究[D]. 宁波：宁波大学.

李国强. 2015. 基于飞秒激光微纳米技术的仿生功能结构研究[D]. 合肥：中国科学技术大学.

李强. 2019. 切削钛合金用 YG8 球头铣刀微织构设计准则及试验研究[D]. 哈尔滨：哈尔滨理工大学.

李庆华，潘晨，矫晨芯，等. 2019. 切削速度对微织构刀具切削力的影响[J]. 表面技术，48（8）：90-97.

李小兵，赵磊，刘文广. 2004. 准分子激光加工参数对表面形貌影响的模糊分析[J]. 机械科学与技术，23（11）：
　　　1272-1274.

刘皓，胡明昕，朱一亨，等. 2018. 基于遗传算法和支持向量回归的锂电池健康状态预测[J]. 南京理工大学学报（自
　　　然科学版），42（3）：329-351.

刘进彬. 2020. TC4 钛合金正交车铣加工切削参数优化研究[D]. 济南：山东大学.

刘丽娟，吕明，武文革，等. 2015. 高速铣削钛合金 Ti-6Al-4V 切屑形态试验研究[J]. 机械工程学报，51（3）：
　　　196-205.

刘伟伟. 2018. 微织构激光制备及其对硬质合金表面疲劳磨损的影响研究[D]. 哈尔滨：哈尔滨理工大学.

刘文韬，刘战强. 2018. 钛合金 Ti-6Al-4V 高压冷却车削过程有限元分析[J]. 现代制造工程，（10）：44-50.

刘欣. 2015. 表面微织构 WC-10Ni₃Al 刀具切削 Ti6Al4V 的磨损特性研究[D]. 广州：华南理工大学.

刘月萍. 2010. 铣削 Ti6Al4V 刀具刃口钝化研究[D]. 济南：山东大学.

刘泽宇，魏昕，谢小柱. 2016. 陶瓷刀具表面微织构激光加工工艺的试验研究[J]. 激光与红外，46（3）：259-264.

卢泽生，王明海. 2005. 基于遗传算法的超精密切削表面粗糙度预测模型参数辨识及切削用量优化[J]. 机械工程学
　　　报，（11）：162-166.

罗学全，于涛，蒋双双，等. 2019. TC4 钛合金高速铣削加工刀具失效机理研究[J]. 工具技术，53（9）：43-46.

吕明珠，苏晓明，陈长征，等. 2019. 改进粒子群算法优化的支持向量机在滚动轴承故障诊断中的应用[J]. 机械与
　　　电子，37（1）：42-48.

马旭青. 2018. 微织构球头铣刀铣削钛合金刀具寿命优化研究[D]. 哈尔滨：哈尔滨理工大学.

苗恩铭，龚亚运，成天驹，等. 2013. 支持向量回归机在数控加工中心热误差建模中的应用[J]. 光学精密工程，
　　　21（4）：980-986.

彭凌洲，张晓明，温光华，等. 2018. 刃口钝化对 PCD 刀具铣削钛合金表面粗糙度与刀具寿命的影响[J]. 硬质合金，

35（4）：285-290.

戚宝运，李亮，何宁.2011.微织构刀具正交切削 Ti6Al4V 的试验研究[J].摩擦学学报,31（4）：346-351.

苏永生，李亮，何宁，等.2014.激光加工硬质合金刀具表面微织构的试验研究[J].中国激光,41（6）：1-6.

孙少云，陈亚鹏，金辉.2015.钛及钛合金板带材的应用现状[J].有色金属文摘,30（3）：132-133.

陶亮，陈海虹，陈超，等.2018.不同冷却方式对钛合金切削过程的影响研究[J].机械设计与制造,（8）：136-138.

佟欣.2019.球头铣刀微织构精准分布设计及其参数优化研究[D].哈尔滨：哈尔滨理工大学.

汪骏飞，徐晓亮，温坤，等.2018.基于粒子群算法的支持向量回归机优化算法在铣刀磨损量建模中的应用[J].机床与液压,46（23）：184-187.

王宝林.2013.钛合金 TC17 力学性能及其切削加工特性研究[D].济南：山东大学.

王海波.2016.不同切削要素下激光微织构刀具的切削性能仿真和试验研究[D].镇江：江苏大学.

王洪涛，李艳，朱华.2016.具有分形特征的织构表面的润滑减摩性能研究[J].表面技术,45（9）：182-187.

王焕焱.2017.微织构球头铣刀铣削钛合金切削加工性能的研究[D].哈尔滨：哈尔滨理工大学.

王俊锋，姚志华.2018.粒子群算法优化支持向量机的深基坑变形预测[J].北京测绘,32（11）：1321-1325.

王亮.2012.表面微织构刀具切削钛合金的试验研究[D].南京：南京航空航天大学.

王沁军，孙杰.2019.PCBN 刀具高速铣削 TC4 钛合金切削性能与工艺参数优化研究[J].机床与液压,47（7）：57-61.

王文君.2008.飞秒激光金属加工中的形状及形貌控制研究[D].西安：西安交通大学.

王晓雷，韩文非，加藤康司.2008.碳化硅陶瓷的水润滑特性及其表面微细织构的优化设计[J].中国机械工程,（4）：457-460.

王永鑫，张昌明.2019.300M 超高强度钢车削加工试验与工艺参数优化研究[J].陕西理工大学学报（自然科学版）,35（4）：15-21.

王永鑫，张昌明.2019.TC18 钛合金车削加工的切削力和表面粗糙度[J].机械工程材料,43（7）：69-73.

王哲，刘玥，邹斌.2019.金属陶瓷刀具高速切削钛合金试验研究[J].工具技术,53（10）：8-12.

王志刚.2019.模压成型微织构刀具制备与切削试验研究[D].湘潭：湘潭大学.

王志伟.2016.基于表面摩擦性能的硬质合金球头铣刀微织构优化[D].哈尔滨：哈尔滨理工大学.

吴青.2009.基于优化理论的支持向量机学习算法研究[D].西安：西安电子科技大学.

向国齐.2017.基于支持向量机的钛合金铣削加工参数优化[J].组合机床与自动化加工技术,（10）：139-142.

谢科磊，王彪，郝领斌.2014.基于混合遗传算法的数控铣削参数多目标优化[J].机床与液压,（7）：74-76,125.

谢永，田良，薛伟.2013.激光微织构对 WC 硬质合金刀具表面影响[J].应用激光,33（4）：412-415.

邢佑强，邓建新，冯秀亭，等.2013.微纳复合织构自润滑陶瓷刀具的制备及切削性能[J].航空制造技术,（6）：42-46.

许良.2020.基于 DIC 的钛合金切削过程中加工表面回弹量的研究[D].济南：山东大学.

闫彩，王建青，黎相孟，等.2019.微凹坑分布密度对缸套摩擦润滑性能影响规律[J].机械设计与制造,（2）：146-149.

杨翠蕾.2016.基于微织构刀具的钛合金切削过程切削力的研究[D].天津：天津理工大学.

杨树财，王志伟，张玉华.2015.微织构球头铣刀加工钛合金的有限元仿真[J].沈阳工业大学学报,37（5）：530-535.

易湘斌，芮执元，贺瑷，等.2019.不同冷却润滑条件下 TB6 钛合金高速铣削切屑形态研究[J].制造技术与机床,（7）：85-88.

于海武，邓海顺，黄巍.2011.微凹坑相对位置变化对表面减摩性能的影响[J].中国矿业大学学报,40（6）：943-948.

张程焱，王立新，张自军.2019.薄壁环预应力外圆车削加工参数优化[J].制造技术与机床,（6）：120-125.

张丹丹，丛岩.2018.基于支持向量回归机 SVR 的钻削力在线预测分析[J].重庆理工大学学报,32（12）：88-92.

张慧萍，张校雷，张洪霞.2016.300M 超高强钢车削加工表面质量[J].表面技术,（2）：181-187.

张俊生. 2015. 刀具表面微织构切削机理研究[D]. 合肥：合肥工业大学.

张磊. 2017. 硬质合金球头铣刀介观几何特征参数优化[D]. 哈尔滨：哈尔滨理工大学.

张培耘，华希俊，符永宏. 2013. 激光表面微织构工艺试验机应用研究[J]. 表面技术，42（5）：55-58.

张如敏，张建锋. 2011. 基于遗传算法的高速加工切削参数优化[J]. 机械研究与应用，（5）：59-60.

郑敏利，范依航. 2011. 高速切削典型难加工材料刀具摩擦与磨损机理研究现状[J]. 哈尔滨理工大学学报，16（6）：22-30.

周永志. 2018. 微织构球头铣刀铣削钛合金表面质量优化研究[D]. 哈尔滨：哈尔滨理工大学.

朱华，历建全，陆斌斌. 2010. 变密度微圆坑表面织构在往复运动下的减摩作用[J]. 东南大学学报（自然科学版），40（4）：741-745.

Arulkirubakaran D，Senthilkumar V，Dinesh S. 2017. Effect of textures on machining of Ti-6Al-4V alloy for coated and uncoated tools: A numerical comparison[J]. The International Journal of Advanced Manufacturing Technology, 93（1-4）：347-360.

Bonse J. 2015. Tribological performance of femtosecond laser-induced periodic surface structures on titanium and a high toughness bearing steel[J]. Applied Surface Science，336：21-27.

Borjali A，Langhorn J，Monson K. 2017. Using a patterned microtexture to reduce polyethylene wear in metal-on-polyethylene prosthetic bearing couples[J]. Wear，392：77-83.

Chapelle O，Vapnik V，Bousquet O，et al. 2002. Choosing multiple parameters for support vector machines[J]. Machine Learning，46（1-3）：131-159.

Deng J，Wu Z，Lian Y S. 2012. Performance of carbide tools with textured rake-face fled with solid lubricants in dry cutting processes[J]. International Journal of Metals and Hard Materials，30（1）：164-172.

Devin L N，Stakhniv N E，Antoniuk A S，et al. 2019. The influence of cutting speed on cutting temperatures and forces in fine turning of VT1-0 titanium alloy by a PCD tool[J]. Journal of Superhard Materials，41（2）：119-125.

Durairaj S，Guo J，Aramcharoen A，et al. 2018. An experimental study into the effect of micro-textures on the performance of cutting tool[J]. The International Journal of Advanced Manufacturing Technology，98（1-4）：1011-1030.

Flake G W，Lawrence S. 2002. Efficient SVM regression training with SMO[J]. Machine Learning，46（1-3）：271-290.

Höhm S，Herzlieb M，Rosenfeld A. 2016. Dynamics of the formation of laser-induced periodic surface structures（LIPSS）upon femtosecond two-color double-pulse irradiation of metals，semiconductors，and dielectrics[J]. Applied Surface Science，374：331-338.

Huang H，Yang L M，Liu J. 2012. Femtosecond fiber laser-based micro-and nano-processing[J]. Nanophotonics and Macrophotonics for Space Environments VI. SPIE，8519（3）：144-152.

Kawahara K，Kurogi Y，Matsuo N. 2002. Morphological characterization of various kinds of materials in femtosecond laser micromachining[J]. Proceedings of SPIE，4426：86-89.

Kawasegi N，Sugimori H，Morimoto H. 2009. Development of cutting tools with microscale and nanoscale textures to improve frictional behavior[J]. Precision Engineering，33（3）：248-254.

Kümmel J，Braun D，Gibmeier J，et al. 2015. Study on micro texturing of uncoated cemented carbide cutting tools for wear improvement and built-up edge stabilisation[J]. Journal of Materials Processing Technology，215：62-70.

Liu D S，Luo M，Zhang Y，et al. 2019. Investigation of tool wear and chip morphology in dry trochoidal milling of titanium alloy Ti-6Al-4V[J]. Materials，12（12）：1937.

Ma J F，Duong N H，Lei S T. 2015. Numerical investigation of the performance of microbump textured cutting tool in dry machining of AISI 1045 steel[J]. Journal of Manufacturing Processes，19：194-204.

Mishra R R，Kumar R，Sahoo A K，et al. 2019. Machinability behaviour of biocompatible Ti-6Al-4V ELI titanium alloy under flood cooling environment[J]. Materials Today: Proceedings, 23 (Pt 3): 536-540.

Obikawa T, Kamio A, Takaoka H. 2011. Micro-texture at the coated tool face for high performance cutting[J]. International Journal of Machine Tools and Manufacture, 51 (12): 966-972.

Osunat E, Freund R. 2002. Training support vector machines: An application to face detection[C]. IEEE Computer Society Conference on Computer Vision and Pattern Recognition, San Juan.

Quan Y, Ye C Z, Yao L X, et al. 2004. An improved way to make large-scale SVR learning practical[J]. EURASIP Journal on Applied Signal Processing, (8): 1135-1141.

Sasi R, Kanmani S S, Palani I A. 2017. Performance of laser surface texture high speed steel cutting tool in machining of Al7075-T6 aerospace alloy[J]. Surface & Coatings Technology, 313: 337-346.

Segu D Z, Hwang P. 2015. Friction control by multi-shape textured surface under pin-on-disc test[J]. Tribology International, 91: 111-117.

Seung H Y, Jeong H L, Sung H O. 2019. A study on cutting characteristics in turning operations of titanium alloy used in automobile[J]. International Journal of Precision Engineering and Manufacturing, 20 (2): 209-216.

Sharma V, Pandey P M. 2017. Geometrical design optimization of hybrid textured self-lubricating cutting inserts for turning 4340 hardened steel[J]. The International Journal of Advanced Manufacturing Technology, 89 (5-8): 1575-1589.

Shevade S K, Keerthi S S, Bhattacharyya C, et al. 2000. Improvements to the SMO algorithm for SVM regression[J]. IEEE Transactions on Neural Networks, 11 (5): 1188-1193.

Shokrani A, Newman S T. 2019. A new cutting tool design for cryogenic machining of Ti-6Al-4V titanium alloy[J]. Materials, 12 (3): 477.

Su H H, Liu P, Fu Y C, et al. 2012. Tool life and surface integrity in high-speed milling of titanium alloy TA15 with PCD/PCBN tools[J]. Chinese Journal of Aeronautics, 25 (5): 784-790.

Sugihara T, Enomoto T. 2009. Development of a cutting tool with a nano/micro-textured surface: Improvement of anti-adhesive effect by considering the texture patterns[J]. Precision Engineering, 33 (4): 425-429.

Sugihara T, Enomoto T. 2012. Improving anti-adhesion in aluminum alloy cutting by micro stripe texture[J]. Precision Engineering, 36 (2): 229-237.

Tang W, Zhou Y K, Zhu H, et al. 2013. The effect of surface texturing on reducing the friction and wear of steel under lubricated sliding contact[J]. Applied Surface Science, 273: 199-204.

Wan Q, Zheng M L, Yang S C. 2019. Optimization of micro-texture distribution through finite-element simulation[J]. International Journal of Simulation Modeling, 18 (3): 543-554.

Xing Y Q, Deng J X, Zhao J, et al. 2014. Cutting performance and wear mechanism of nanoscale and microscale textured Al_2O_3 /TiC ceramic tools in dry cutting of hardened steel[J]. International Journal of Refractory Metals and Hard Materials, 43: 46-58.

Xue Z X, Zhang R X, Qin C D. 2020. An adaptive twin support vector regression machine based on rough and fuzzy set theories[J]. Neural Computing and Applications, 32 (9): 4709-4732.

Yang H F, Liu L, Wang Y Q, et al. 2012. Fabrication and mechanical measurements of micro-and nano-textured surfaces induced by laser processing[J]. Lasers in Engineering, 22 (3): 235-245.

Ye T, Zhu X F, Huang D P, et al. 2007. Soft sensor modeling based on the soft margin support vector regression machine[C]. IEEE International Conference on Control and Automation, Guangzhou.

Yuan J D, Liang L, Jiang L L, et al. 2018. Influence of the shielding effect on the formation of a micro-texture on the cermet with nanosecond pulsed laser ablation[J]. Optics Letters, 43 (7): 1451-1454.

第2章 激光加工工艺对微织构刀具切削性能影响

表面微织构技术能够有效降低刀-工接触区的摩擦力，并且具有降低切削温度的作用。本章从激光加工工艺精准制备微织构入手，以球头铣刀铣削钛合金为研究对象，研究具有钝圆刃口形式的微织构刀具的切削性能变化规律，并以最小铣削力作为评价指标，优化球头铣刀微织构分布及刃口钝圆的设计参数，提出了面向钛合金材料高效切削的微织构刀具激光加工工艺方案。

2.1 激光制备参数对微织构制备精度的影响研究

本节主要从宏观方面研究激光制备参数对微织构成型的影响。微织构制备设备采用正天光纤激光器，其输出的中心光波波长为1064nm，光纤激光器设备参数如表2-1所示。激光制备参数对微织构成型精度影响试验的正交因素水平表如表2-2所示。相关研究表明，当激光功率低于最大功率的50%时，试件表面吸收的能量过少导致微织构无法成型，因此本章设定的激光功率为60%～100%（Flake and Lawrence，2002）。

表 2-1 光纤激光器设备参数

型号	重复精度	激光波长/nm	雕刻线速/(mm·s⁻¹)	重复频率/kHz	功率调节范围/%	最大输出功率/W
ZT-Q-50	±0.003	1064	≤7000	20～80	10～100	50

表 2-2 激光制备参数对微织构成型精度影响试验正交因素水平表

序号	扫描速度/(mm·s⁻¹)	激光功率/W	扫描次数/次
1	1300	30	5
2	1400	35	6
3	1500	40	7
4	1600	45	8
5	1700	50	9

当扫描速度 V_s 过大时，激光光斑的连续性降低，使微织构的成型较差，提高激光频率可以在一定程度上改善微织构质量，但同时会导致微织构的直径与深度减小，光纤激光器默认的扫描速度为 1500mm/s，因此分别选取激光扫描速度为

1300～1700mm/s。当扫描次数 N 小于 5 次时，到达微织构底部的功率密度减小，材料汽化减弱，材料表面不能吸收足够的能量，微织构内部物质受热不充分，无法汽化从而产生熔融态物质。温度下降后，重铸成形状不规则的熔渣，导致微织构成型度降低。因此取扫描次数为 5～9 次。

激光制备后采用基恩士 VHX-1000 超景深显微镜观察微织构尺寸参数及微织构形貌。当激光功率为 25W、扫描速度为 1800m/s、扫描次数为 5 次时，激光制备后微织构表面形貌如图 2-1 所示；当激光功率为 25W、扫描速度为 1200m/s、扫描次数为 5 次时，激光制备后微织构表面形貌如图 2-2 所示，可见上述两种制备条件下表面微织构均不成型。

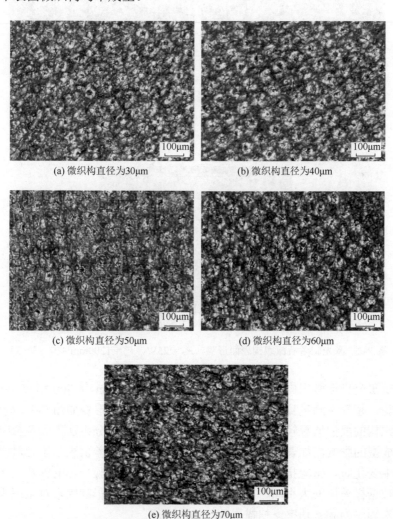

(a) 微织构直径为30μm　　　　　　　　(b) 微织构直径为40μm

(c) 微织构直径为50μm　　　　　　　　(d) 微织构直径为60μm

(e) 微织构直径为70μm

图 2-1　激光制备后微织构表面形貌（$P_{功} = 25\text{W}$，$V_s = 1800\text{m/s}$，$N = 5$）

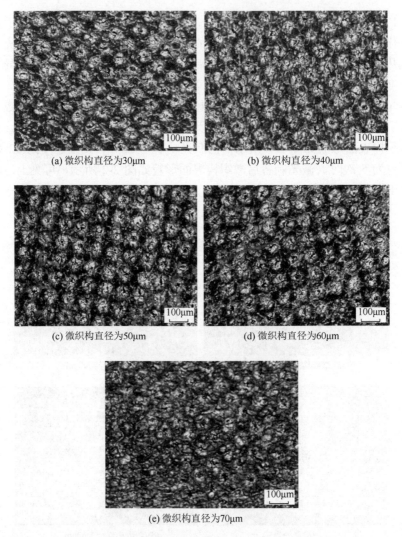

(a) 微织构直径为30μm   (b) 微织构直径为40μm

(c) 微织构直径为50μm   (d) 微织构直径为60μm

(e) 微织构直径为70μm

图 2-2　激光制备后微织构表面形貌（$P_{功} = 25\text{W}$，$V_s = 1200\text{mm·s}^{-1}$，$N = 5$）

    本节研究目标微织构直径分别为 30μm、40μm、50μm、60μm 和 70μm 的五组正交试验，超景深测量目标直径为 60μm 的微织构表面形貌如图 2-3 所示，可以看出微织构的成型情况较为理想。对测量结果采用极差分析法得到各影响因素对微织构成型的影响，如表 2-3 和表 2-4 所示。各列的极差值表示该列对应的因素在试验中变化时，试验指标的变化量，所以各因素对试验指标的影响主次顺序就是各列数据极差值的大小顺序。由极差分析可以得到各影响因素对微织构成型影响的主次顺序为激光功率＞扫描次数＞扫描速度。

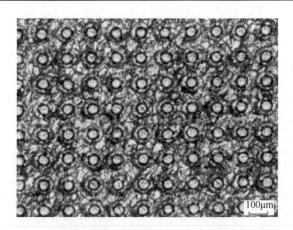

100μm

图 2-3　超景深测量目标直径为 60μm 的微织构表面形貌

表 2-3　不同激光制备参数对微织构直径影响

序号	扫描速度/(mm·s⁻¹)	激光功率/W	扫描次数/次	微织构目标直径/μm				
				30	40	50	60	70
1	1300	30	5	23	36	44	54	69
2	1300	35	6	32	41	49	60	68
3	1300	40	7	34	40	53	66	68
4	1300	45	8	38	48	57	65	75
5	1300	50	9	40	51	62	69	81
6	1400	30	6	28	33	47	53	66
7	1400	35	7	27	39	49	59	71
8	1400	40	8	36	46	60	67	75
9	1400	45	9	35	50	56	63	75
10	1400	50	5	34	43	51	66	71
11	1500	30	7	27	35	46	57	67
12	1500	35	8	31	43	53	61	73
13	1500	40	9	36	46	54	66	73
14	1500	45	5	30	42	49	60	71
15	1500	50	6	32	44	53	62	71
16	1600	30	8	28	39	48	62	69
17	1600	35	9	31	42	53	64	71
18	1600	40	5	29	37	48	55	69
19	1600	45	6	30	43	51	61	72

续表

序号	扫描速度/(mm·s⁻¹)	激光功率/W	扫描次数/次	微织构目标直径/μm				
				30	40	50	60	70
20	1600	50	7	33	43	54	60	72
21	1700	30	9	31	39	51	61	68
22	1700	35	5	30	35	47	56	64
23	1700	40	6	25	36	46	57	71
24	1700	45	7	30	43	50	62	73
25	1700	50	8	34	46	56	63	73

表 2-4　不同激光制备参数对微织构直径影响极差分析结果

序号	各水平指标总和 k 与方差 R	扫描速度/(mm·s⁻¹)	激光功率/W	扫描次数/次	序号	各水平指标总和 k 与方差 R	扫描速度/(mm·s⁻¹)	激光功率/W	扫描次数/次
30	k_1	33.4	27.4	29.2	60	k_1	43.2	36.4	38.6
	k_2	32.0	30.2	29.4		k_1	62.8	57.4	58.2
	k_3	31.2	32	30.2		k_2	61.6	60.0	58.6
	k_4	30.2	32.6	33.4		k_3	61.2	62.2	60.8
	k_5	30.0	34.6	34.6		k_4	60.4	62.2	63.6
	R	3.4	7.2	5.4		k_5	59.8	64.0	64.6
40	k_1	43.2	36.4	38.6	70	k_1	72.2	67.8	68.8
	k_2	42.2	40.0	39.4		k_2	71.6	69.4	69.6
	k_3	42	41.0	40.0		k_3	71.0	71.2	70.2
	k_4	40.8	45.2	44.4		k_4	70.6	73.2	73.0
	k_5	39.8	45.4	45.6		k_5	69.8	73.6	73.6
	R	3.4	9.0	7.0		R	2.4	5.8	4.8
50	k_1	53.0	47.2	47.2					
	k_2	52.6	50.2	50.2					
	k_3	51.0	52.2	52.2					
	k_4	50.8	52.6	52.6		—			
	k_5	50.0	55.2	55.2					
	R	3.0	8.0	8.0					

　　在激光对材料烧蚀过程中，当激光能量密度超过材料的阈值时，材料表面会对激光能量产生非线性吸收，导致材料表面发生电子类型转换，由价带电子转换

为导带电子，当导带电子密度高于等离子体密度时材料表面发生破坏。因此，通常采用单脉冲能量代替激光功率来表述激光在物体表面的作用机理。单点脉冲能量 $E_单$ 与激光功率 $P_功$ 关系（李德鑫，2017）为

$$P_功 = \frac{4E_单}{\pi d^2 t_p} \cdot A_1 \tag{2-1}$$

式中，d 为光斑直径；t_p 为脉冲宽度；A_1 为脉冲周期。

由式（2-1）及图 2-4 可知，当脉冲宽度 t_p 和光斑直径 d 不变时，微织构直径随着激光功率百分比增大而增大。分析原因：单点脉冲能量的增加，导致金属材料吸收的能量增多，产生过多的蒸汽相物质，且金属材料的熔化区域增大，熔池中的溶液体积也在变大，同时使蒸汽压力升高，带走熔池中多余的液相物质，使微织构直径不断增大。从图 2-4 中可以看出，当激光功率百分比为 80% 时，每组所得的微织构直径最接近其理想目标直径。

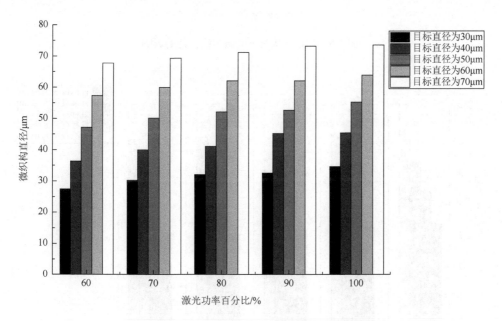

图 2-4　激光功率百分比对不同微织构直径的影响

如图 2-5 所示，微织构直径随扫描次数的增加呈增大趋势。当扫描次数为 7 次时，热量向材料周围的传递更充分，使微织构周围温度升高，微织构周围材料迅速气化，微织构成型更加理想。如图 2-6 所示，随着扫描速度增加，微织构直径整体呈减小趋势。当扫描速度的变化控制在一定范围内时，微织构直径的大小基本取决于光斑直径和激光的单脉冲能量。

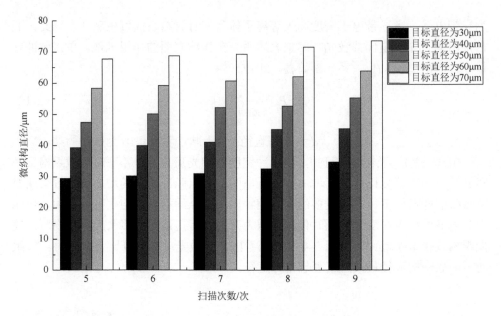

图 2-5　扫描次数对不同微织构直径的影响

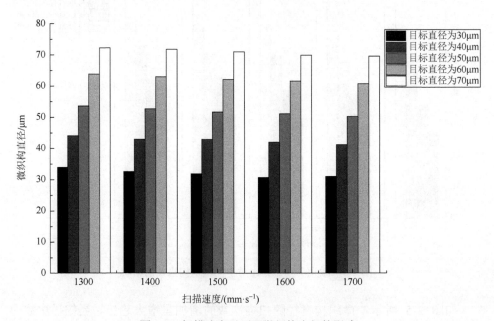

图 2-6　扫描速度对不同微织构直径的影响

图 2-7 为扫描速度对光斑重合度的影响。

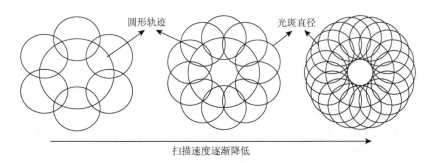

图 2-7　扫描速度对光斑重合度的影响

2.2　激光制备参数对微织构周围材料物理场的研究

2.2.1　激光加工微织构的激光功率理论分析

1. 热传导模型分析

当激光束照射在材料表面时，其中一部分会因为材料对激光的反射而不被吸收，这一部分损失的能量主要取决于材料表面对激光的反射率 R。而被材料所吸收的能量会导致激光作用区域内的材料表面温度上升，当照射到材料表面的激光能量密度足够大时，达到材料熔点的部分材料会熔化形成熔池，并继续通过材料内部的热传递向外扩散，而热量在材料内部的传递主要受到材料的导热率 λ 及材料的比热容 c_p 等的影响。

由于实际的激光加工过程中的热量传递过程非常复杂，会受到如热量的三维传递、激光加工区域的变化、被加工材料的多状态并存等因素的影响，因此要对传热模型进行一定的简化，对激光加工硬质合金 YG8 表面微织构过程中的热量吸收及热传递做出以下限定。

（1）激光能量为高斯分布。

（2）材料的热物理参数是与温度无关的。

（3）忽略由于热辐射而散失的热量。

（4）假设激光能量完全被材料吸收，即忽略材料表面对激光的反射。

根据 Carslaw 和 Jaeger（1959）提出的传热模型，即满足经典傅里叶热传导定律及热量守恒定律的有热源三维热传导模型，激光加工过程的三维热传导模型为

$$\frac{\partial T}{\partial t} - K\Delta T = \frac{q}{c_p \cdot \rho} \tag{2-2}$$

式中，q 为在单位时间内单位体积的被加工材料吸收的热量（$\mathrm{J \cdot m^{-3} \cdot s^{-1}}$）；$c_p$ 为材

料的比热容$(J \cdot kg^{-1} \cdot {}^{\circ}\!C^{-1})$; ρ 为材料的密度$(kg \cdot m^{-3})$; K 为材料的热扩散率$(m^3 \cdot s^{-1})$。

热扩散率的计算公式为

$$K = \frac{\lambda}{c_p \cdot \rho} \tag{2-3}$$

式中，λ 为材料的导热率（$W \cdot m^{-1} \cdot K^{-1}$）。

为了方便计算，我们将式（2-2）中的 $c_p \cdot \rho$ 使用 C_p 进行代替，代表的是单位体积的被加工材料每升高 1℃所需要的热量，单位是 $J \cdot m^{-3} \cdot {}^{\circ}\!C^{-1}$，所以式（2-2）改写为

$$\frac{\partial T}{\partial t} - K \Delta T = \frac{q}{C_p} \tag{2-4}$$

对于服从高斯分布的激光束，其分布示意图如图 2-8 所示。

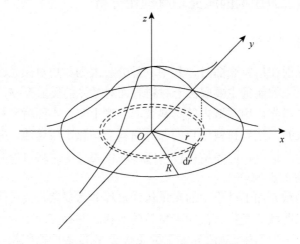

图 2-8　高斯激光能量分布示意图

拉盖尔-高斯光束的基模截面行波振幅分布可以写为

$$E(r) = A_{00} E_0 \frac{w_0}{R} \mathrm{e}^{-\frac{2r^2}{R^2}} \tag{2-5}$$

式中，A_{00} 为基模的归一化常数；E_0 为与坐标无关的常量；w_0 为光束的束腰半径；R 为焦点处的激光光斑直径；r 为距离激光光斑中心的距离。

对 r 求积分得到总的振幅为

$$E_\alpha = \int_0^\infty A_{00} E_0 \frac{w_0}{R} \mathrm{e}^{-\frac{2r^2}{R^2}} 2\pi r \mathrm{d}r = \frac{A_{00} E_0 R \pi}{2} \tag{2-6}$$

则距离激光光斑中心的距离为 r 处的振幅与总振幅的比值为

$$\frac{E(r)}{E_\alpha} = \frac{2}{\pi R^2} e^{-\frac{2r^2}{R^2}} \tag{2-7}$$

因为振幅与功率成正比，因此功率分布公式为

$$P(r) = \frac{2P_\alpha}{\pi R^2} e^{-\frac{2r^2}{R^2}} \tag{2-8}$$

式中，P_α 为激光总功率。

在激光加工过程中，移动的激光束可以微分成直线运动，所以以激光束光斑中心沿着 x 轴方向以速度 v 在 z = 0 的平面内直线移动的形式为例进行分析，在 x-y 平面内，激光束能量密度的高斯分布为

$$I(x,y) = \frac{2P_\alpha}{\pi R^2} \exp\left(-2\frac{(x-vt)^2 + y^2}{R^2}\right) \tag{2-9}$$

为了解决三维热传导模型 [式（2-2）] 的问题，引入单点源热分布的已知解 G，假设该点位于平面中的的 (x', y', t') 位置，而在该点处的激光热流会在时刻 t 时通过以下公式影响到被加工材料：

$$T = \int_{-\infty}^{t}\int_{-\infty}^{\infty}\int_{-\infty}^{\infty}\int_{-\infty}^{\infty}(I/C_p)(x',y',z',t') \cdot G(x,y,z,t|x',y',z',t')\mathrm{d}x'\mathrm{d}y'\mathrm{d}z'\mathrm{d}t' \tag{2-10}$$

式中，对于表面热传导的格林公式 G 为

$$G(x,y,z,t|x',y',z',t') = \frac{1}{4(\pi K(t-t'))^{3/2}} \exp\left(-r^2(4K(t-t'))^{-1}\right) \tag{2-11}$$

$$r^2 = (x-x')^2 + (y-y')^2 + (z-z')^2 \tag{2-12}$$

当激光处于 (x', y') 时，激光束的温度分布是时间 t' 处的各个位置温度的叠加，所以对式（2-10）中的 x', y', z' 进行积分，得到

$$T = \frac{P_\alpha}{C_p}\int_0^\infty \frac{\exp\left(-(((x+vt')^2 + y^2)(2R^2 + 4Kt')^{-1} + z^2(4Kt')^{-1})\right)}{(\pi^3 Kt')^{1/2}(2R^2 + 4Kt')}\mathrm{d}t' \tag{2-13}$$

将式（2-13）进行无量纲化，化简变形得到

$$T(x,y,z) = P_\alpha(C_p KR)^{-1} f(x,y,z,v) \tag{2-14}$$

式中，$f(x,y,z,v)$ 为温度分布函数方程：

$$f(x,y,z,v) = \int_0^\infty \frac{\exp(-H)}{(2\pi^3)^{1/2}(1+\mu^2)}\mathrm{d}\mu \tag{2-15}$$

$$H = \frac{(X+\rho/2\mu^2)^2 + Y^2}{2(1+\mu^2)} + \frac{Z^2}{2\mu^2} \tag{2-16}$$

式中，$\mu^2 = \dfrac{2Kt'}{R}$；$\rho = \dfrac{R}{KV}$；$X = \dfrac{x}{R}$；$Y = \dfrac{y}{R}$；$Z = \dfrac{z}{R}$。

根据温度分布函数 $f(x, y, z, v)$ 计算不同扫描速度下沿 x 轴和 z 轴方向的被加工材料表面温度分布曲线，如图 2-9 和图 2-10 所示。图 2-9 中，RV/D 增大，代表扫描速度增大。根据不同比值所代表的线条可以看出，在 x 轴，随着扫描速度增加，最高温度降低。图 2-10 中，Z/R 代表加工表面以下的深度，根据不同比值所代表的线条可以看出，在 z 轴，随着深度增加，最高温度降低；同深度温度会随扫描速度增加而降低。

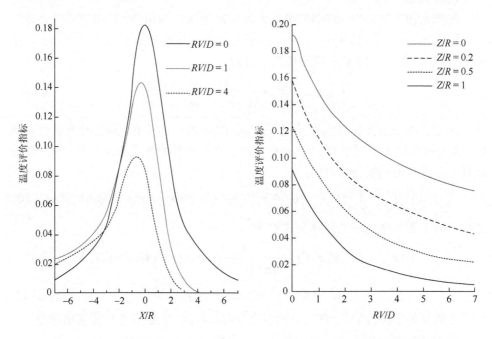

图 2-9　沿 x 轴的温度分布曲线　　　　图 2-10　沿 z 轴的温度分布曲线

2. 激光功率计算

在激光加工过程中，材料去除量不仅与材料表面对激光的反射率和吸收率有关，而且与材料的热导率、比热容等热力学参数有关。本章试验中的硬质合金 YG8 的相关物理参数如表 2-5 所示。

表 2-5　硬质合金 YG8 的相关物理参数

导热率 $\lambda/(\mathrm{W \cdot m^{-1} \cdot K^{-1}})$	密度 $\rho/(\mathrm{kg \cdot m^{-3}})$	比热容 $c_p/(\mathrm{J \cdot kg^{-1} \cdot ℃^{-1}})$	熔点/℃	黏结相 Co 的熔点/℃
75.4	14700	470	2780	1495

则计算出 YG8 的材料热扩散率为

$$K = \frac{\lambda}{c_p \cdot \rho} = \frac{75.4}{470 \times 14700} = 1.09 \times 10^{-5} (\text{m}^2 \cdot \text{s}^{-1}) = 0.109 \times (\text{cm}^2 \cdot \text{s}^{-1}) \quad (2\text{-}17)$$

单位体积的被加工材料每升高 1℃ 所需要的热量为

$$C_p = c_p \cdot \rho = 470 \times 14700 = 6909000 (\text{J} \cdot \text{m}^{-3} \cdot ℃^{-1}) = 6.909 (\text{J} \cdot \text{cm}^{-3} \cdot ℃^{-1}) \quad (2\text{-}18)$$

若想得到深度为 40μm 的微织构，则在光斑中心点的 50μm 深处材料的温度至少要超过熔化温度，则由温度分布方程[式（2-15）]可知，当 $x = y = 0$, $z = 50$μm，$v = 1700$mm·s^{-1}, $R = 15$μm 时，温度分布函数 $f(x, y, z, v)$ 的值为

$$f(x, y, z, v) = 0.09228 \quad (2\text{-}19)$$

对于 YG8 材料而言，在当 $x = y = 0$, $z = 50$μm 的位置，被加工材料的温度 T 应该超过硬质合金材料黏结剂（Co）的熔点，即满足以下条件：

$$T(x, y, z) = \frac{P}{C_p \cdot K \cdot R} f(x, y, z, v)$$
$$= \frac{P}{6.909 \times 0.109 \times 15 \times 10^{-4}} \times 0.09228 \geq 1495 \quad (2\text{-}20)$$

计算可得

$$P \geq 18.3\text{W} \quad (2\text{-}21)$$

得到最小的材料表面的吸收功率为 18.3W。

2.2.2　微织构刀具激光制备仿真模型的建立

由于选用激光参数对硬质合金表面的微织构加工有直接影响，而激光作用点中心的材料去除量主要受到激光作用过程中硬质合金表面温度场分布的影响。因此结合式（2-8）建立的高斯面热源模型，对激光参数对微织构尺寸参数影响进行仿真分析。选用 ANSYS 有限元仿真软件的 Workbench 组件进行激光制备微织构过程的模拟，为了简化计算过程，在仿真过程中进行了如下假设。

（1）在温度变化的条件下，材料的部分参数是固定的。

（2）材料的部分热物理参数在极短的时间内与温度呈线性关系。

（3）激光能量密度函数服从高斯分布。

（4）温度场与应力场按照坐标轴对称分布。

（5）不考虑变形对温度场和表面吸收率的影响。

根据以上的条件假设在 Workbench 的 DM（DesiqnModeler）三维建模模块中建立长 100μm、宽 100μm、高 80μm 的立方体几何模型。并且根据表 2-4 中的硬质合金 YG8 材料的材料属性参数，在 Workbench 的 ED 材料库模块中选择自定义材料模型。几何模型设置示意图如图 2-11 所示。

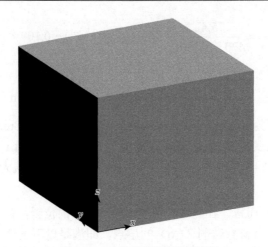

图 2-11　几何模型设置示意图

　　有限元分析中的温度场仿真边界条件包括材料内部的热传导及材料表面的热对流，应力场的仿真边界条件为光斑中心处为自由边界条件，其余为固定边界条件，边界条件设置示意图如图 2-12 所示。

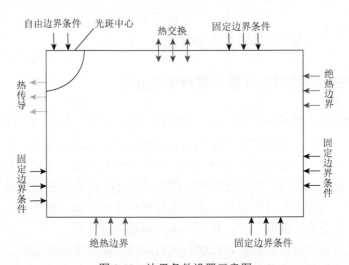

图 2-12　边界条件设置示意图

　　对于温度场的仿真数据结果进行云图生成的方式可以比较直观地观测最高、最低温度及温度场的分布特点，本书在温度场仿真结果的后处理过程中，将第一梯度的温度场显示范围设置在最高温度与黏结剂 Co 的熔点（1495℃）之间，以代表可以被激光能量所蚀除的材料范围，并通过 Capped IsoSurfaces 方式将高于 Co 熔点的材料在三维云图的形式下进行模拟蚀除处理。

2.2.3　热应力的产生及分析方法

当材料内部的局部温度发生变化时，热胀冷缩现象导致的热变形会产生线性应变，如果材料内部各个部分的热变形没有任何约束，那么会发生变形但是不会导致热应力的产生。然而，由于受到约束或者各个部分的温度变化不一致且不均匀，当热变形无法自由发生时，物体内部将会产生应力（王泽军，2005）。这种材料内部温度不均匀变化导致的应力称为热应力或温度应力。

Workbench 提供了以下两种分析热应力的方法。

（1）直接法：在节点温度是已知的或者被分析对象的温度分布情况确定的条件下，可以在 Structural 分析中，以加载体载荷的方式将节点的温度直接加载到对应节点上，从而能够进行热应力的分析。

（2）间接法：在节点温度未知的条件下，首先需要对被分析对象进行热分析，然后将模拟计算得到的节点温度作为体载荷加载到对应的节点上，再进行 Structural 分析得到热应力的模拟计算结果。

在大多数情况下，节点温度一般是未知的，所以会选择间接法作为热应力的分析方法。若热分析和结构分析是双向影响的，则要使用耦合单元进行模拟计算。

本书使用了间接法，通过 ANSYS Workbench 中的 Transient Thermal，也就是瞬态热分析模块进行了热应力的分析求解，然后将得到的温度数值作为载荷，通过 Transient Structural 模块进行热应力的分析求解。

2.2.4　仿真结果分析

由于激光加工中可调节的参数众多，本次硬质合金微织构制备参数选取为激光功率、扫描速度、激光光斑直径与扫描次数，设定单因素仿真试验。激光参数调节范围见表 2-6。除此之外，设置对流系数为 25，环境温度为 22℃。

表 2-6　激光参数调节范围

激光功率/W	扫描速度/(mm·s⁻¹)	激光光斑直径/μm	扫描次数/次
30～45	1400～1700	30～60	6～9

1. 激光功率对等效应力场的影响

取激光扫描速度为 1700mm/s，扫描次数为 7 次，激光光斑直径为 40μm，分别取激光功率为 30W、35W、40W、45W。温度场云图如图 2-13 所示。图 2-14 为 $x\text{-}z$ 平面内蚀除面积与激光功率的关系折线图，可以看出蚀除面积随着激光功

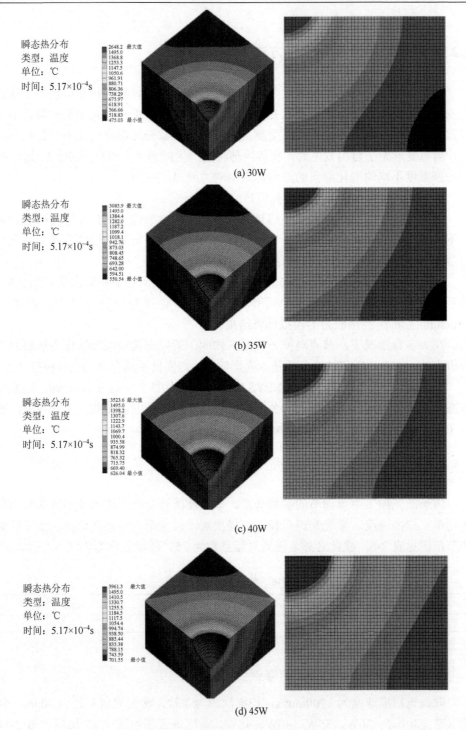

图 2-13　温度场云图（激光功率）

率增大而增大，与试验得到的趋势一致。这是由于当激光功率增大时，单位时间内的激光热流密度随之增大，光斑中心区域能够吸收到更多的激光能量。而热传导作用的存在导致材料内部能量扩散的范围增大，从而导致材料被蚀除面积增大。

图 2-15 是材料表面最高温度及最低温度与激光功率的关系折线图。从图中可以看出，材料表面的最高温度及最低温度都随着激光功率增大而增大，并且最高温度的增长率要大于最低温度。这是由于热源模型为高斯模型，激光作用于表面时，距离光斑中心距离越远激光能量的作用越低，所以距离较远的最低温度位置受影响较小。

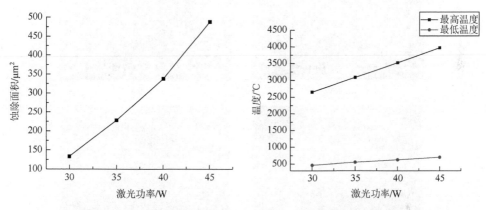

图 2-14　蚀除面积与激光功率的关系折线图　　图 2-15　材料表面最高温度及最低温度与激光功率的关系折线图

图 2-16 是不同激光功率条件下材料表面温度沿 x 轴的温度曲线图，可以看出材料表面温度曲线呈现高斯分布的形式，并且随着激光功率增大，光斑中心的温度也增大。

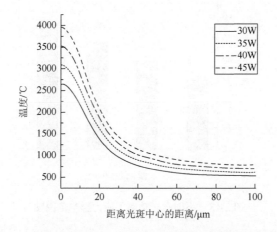

图 2-16　不同激光功率条件下材料表面温度沿 x 轴的温度曲线图

　　将得到的温度场作为载荷进行等效应力的仿真计算，得到的应力场云图如图 2-17 所示。结合图 2-18 不同激光功率下应力影响范围可以看出，随着激光功率增大，材料受应力影响的范围随之变大。

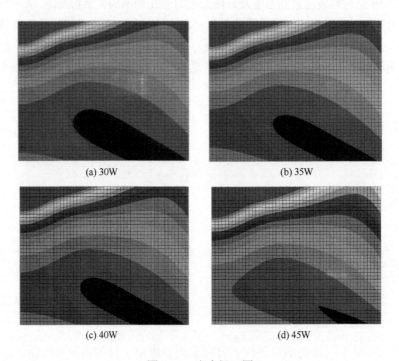

(a) 30W　　　　　　　　　　　　(b) 35W

(c) 40W　　　　　　　　　　　　(d) 45W

图 2-17　应力场云图

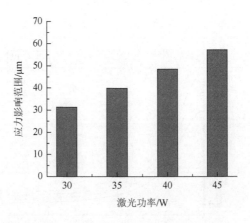

图 2-18　不同激光功率下应力影响范围图

2. 扫描速度对等效应力场的影响

取激光功率为 40W，循环次数为 7 次，激光光斑直径为 40μm，分别取扫描速度为 1400mm·s^{-1}、1500mm·s^{-1}、1600mm·s^{-1}、1700mm·s^{-1}，得到的温度场云图如图 2-19 所示。图 2-20 为 x-z 平面内蚀除面积与扫描速度的关系折线图，可以看出蚀除面积随着扫描速度增大而减小，与试验得到的趋势一致。这是由于当激光功率不变时，随着扫描速度增加，激光作用于光斑区域的时间减少，材料表面吸收的激光能量降低，材料内部的温度也随之降低，蚀除面积减小。

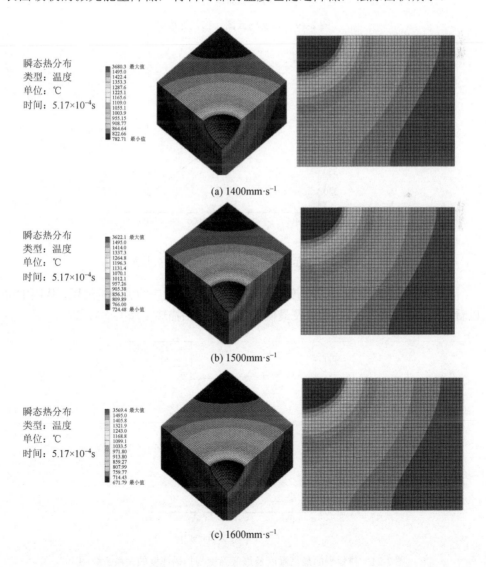

(a) 1400mm·s^{-1}

(b) 1500mm·s^{-1}

(c) 1600mm·s^{-1}

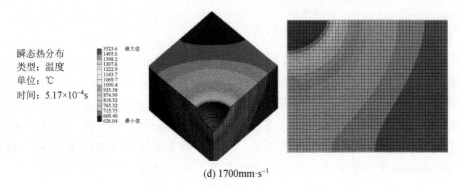

(d) 1700mm·s⁻¹

图 2-19　温度场云图（扫描速度）

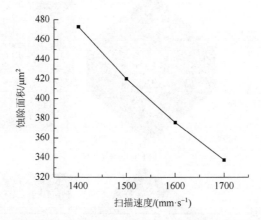

图 2-20　*x-z* 平面内蚀除面积与扫描速度的关系折线图

图 2-21 是材料表面最高温度及最低温度与扫描速度的关系折线图，从图中可以看出，材料表面的最高温度及最低温度都随着扫描速度增大而降低。

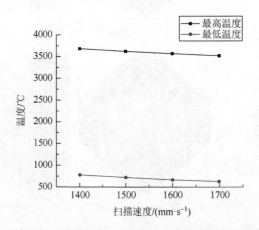

图 2-21　材料表面最高温度及最低温度与扫描速度的关系折线图

将得到的温度场作为载荷进行等效应力的仿真计算，得到的应力场云图如图 2-22 所示，结合图 2-23 不同扫描速度下应力影响范围可以看出，随着扫描速度增大，材料受应力影响的范围随之减小。

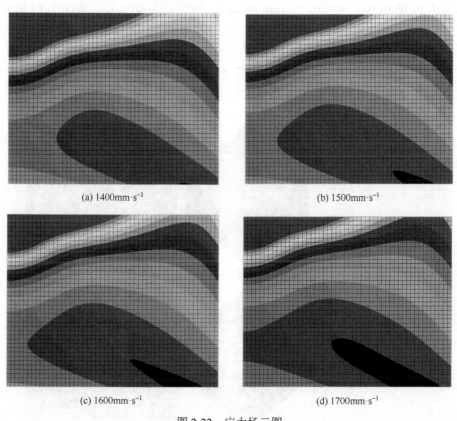

(a) 1400mm·s⁻¹　　　　　　　　(b) 1500mm·s⁻¹

(c) 1600mm·s⁻¹　　　　　　　　(d) 1700mm·s⁻¹

图 2-22　应力场云图

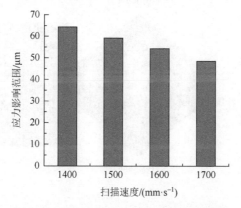

图 2-23　不同扫描速度下应力影响范围图

3. 激光光斑直径对等效应力场的影响

取激光功率为 40W，循环次数为 7 次，扫描速度为 1700mm·s⁻¹，分别取光斑直径为 30μm、40μm、50μm、60μm，得到的温度场云图如图 2-24 所示。图 2-25 为 x-z 平面内蚀除面积与激光光斑直径的关系折线图，可以看出蚀除面积随着激光光斑直径增大而减小，与试验得到的趋势一致。这是由于在激光功率一定的条件下，光斑直径增大会降低激光在激光聚焦平面即材料表面处的激光功率分布，材料表面吸收的激光能量降低，材料蚀除面积随之减小。

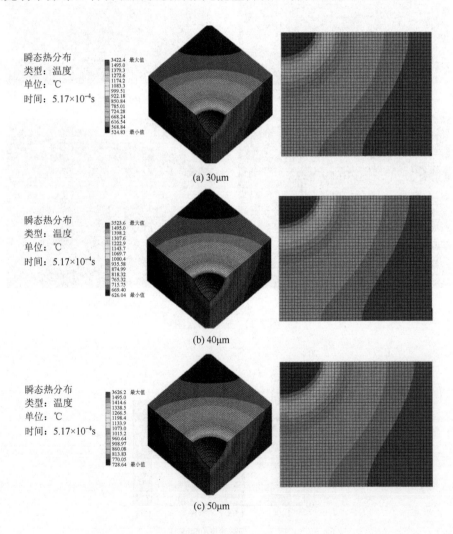

(a) 30μm

(b) 40μm

(c) 50μm

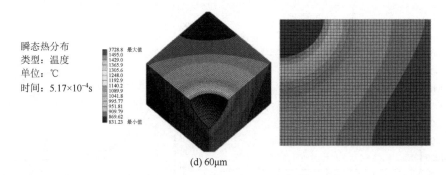

(d) 60μm

图 2-24　温度场云图（激光光斑直径）

　　图 2-26 是蚀除区域半径和深度与激光光斑直径的关系折线图，可以看出蚀除区域的半径随着激光光斑直径增大而增大，而深度随着激光光斑直径增大而减小，这是由于当激光光斑直径增大后，激光作用在材料表面的面积增大，但激光光斑直径增大会使激光能量降低，在深度方向没有直接的能量接收，所以蚀除区域的深度会随之降低。

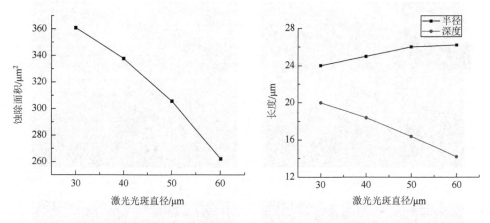

图 2-25　x-z 平面内蚀除面积与激光光斑直径　　　图 2-26　蚀除区域半径和深度与激光光斑直
　　　　　的关系折线图　　　　　　　　　　　　　　　径的关系折线图

　　图 2-27 是材料表面最高温度及最低温度与激光光斑直径的关系折线图。可以看出最高温度随着激光光斑直径增大而降低，最低温度相对稳定。

　　图 2-28 是不同激光光斑直径条件下材料表面温度曲线，可以看出材料表面温度曲线呈现高斯分布的形式，并且随着激光光斑直径增大，光斑中心的温度降低。同时可以看到四条温度曲线有交叉，这是由于在激光聚焦平面即材料表面上的各点接收到的激光功率与激光光斑直径之间的关系并不是线性关系 [式（2-8）]。

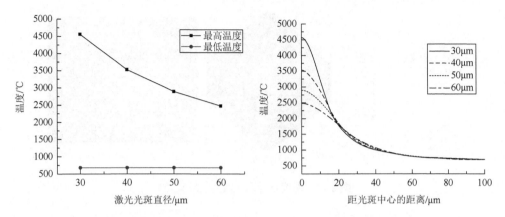

图 2-27　材料表面最高温度及最低温度与激　　　图 2-28　不同激光光斑直径条件下材料表面
　　　　　光光斑直径的关系折线图　　　　　　　　　　　　温度曲线

　　将得到的温度场作为载荷进行等效应力的仿真计算，得到的应力场云图如图 2-29 所示，可以看出，随着激光光斑直径增大，材料受应力影响范围变化不

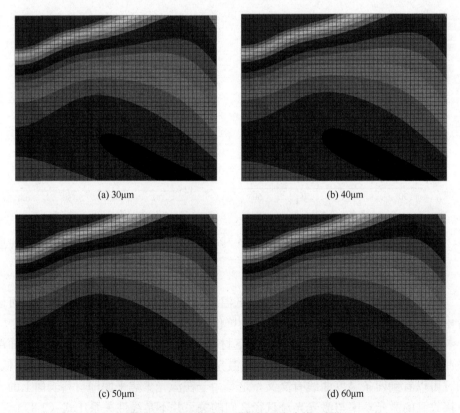

(a) 30μm　　　　　　　　　　　　　　　(b) 40μm

(c) 50μm　　　　　　　　　　　　　　　(d) 60μm

图 2-29　不同激光光斑直径下应力场云图

大，与同条件下的温度场分布特点作对比，虽然不同光斑直径下材料表面最高瞬时温度差距很大，但材料表面受应力影响范围差距却很小，原因在于当激光光斑直径增大时，在激光扫描速度相同的条件下，会导致作用在材料表面单位面积上的时间变长，因此应力影响范围基本一致。图 2-30 为不同激光光斑直径下应力影响范围图。

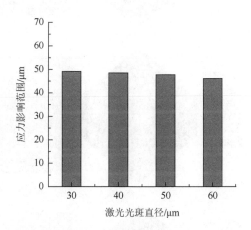

图 2-30　不同激光光斑直径下应力影响范围图

4. 扫描次数对等效应力场的影响

取激光功率为 40W，激光光斑直径为 40μm，扫描速度为 1700mm·s^{-1}，分别取扫描次数为 6 次、7 次、8 次、9 次，得到温度场云图如图 2-31 所示。图 2-32 为 x-z 平面内蚀除面积与扫描次数的关系折线图，可以看出蚀除面积随着扫描次数增大而增大，与试验得到的趋势一致。这是由于在激光功率和光斑直径相同的条件下，扫描次数的增多可以让材料表面吸收的能量增大，并且由于热传导的作用，使热量在材料内部充分地传导，达到蚀除温度的材料增多，从而使蚀除面积增大。

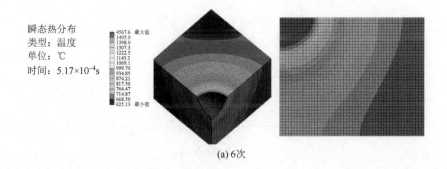

(a) 6次

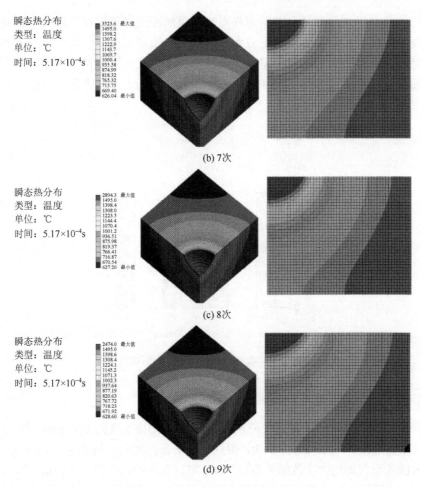

图 2-31　温度场云图（扫描次数）

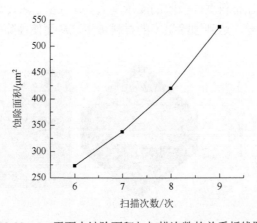

图 2-32　*x-z* 平面内蚀除面积与扫描次数的关系折线图

图 2-33 是材料表面最高温度及最低温度与扫描次数的关系折线图。从图中可以看出，材料表面的最高温度及最低温度都随着扫描次数增多而增大。

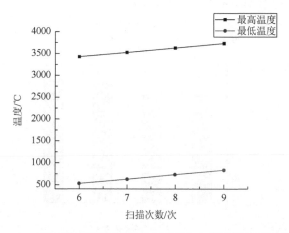

图 2-33　材料表面最高温度及最低温度与扫描次数关系折线图

将得到的温度场作为载荷进行等效应力的仿真计算，得到的应力场云图如图 2-34 所示，可以看出，随着扫描次数增多，材料受应力影响范围变大，原因

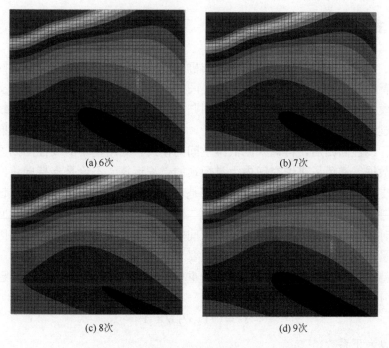

(a) 6次　　　　　　　　　　　(b) 7次

(c) 8次　　　　　　　　　　　(d) 9次

图 2-34　不同激光扫描次数下应力场云图

在于扫描次数的增多即激光对材料表面的冲击次数增多，会导致激光能量冲击增大，材料内部通过热传导及应力波的作用，从而导致材料受应力影响范围变大。图 2-35 为不同扫描次数下应力影响范围图。

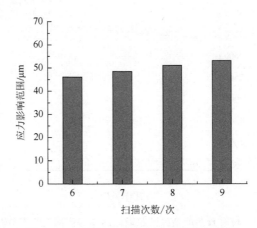

图 2-35　不同扫描次数下应力影响范围图

2.3　基于支持向量回归机的激光加工参数优化

2.3.1　支持向量回归机损失函数

　　为了解决分类问题，支持向量回归机被广泛地应用。随着支持向量回归机法不断完善，发现该方法在研究两变量之间的关系方面也有很好的应用。支持向量回归机模型大致分两种，一种是线性回归类，另一种是非线性回归类。线性回归模型通过线性回归函数对样本进行估计，非线性回归模型采用将数据映射至高维空间进行线性回归后，再调入回低维空间的模式。利用基本的线性回归方法处理非线性数据，避免了高维空间内大量烦琐的点积运算。不论是支持向量回归机数据还是支持向量回归机的回归数据，都是对凸二次规划问题进行求解，该回归分析类问题的样本数量为求解分类问题的 2 倍。可以看出，建立支持向量回归机分析数据时，由于样本容量较大，计算时间较长是着重应该解决的问题，因此提高支持向量回归机数据的求解速度尤为重要（吴青，2009）。
　　支持向量回归机模型建立过程中最重要的部分是损失函数的构造。已知实函数集为

$$\Omega = \left\{ f(x,\vartheta) \big| \vartheta \in \Lambda \right\} \tag{2-22}$$

式中，ϑ 为正系数。

为了精确地估计样本分布，需引入损失函数。损失函数能准确地反映该估计过程的准确程度。通常损失函数可以分为三类（Wang et al.，2018）：平方损失函数、绝对值损失函数和胡贝尔（Huber）损失函数，分别如式（2-23）～式（2-25）所示。

$$L_{Quad}(y, f(x, \vartheta)) = (y - (x, \vartheta))^2 \tag{2-23}$$

$$L_{Lap}(y, f(x, \vartheta)) = |y - f(x, \vartheta)| \tag{2-24}$$

$$L_{Huber}(y, f(x, \vartheta)) = \begin{cases} \eta_1 |y - f(x, \vartheta)| - \dfrac{\eta_1^2}{2}, & |y - f(x, \vartheta)| \leqslant \eta_1 \\ \dfrac{1}{2}|y - f(x, \vartheta)|^2, & |y - f(x, \vartheta)| \leqslant \eta_1 \end{cases} \tag{2-25}$$

式中，η_1 为超参数。

损失函数中最常用的是平方损失函数和绝对值损失函数，绝对值损失函数的缺点是特定点不可微分，只有当 $\vartheta = 0$ 时，在区间[-1, +1]上凸次微分是可微的。这会导致中值无偏估计，可以通过编程评估特定数据集。平方损失函数计算简单，估计过程比较容易实现，但平方损失函数对异常值敏感性高，当对一组 ϑ 进行累加时，中值的渐近相关效率会在重尾分布时表现较差，均值会受其中较大值的影响。Huber 损失函数结合了平方损失函数和绝对值损失函数的优点，既对异常值不敏感，同样具有可微的特性。当数据点任意分布时，Huber 损失函数的鲁棒性非常好，因此可以使数据最优化，但是 Huber 损失函数面临的问题是可能需要不断地调整超参数 η_1（Seo and Ko，2004；Lu and Wang，2004；Xin et al.，2001；Schölkopf et al.，2001）。以上三种损失函数建立支持向量回归机模型时，其解不具备稀疏性。胡贝尔损失函数形式如下：

$$L_\varepsilon(y, f(x, \vartheta)) = \begin{cases} 0, & |y - f(x, \vartheta)| \leqslant \varepsilon_m \\ |y - f(x, \vartheta)| - \varepsilon_m, & 其他 \end{cases} \tag{2-26}$$

鉴于上述方法的弊端，引入不敏感（ε_m-insensitive）损失函数，该函数为 Huber 损失函数的一种相似类型，其解具备较好的鲁棒性和稀疏性。不敏感损失函数平衡了函数平滑度与误差项之间的比例分配，增大了该函数的可应用度。不敏感损失函数主要分为以下两类（Tsai，2005；David and Lerner，2005）。

（1）线性不敏感损失函数如式（2-27）所示，当 $\varepsilon_m = 0$ 时，该损失函数的形式为绝对值损失函数。

$$L_{\varepsilon_m}(y, f(x, \vartheta)) = \begin{cases} 0, & |y - f(x, \vartheta)| \leqslant \varepsilon_m \\ |y - f(x, \vartheta)| - \varepsilon_m, & 其他 \end{cases} \tag{2-27}$$

（2）二次不敏感损失函数如式（2-28）所示，当 $\varepsilon_m = 0$ 时，该损失函数的形式为平方损失函数。二次不敏感函数对解的精确程度要求很高，要求所有的解都为支持向量，求解过程十分烦琐复杂。

$$L_{\varepsilon_m}(y, f(x, \vartheta)) = \begin{cases} 0, & |y - f(x, \vartheta)| \leqslant \varepsilon_m \\ |y - f(x, \vartheta)|^2 - \varepsilon_m, & \text{其他} \end{cases} \tag{2-28}$$

不敏感损失函数可以规定支持向量的个数。求解不敏感损失函数的系数解，需要根据函数 $f(x, \vartheta)$ 来无限地接近数据点建立的函数 $f^*(x)$。假设不敏感损失函数为一条 ε 管道，在 $f(x, \vartheta)$ 上又在管道壁上的点为支持向量。随着 ε_m 增大，管道壁越来越宽，既在 $f(x, \vartheta)$ 上又在管道壁上的点越来越少，即支持向量越来越少，ε_m 就可以控制解的稀疏性。

2.3.2　支持向量回归机模型建立

支持向量回归机模型可以分为两种类型：一种为线性支持向量回归机模型，另一种为非线性支持向量回归机模型。对于线性支持向量回归机，设样本容量为 $\{(x_1, y_1), \cdots, (x_{kn}, y_{kn})\} \in \mathbb{R}^n \times \mathbb{R}$。损失函数选用不敏感损失函数，对支持向量回归机函数 $f(x, \vartheta) = w_1 \cdot x + b_z$ 的参数 w_1 和 b_z 进行求解，即得到线性支持向量回归机模型。对于参数的求解方法，可转化为如下解法（Jack and Nandi, 2002）：

$$\min \frac{1}{2}\|w_1\|^2 + V_z \sum_{i=1}^{l} (\xi_i + \xi_i^*)$$
$$(w \cdot x_i + b_z) - y_i \leqslant \varepsilon_m + \xi_i, \ i = 1, \cdots, k_n \tag{2-29}$$
$$y_i - (w \cdot x_i + b_z) \leqslant \varepsilon_m + \xi_i^*, \ i = 1, \cdots, k_n$$
$$\xi_i^* \geqslant 0, \ i = 1, \cdots, k_n$$

式中，ξ_i 和 ξ_i^* 称为松弛变量。

采用拉格朗日函数，则

$$L(w_1, b_z, \xi_z, \xi_z^*, \vartheta, \vartheta^*, \eta_1, \eta_1^*)$$
$$= \frac{1}{2}\|w_1\|^2 + V_z \sum_{i=1}^{k_n} (\xi_i + \xi_i^*) - \sum_{i=1}^{k_n} (\eta_{1i}\xi_i + \eta_{1i}^*\xi_i^*)$$
$$- \sum_{i=1}^{k_n} \vartheta_i (y_i - (w_1 \cdot x_i + b_z) + \varepsilon_m + \xi_{zi}) \tag{2-30}$$
$$- \sum_{i=1}^{k_n} \vartheta_i^* ((w_1 \cdot x_i + b_z) - y_i + \varepsilon_m + \xi_{zi})$$

式中，拉格朗日乘子的取值范围为 $\vartheta^* \geqslant 0$，$\eta_{1i}^* \geqslant 0$。为求解该函数关于 ϑ^* 的极大值，需使函数 L 关于 b_z、w_1 和 $\eta_{1i}^{(*)}$ 的偏导数等于 0，可得该函数的对偶函数为

$$\min_{\vartheta^* \in \mathbb{R}^{2k_n}} \frac{1}{2} \sum_{i,j=1}^{k_n} (\vartheta_i^* - \vartheta_i)(\vartheta_j^* - \vartheta_j)(x_j \cdot x_j) + \varepsilon_m \sum_{i=1}^{k_n} (\vartheta_i^* + \vartheta_i) - \sum_{i=1}^{k_n} y_i(\vartheta_i^* - \vartheta_i)$$

$$\sum_{i=1}^{k_n} (\vartheta_i^* - \vartheta_i) = 0 \qquad (2\text{-}31)$$

$$0 \leqslant \vartheta_i, \vartheta_i^* \leqslant V_z, \ i = 1, \cdots, k_n$$

另一种为非线性回归分析，采用映射函数 φ_1，将数据映射到高维特征空间后，在该空间内再利用线性回归的基本方法，最终得出非线性回归模型。在高维特征空间内，非线性回归模型的计算过程为参数的内积计算过程，采用核函数 $k(x,y)$ 来代替 $\varphi_1(x) \cdot \varphi_1(y)$，即可得到非线性回归模型。非线性回归的优化模型求解条件为

$$\min_{\vartheta^* \in \mathbb{R}^{2k_n}} \frac{1}{2} \sum_{i,j=1}^{k_n} (\vartheta_i^* - \vartheta_i)(\vartheta_j^* - \vartheta_j)k(x_j \cdot x_j) + \varepsilon_m \sum_{i=1}^{k_n} (\vartheta_i^* + \vartheta_i) - \sum_{i=1}^{k_n} y_i(\vartheta_i^* - \vartheta_i)$$

$$\sum_{i=1}^{k_n} (\vartheta_i^* - \vartheta_i) = 0 \qquad (2\text{-}32)$$

$$0 \leqslant \vartheta_i, \vartheta_i^* \leqslant V_z, \ i = 1, \cdots, k_n$$

在样本容量中，ϑ^* 不为零时所对应的样本数据为支持向量。决策函数 $f(x)$ 的表达式为

$$f(x) = \sum_{i=1}^{k_n} (\vartheta_i^* - \vartheta_i)k(x_i, x) + b_z \qquad (2\text{-}33)$$

式中，b_z 的表达式为

$$b_z = y_j - \sum_{i=1}^{l} (\vartheta_i^* - \vartheta_i)k(x_j, x_i) + \varepsilon_m, \quad \vartheta_j \in (0, V_z) \qquad (2\text{-}34)$$

$$b_z = y_j - \sum_{i=1}^{l} (\vartheta_i^* - \vartheta_i)k(x_j, x_i) - \varepsilon_m, \quad \vartheta_j^* \in (0, V_z) \qquad (2\text{-}35)$$

2.3.3　核函数

支持向量回归机算法的核心就是核函数，核函数的差异导致了支持向量回归机的不同。改变支持向量回归机算法的核函数可以从根本上解决该算法多维求解困难的问题（吴青，2009）。该算法首先在建立函数时，不能直接对样本数据进行空间非线性变换，要构造特征空间，提供空间的转换向量，再进行非线性空间变换数据的计算。该方法的优点是，计算数据不需要输入高维空间，只需在构造的空间内即可计算。

定义特征空间 F_1 映射到空间 X_1 的映射为 φ_1，该映射可以表示为

$$x \in X_1 \to \varphi_1(x) \in F_1 \qquad (2\text{-}36)$$

设 $(x,z) \in X_1$，则核函数可以表示为

$$k(x,z) = \varphi_1(x) \cdot \varphi_1(z) \qquad (2\text{-}37)$$

对核函数进行求解。设 $k(x,z) \in \mathbb{R}^2$ 为对称函数，当 $\int g^2(x)\mathrm{d}x < \infty$ 且 $g \neq 0$ 时，按正系数 ϑ 对核函数进行展开，可得其展开式为

$$k(x,z) = \sum_{i=1}^{\infty} \vartheta_i \varphi_i(x)\varphi_i(z) \qquad (2\text{-}38)$$

对于函数 $g(x)$，有

$$\iint k(x,z)g(x)g(z)\mathrm{d}x\mathrm{d}z \geqslant 0 \qquad (2\text{-}39)$$

满足式（2-38）和式（2-39）的函数，称为内积核函数 $k(x,x_i)$。常用的核函数有 5 种（吴青，2009），分别为高斯径向基核函数、多项式核函数、齐次多项式核函数、Sigmoid 核函数及 B 样条核函数，其表达式分别如式（2-40）～式（2-44）所示。

$$k(x,x_i) = \exp\left\{-\frac{\|x - x_i\|^2}{2\sigma_1^2}\right\} \qquad (2\text{-}40)$$

式中，x_i 为核函数中心；σ_1 为函数的宽度参数。

$$k(x,x_i) = (x \cdot x_i + 1)^d \qquad (2\text{-}41)$$

$$k(x,x_i) = (x \cdot x_i)^d \qquad (2\text{-}42)$$

$$k(x,x_i) = \frac{\sin(N_z + 0.5)(x - x_i)}{\sin(0.5(x - x_i))} \qquad (2\text{-}43)$$

式中，N_z 表示向量个数。

$$k(x,x_i) = B_{2N+1}(x - x_i) \qquad (2\text{-}44)$$

常用的三种核函数有高斯径向基核函数、多项式核函数及 Sigmoid 核函数。多项式核函数的优点是具有映射能力，缺点是参数多，当多项式阶数较高时会出现计算量过大的情况，从而无法计算。Sigmoid 核函数的支持向量回归机是一种多层神经网络，只有当参数满足特定条件时，该核函数才是半正定的。高斯径向基核函数的特点是局部性强、映射性强、应用范围最广，对样本具有较好的适应性，并且参数少，因此本书采用支持向量回归机优化数据时优先使用高斯径向基核函数。

2.3.4　支持向量回归机优化数据

采用 MATLAB 对微织构球头铣刀设计参数进行支持向量回归机优化数据程序编辑。选择支持向量机类型为支持向量回归，核函数类型为高斯径向基核函数。

核函数中的伽马函数为 0，惩罚系数为 10^6，支持向量回归的参数为 0.5，SVR 的损失函数值为 0.1，内存为 100MB，允许的终止误差为 0.001。在不同激光作用下的微织构球头铣刀支持向量回归机优化数据如表 2-7 所示。

表 2-7　在不同激光作用下的微织构球头铣刀支持向量回归机优化数据

试验序号	扫描速度/(mm·s⁻¹)	激光功率/W	扫描次数/次	微织构直径/μm	铣削力/N
1	1300	35	6	40	318.262
2	1300	35	6	40	317.957
3	1300	35	6	40	317.653
4	1300	40	7	50	390.497
5	1300	40	7	50	390.196
6	1300	40	7	50	389.897
7	1300	45	8	60	462.742
8	1300	45	8	60	462.446
9	1300	45	8	60	462.151
10	1500	35	7	60	338.502
11	1500	35	7	60	338.202
12	1500	35	7	60	337.903
13	1500	40	8	40	410.748
14	1500	40	8	40	410.452
15	1500	40	8	40	410.157
16	1500	45	6	50	356.105
17	1500	45	6	50	355.807
18	1500	45	6	50	355.51
19	1700	35	8	50	358.753
20	1700	35	8	50	358.457
21	1700	35	8	50	358.163
22	1700	40	6	60	304.112
23	1700	40	6	60	303.814
24	1700	40	6	60	303.517
25	1700	45	7	40	376.362
26	1700	45	7	40	376.068
27	1700	45	7	40	375.776

2.4　基于遗传算法的微织构刀具制备参数多目标优化研究

2.4.1　遗传算法应用原理

本节将传统的优化模型利用支持向量回归机预测模型来取代，并在此基础上分别以激光加工参数及微织构直径作为优化目标来建立优化模型，再利用遗传算法对优化模型进行求解，这一过程称为支持向量回归机模型遗传算法（葛继科等，2008）。该算法的运算过程示意图如图 2-36 所示。

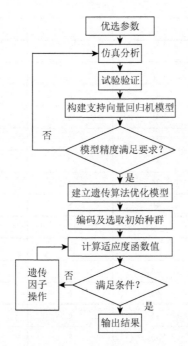

图 2-36　支持向量回归机模型遗传算法运算过程示意图

根据支持向量回归机模型遗传算法的运算过程，采用该算法对目标函数进行求解优化问题主要有以下步骤。

（1）试验设计。选择对加工效率和质量影响较大的因素当作优化目标，选择适当的试验设计方法来设计样本。

（2）采用支持向量回归机的优化方法优化试验数据，获得样本。

（3）建立以支持向量回归机为基础的预测模型。利用遗传算法得到最优的支持向量回归机参数。

（4）模型更新。如果代理模型的逼近精度与要求不符，那么就需要补充新的训练样本，并建立新模型，一直到所构建的模型精度满足要求。

（5）优化求解。对于基于支持向量回归机预测模型的优化问题可以利用遗传算法对其在设计空间全局进行优选。

2.4.2　优化变量

利用支持向量回归机遗传算法进行微织构参数优化时，依照实际需要选取合理的优化变量对于参数优化设计非常重要。同时，优化的参数变量选取还要保证其互不相关且相互独立（冷建飞等，2016）。在优化设计中求解的复杂程度取决于需要优化的变量个数，即优化的变量个数越多，计算机数值分析软件 MATLAB 优化时的计算难度越大。因此，在建立遗传算法优化的支持向量回归机模型时，显著性高的参数应尽量地作为优化参数被选取，而影响不显著的参数应作为常量，以达到在优化设计时降低求解的烦琐程度的目的，求得最优解，得到最好优化状态及优化结果。

本节选择微织构球头铣刀的微织构激光加工参数及微织构直径作为优化模型的设计变量，即激光扫描速度 v、激光功率 P、扫描次数 n 和微织构直径 D，这些变量取不同的值对应着问题的不同解决方案。

根据钛合金加工的工程要求，本节主要分析激光加工参数及微织构直径对微织构球头铣刀切削力的影响关系。因此，以微织构球头铣刀切削力为优化目标，考虑优化微织构激光加工参数及微织构直径对切削力的影响。

2.4.3　约束条件

当微织构球头铣刀铣削钛合金时，保证在相同的切削参数下，微织构刀具受激光加工参数与微织构直径的条件约束。因此，微织构球头铣刀激光与微织构直径参数的边界条件如下。

（1）球头铣刀微织构激光扫描速度约束条件为 $1300\text{mm·s}^{-1} \leqslant v \leqslant 1700\text{mm·s}^{-1}$。

（2）球头铣刀微织构激光功率约束条件为 $35\text{W} \leqslant P \leqslant 45\text{W}$。

（3）球头铣刀微织构激光扫描次数约束条件为 $6 \leqslant n \leqslant 8$。

（4）球头铣刀微织构直径约束条件为 $40\mu\text{m} \leqslant D \leqslant 60\mu\text{m}$。

综上所述，以铣削力为评价标准时，综合上述约束条件利用遗传算法进行优化，进而获得最佳的微织构设计参数。

2.4.4　遗传算法优化模型的建立

在使用具有钝圆刃口形式的微织构硬质合金球头铣刀切削钛合金材料时，在切削参数、加工环境等切削条件一定的条件下，对过程中切削力产生影响的主要因素为激光扫描速度 v、激光功率 P、激光扫描次数 n、微织构直径 D。我们采用多元回归方程，选择指数形式，多元回归方程数学模型为

$$F = Cv^{\alpha_1} P^{\alpha_2} n^{\alpha_3} D^{\alpha_4} \qquad (2\text{-}45)$$

式中，C 为取决于切削参数、切削液等切削环境条件的系数，是一个常数；v 为扫描速度；P 为激光功率；n 为扫描次数；D 为微织构直径；α_1、α_2、α_3、α_4 为待求系数。

对式（2-45）两边分别取对数，得到

$$\lg F = \lg C + \alpha_1 \lg v + \alpha_2 \lg P + \alpha_3 \lg n + \alpha_4 \lg D \qquad (2\text{-}46)$$

令 $y = \lg F$，$c = \lg C$，$x_1 = \lg v$，$x_2 = \lg P$，$x_3 = \lg n$，$x_4 = \lg D$，则优化模型变为线性方程：

$$y = c + \alpha_1 x_1 + \alpha_2 x_2 + \alpha_3 x_3 + \alpha_4 x_4 \qquad (2\text{-}47)$$

基于最小二乘法解出未知系数，本节采用表 2-8 中正交试验的 27 组数据。

表 2-8　正交试验方案及结果

试验序号	扫描速度/(mm·s⁻¹)	激光功率/W	扫描次数/次	微织构直径/μm	铣削力/N
1	1300	35	6	40	318.262
2	1300	35	6	40	317.957
3	1300	35	6	40	317.653
4	1300	40	7	50	390.497
5	1300	40	7	50	390.196
6	1300	40	7	50	389.897
7	1300	45	8	60	462.742
8	1300	45	8	60	462.446
9	1300	45	8	60	462.151
10	1500	35	7	60	338.502
11	1500	35	7	60	338.202
12	1500	35	7	60	337.903
13	1500	40	8	40	410.748
14	1500	40	8	40	410.452
15	1500	40	8	40	410.157
16	1500	45	6	50	356.105
17	1500	45	6	50	355.807
18	1500	45	6	50	355.51
19	1700	35	8	50	358.753
20	1700	35	8	50	358.457

试验序号	扫描速度/(mm·s⁻¹)	激光功率/W	扫描次数/次	微织构直径/μm	铣削力/N
21	1700	35	8	50	358.163
22	1700	40	6	60	304.112
23	1700	40	6	60	303.814
24	1700	40	6	60	303.517
25	1700	45	7	40	376.362
26	1700	45	7	40	376.068
27	1700	45	7	40	375.776

表 2-9 为极差分析表。

表 2-9　极差分析表

水平	扫描速度/(mm·s⁻¹)	激光功率/W	扫描次数/次	微织构直径/μm
k_1	401.5	375.9	366.6	357.2
k_2	380.8	329.6	346.6	370.8
k_3	325.2	402.0	394.2	379.5
R	76.2	72.5	47.6	22.3
排序	1	2	3	4

建立多元线性回归方程为

$$\begin{cases} y_1 = c + \alpha_1 x_1^1 + \alpha_2 x_2^1 + \alpha_3 x_3^1 + \alpha_4 x_4^1 + \varepsilon_1 \\ y_2 = c + \alpha_1 x_1^2 + \alpha_2 x_2^2 + \alpha_3 x_3^2 + \alpha_4 x_4^2 + \varepsilon_2 \\ \quad\quad\quad\quad\quad \vdots \\ y_{27} = c + \alpha_1 x_1^{27} + \alpha_2 x_2^{27} + \alpha_3 x_3^{27} + \alpha_4 x_4^{27} + \varepsilon_{27} \end{cases} \quad (2\text{-}48)$$

式中，ε_i 为优化模型的随机项，$\varepsilon_1, \varepsilon_2, \cdots, \varepsilon_{27}$ 相互独立且服从相同的标准正态分布 $N(0, \sigma^2)$。式（2-48）的矩阵表示形式如下：

$$\boldsymbol{Y} = \boldsymbol{X}\boldsymbol{\alpha} + \boldsymbol{\varepsilon} \quad (2\text{-}49)$$

式中，$\boldsymbol{Y} = \begin{bmatrix} y_1 \\ y_2 \\ \vdots \\ y_{27} \end{bmatrix}$，$\boldsymbol{X} = \begin{bmatrix} 1 & x_1^1 & x_2^1 & x_3^1 & x_4^1 \\ 1 & x_1^2 & x_2^2 & x_3^2 & x_4^2 \\ \vdots & \vdots & \vdots & \vdots & \vdots \\ 1 & x_1^{27} & x_2^{27} & x_3^{27} & x_4^{27} \end{bmatrix}$，$\boldsymbol{\alpha} = \begin{bmatrix} c \\ \alpha_1 \\ \vdots \\ \alpha_4 \end{bmatrix}$，$\boldsymbol{\varepsilon} = \begin{bmatrix} \varepsilon_1 \\ \varepsilon_2 \\ \vdots \\ \varepsilon_{27} \end{bmatrix}$。

通过最小二乘法估计参数 $\boldsymbol{\alpha}$，将系数 b_0, b_1, b_2, b_3, b_4 分别设为回归方程中 $c, \alpha_1, \alpha_2, \alpha_3, \alpha_4$ 的最小二乘估计，得到的回归方程为

$$\hat{y} = b_0 + b_1 x_{i1} + b_2 x_{i2} + b_3 x_{i3} + b_4 x_{i4} \tag{2-50}$$

式中，b_0, b_1, b_2, b_3, b_4 为统计量 $\hat{y}$ 的回归系数。计算得出最小二乘法估计矩阵为

$$b = (\boldsymbol{X}^{\mathrm{T}} \boldsymbol{X})^{-1} \boldsymbol{X}^{\mathrm{T}} \boldsymbol{X} \tag{2-51}$$

式中，$\boldsymbol{X}^{\mathrm{T}}$ 为 $\boldsymbol{X}$ 的转置矩阵；$(\boldsymbol{X}^{\mathrm{T}} \boldsymbol{X})^{-1}$ 为 $\boldsymbol{X}^{\mathrm{T}} \boldsymbol{X}$ 的逆矩阵。

本书借助 MATLAB 软件处理 27 组正交试验结果数据得到多元回归方程的系数，最终通过计算得到优化模型。

微织构球头铣刀铣削钛合金的铣削力预测模型为

$$F = 10^{4.5679} v^{-0.7558} P^{0.1965} n^{0.2468} D^{-0.0758} \tag{2-52}$$

但是为了保证模型的可靠性，在得出回归模型之后要对模型进行显著性检验。表 2-10 是进行方差分析后得到的铣削力 $F_{铣}$ 的方差分析表。

表 2-10　进行方差分析后得到的铣削力 $F_{铣}$ 的方差分析表

方差来源	自由度 df	平方和 SS	均方 MS	统计量 F	P
因素 $F_{铣}$	4	33199.42	8299.85	5.5989	2.898×10^{-3}
残差	22	32612.99	1482.41	—	—
总计	26	65812.41	—	—	—

表 2-10 给出了模型检验所需参数，参考这些数据可以对球头铣刀铣削钛合金过程中铣削力预测模型进行显著性检验。试验次数 $n_{试} = 27$，自变量个数 $m_{变} = 4$，显著性水平为 0.05。统计量 $F_{0.95}(m, n-m-1) = F_{0.95}(4, 22) = 2.82$。当模型显著性水平均小于 0.05、统计量 F 均大于 2.82 时，认为该模型是显著的。表 2-10 中的统计量 F 大于 2.87，并且 P 小于给定的显著性水平，可以得出建立的预测模型是显著的。

2.4.5　刀具切削性能的遗传算法优化

由于遗传算法的原理是在解空间里搜索优选组合，所以在主函数 main.cpp 文件中，进行循环 50 次的设定，在 50 次循环中寻找可以使目标函数值最小的参数组合，其参数值：扫描速度为 1686.023mm·s^{-1}，激光功率为 39.019W，扫描次数为 7 次，微织构直径为 59.983μm，遗传算法迭代结果如图 2-37 所示。

最终点			
1 ▼	2	3	4
1686.023	39.019	7	59.983

图 2-37　遗传算法迭代结果

2.4.6　微织构刀具切削试验验证

为了保证微织构球头铣刀表面微织构参数优化结果的可靠性，本节利用优化得到的微织构参数进行铣削试验验证。使用前面搭建的切削试验平台，机床切削工艺参数选择为 $a_p = 0.3\text{mm}$，$f_8 = 0.07\text{mm/r}$，$v_c = 120\text{m/min}$。通过对加工过程中的铣削力和铣削温度进行测量，记录试验结果如表 2-11 所示。

表 2-11　试验结果

评价指标	优化结果	试验结果	相对误差/%
铣削力/N	282.43	297.84	5.17

从试验结果可以看出，优化结果与试验结果的相对误差在 10% 以内，证明了微织构硬质合金球头铣刀微织构激光加工参数优化的可行性。

2.5　本　章　小　结

本章以激光加工技术在硬质合金材料表面制备微织构入手，通过理论分析、实际加工出不同尺寸的微织构，借助超景深显微镜分析不同激光参数（扫描速度、激光功率、扫描次数）对微织构形貌及成型精度的影响规律，研究硬质合金试件表面微织构加工的激光参数对微织构实际直径与微织构目标直径之间的误差影响，得出激光参数影响主次顺序为激光功率＞扫描速度＞激光光斑直径＞扫描次数；搭建了激光加工微织构的有限元仿真平台，探究激光参数变化对其作用点处的中心温度的影响及材料表面的等效应力影响情况，发现等效应力变化与激光功率、扫描次数呈正相关关系，与扫描速度呈负相关关系，而激光光斑直径对等效应力的影响相对较小；通过 $x\text{-}z$ 平面内蚀除面积的折线图可以得出，激光功率对蚀除面积影响最大，其次是扫描次数，激光光斑直径对蚀除面积影响最小。利用切削仿真技术得到了各参数对平均铣削力和铣削温度影响的因素主次顺序，同时发现刃口钝圆半径与微织构距刃距离对平均铣削力和铣削温度影响的交互作用明显，并且以最小铣削力和最小铣削温度为评价标准进行了参数的优选。搭建了微织构球头铣刀铣削钛合金材料的试验平台，使用优选的激光加工参数在刀具前刀面上进行微织构的制备，以研究刃口钝圆参数及微织构分布参数对切削过程中的铣削力、铣削温度及刀具磨损的影响规律。得到了各参数对平均铣削力、铣削温度和刀具磨损影响的因素主次顺序，其中平均铣削力和铣削温度的试验结果与仿真结果的趋势基本一致，并且以最小铣削力、最小铣削温度和最小刀具磨损为评价标准进行了参数的优选。建立遗传算法优化模型并利用该算法进行优选参数组合的搜索，得到优选的参数组合为刃口钝圆半径为 20μm、微织构距切削刃距离为 110μm，微织构直径为 30μm、微织构间距为 175μm。进行了试验验证，实际测得的铣削力和铣削温度与预测值误差均在 10% 以内，证明了参数优化的可行性。

参 考 文 献

葛继科，邱玉辉，吴春明. 2008. 遗传算法研究综述[J]. 计算机应用研究，25（10）：2911-2916.

冷建飞，高旭，朱嘉平. 2016. 多元线性回归统计预测模型的应用[J]. 统计与决策，（7）：82-85.

李德鑫. 2017. 激光表面微织构制备及减阻技术研究[D]. 宁波：宁波大学.

孙宗海，杨旭华，孙优贤. 2005. 基于支持向量机的模糊回归估计[J]. 浙江大学学报，39（6）：810-813.

王泽军. 2005. 锅炉结构有限元分析[M]. 北京：化学工业出版社：50.

吴青. 2009. 基于优化理论的支持向量机学习算法研究[D]. 西安：西安电子科技大学.

Carslaw H S，Jaeger J C. 1959. Conduction of Heat in Solids[M]. 2nd ed. New York：University of Oxford，378.

David A，Lerner B. 2005. Support vector machine-based image classification，for genetic syndrome diagnosis[J]. Pattern Recognition Letters，26（8）：1029-1038.

Flake G W，Lawrence S. 2002. Efficient SVM regression training with SMO[J]. Machine Learning，46（1-3）：271-290.

Jack L B，Nandi A K. 2002. Fault detection using support vector machines and artificial neural networks[J]. Mechanical Systems and Signal Processing，16（3）：373-390.

Lu S M，Wang X Z. 2004. A comparison among four SVM classification methods：LSVM，NLSVM，SSVM and NSVM[C]. Proceedings of the 3rd International Conference on Machine Learning and Cybernetics，Shanghai：4277-4282.

Schölkopf B，Platt J C，Shawe-Taylor J. 2001. Estimating the support of a high-dimensional distribution[J]. Neural Computation，13（7）：1443-1447.

Seo J，Ko H. 2004. Face detection using support vector domain description in color images[C]. Proceedings of IEEE International Conference on Acoustics，Speech，and Signal Processing，Montreal：25-31.

Tsai C F. 2005. Training support vector machines based on stacked generalization for image classification[J]. Neurocomputing，64（1）：497-503.

Wang S P，Zhang Q，Lu J，et al. 2018. Analysis and prediction of nitrated tyrosine sites with the mRMR method and support vector machine algorithm[J]. Current Bioinformatics，13（1）：3-13.

Wang X Y，Luo D K，Xu Z. 2018. Estimates of energy consumption in China using a self-adaptive multi-verse optimizer-based support vector machine with rolling cross-validation[J]. Energy，152：539-548.

Xin D，Wu Z H，Zhang W F. 2001. Support vector domain description for speaker recognition[C]. Proceedings of Neutral Networks for Signal Processing XI，2001，Proceedings of the 2001 IEEE Signal Processing Society Workshop，North Falmouth：481-488.

第3章 微织构精准分布设计及其对刀片强度的影响分析

微织构的精准分布设计是研究微织构球头铣刀切削性能的前提条件，其精准分布程度直接影响刀具的表面质量，甚至会影响被加工工件的表面质量。目前大多理论研究均未从理论上对微织构的精准分布设计进行描述，仅用试验方式对刀具的切削性能进行研究。因此，本章从理论角度出发，对微织构的置入区域，微织构几何参数之间的关系，微织构在该区域的分布形式，切削深度与微织构分布形式之间的关系及精准设计后的微织构对刀片结构的影响进行分析，来确保后续微织构球头铣刀铣削性能研究的准确性。

3.1 微织构球头铣刀铣削钛合金刀-屑接触区域分析

以往对微织构置入位置等研究仅凭经验，因此很难保证后续研究的准确性。微织构精准分布设计是指精确设计微织构的置入区域、每一个微织构的在置入区域内的分布位置、微织构的排列数。在对球头铣刀微织构进行精准设计之前，应考虑微织构置入的位置，即微织构应当制备在刀具前刀面的刀-屑接触区内。铣削加工过程是典型的断续切削过程，在不同的切削阶段，刀-屑接触面积不断发生变化，与车削等连续切削过程区别明显，图 3-1 为研究的球头铣刀铣削加工周期中不同阶段的刀-屑接触关系。

如图 3-1（a）所示，当铣削周期开始时，前刀面挤压工件，被切削金属开始产生剪切滑移，切屑尚未从剪切面断裂，因此刀-屑接触面积较小。如图 3-1（b）所示，当铣削周期进行到中间阶段时，被切削金属的剪切滑移作用不断增强，产

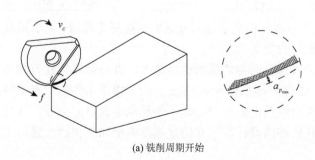

(a) 铣削周期开始

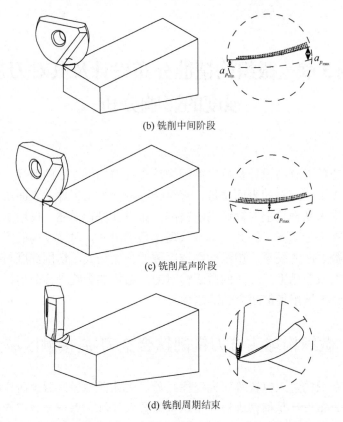

图 3-1　研究的球头铣刀铣削加工周期中不同阶段的刀-屑接触关系

生明显的切屑，刀-屑接触面积较大，并且沿着切削刃切屑厚度逐渐增加，这是球头铣刀边缘线速度大，使单位切削宽度变大导致的。如图 3-1（c）所示，当铣削周期进行到尾声时，切屑逐渐增加，沿铣刀前刀面流出时形变过大，因此产生断屑，使刀-屑接触面积反而减小。如图 3-1（d）所示，当铣削周期结束时，切削刃与工件完全分离，刀-屑接触面积为零，直至下一个铣削周期开始。

　　由于在用铣刀加工钛合金时，刀-屑之间的摩擦作用在前刀面上，摩擦状态影响着切屑的形成、力-热特性、刀具的磨损及工件已加工表面的质量等。因此，在刀-屑接触区内置入微织构能够起到良好的抗磨减摩作用，对于提高刀具切削加工性能具有十分重要的意义。

　　为了确定刀具前刀面与切屑的接触范围，首先需要构建刀具与工件坐标系，如图 3-2 所示，工件坐标系设为 $Ox_wy_wz_w$，因此根据工件的位置就可以确定工件的坐标系。将刀具坐标系设定为 $Ox_cy_cz_c$，坐标原定设在刀尖处，并且需要在工件坐标系下进行刀具轨迹的设计、工件的建模及确定加工初始位置，工件坐标系和刀

具坐标系之间的变换关系为（Burak，2005）

$$\begin{cases} x_c = x_w - x_0 \\ y_c = y_w - y_0 \\ z_c = y_w - z_0 - R \end{cases} \tag{3-1}$$

式中，点(x_c, y_c, z_c)为刀具坐标系下任意一点；点(x_w, y_w, z_w)为工件坐标系下任意一点；R为刀具直径。设刀具坐标系的原点为(x_o, y_o, z_o)。

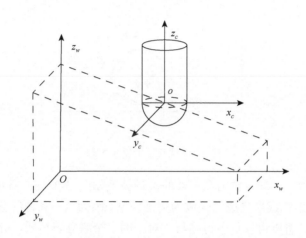

图 3-2　工件和刀具坐标系

在球头铣刀进行切削加工过程时，为了简化切削几何模型，需要将前一个刀路所形成的表面当作圆柱面上的一部分，将刀刃上点的摆线轨迹当作圆形轨迹（杨树财等，2016）。工件的倾斜角设为角 α，每齿进给量f_z比刀具半径 R 要小很多，因此能够将球头铣刀与工件之间的接触面默认为球面的一部分。图 3-3 为球头铣刀铣削过程，各个相关表面的表达式如下所示。

（1）前刀路生成表面：

$$(x - a_e \cos\alpha)^2 + (z + a_e \cos\alpha)^2 = R^2 \tag{3-2}$$

（2）前一刀齿生成表面：

$$x^2 + z^2 + (y - f_z)^2 = R^2 \tag{3-3}$$

（3）刀具与工件的接触区域：

$$x^2 + y^2 + z^2 = R^2 \tag{3-4}$$

（4）未被加工的表面：

$$z = -x\tan\alpha - (R - a_p)/\cos\alpha \tag{3-5}$$

（5）当前刀路生成表面：

$$x^2 + z^2 = R^2 \tag{3-6}$$

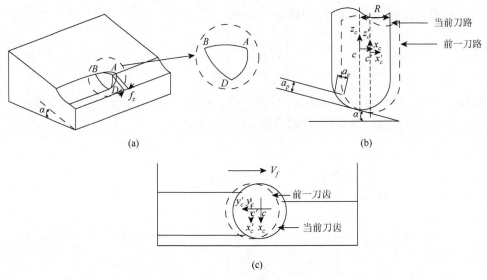

图 3-3　球头铣刀铣削过程

在铣削过程中，球头铣刀和工件的接触关系如图 3-3（a）所示，弧 *AD*、弧 *DB* 和弧 *BA* 三条弧线所围成的区域为接触区域，因为这三条曲线分别与两个曲面的交线相对应，所以可以从中得到与之对应的三个联立表达式，分别如下所示。

（1）弧 *AD*：

$$a_e\left(a_e + 2z\sin\alpha - 2x\cos\alpha\right) - y^2 = 0 \tag{3-7}$$

（2）弧 *DB*：

$$\begin{cases} y - f_z = 0 \\ x^2 + z^2 = R^2 \end{cases} \tag{3-8}$$

（3）弧 *BA*：

$$x^2 + y^2 + \frac{(R - a_p)(2x\sin\alpha + R - a_p) + x^2\sin^2\alpha}{\cos^2\alpha} - R^2 = 0 \tag{3-9}$$

图 3-3（b）为平面 x_c-z_c 内的刀-屑接触区，图中刀具一齿的坐标系为 $C'X'_cY'_cZ'_c$，刀具另一齿的坐标系为 $CX_cY_cZ_c$，其中任意两条相邻轨迹在 x_c-y_c 平面内的投影如图 3-3（c）所示。图中，a_p 表示切削深度。通过球头铣刀-工件作用区域的几何分析可知，求解出的边界曲线函数围成的面积为图 3-3（a）中的弧 *ABD*，即简化后的切削面积。

刀具参与切削部分就是一个切削过程中切屑流过刀具前刀面的面积，在考虑切屑变形及刀具切入、切出时与切屑位置关系即可得到微织构的设计区域。本章需要先确定接触区域中切削刃与刀尖相距最远的位置，从而能够更准确地得到球头铣刀前刀面同切屑接触部分的位置。如图 3-4 所示，最大有效切削半径 *AD* 与

切削刃的交点 A 即被求点。当视刀具以某一角度的上坡铣削时，球头铣刀参与切削区域的切削刃线为弧 AB 段，最大有效切削半径 AD 与 $\varphi_1 + \varphi_2$ 有关，其中，φ_2 可用公式表示为

$$\varphi_2 = \arccos\left(\frac{R-a_p}{R}\right) \tag{3-10}$$

球头铣刀最大有效切削半径 AD 用 R_1 表示为（何春生，2018）

$$R_1 = R\sin\left[a + \arccos\left(\frac{R-a_p}{R}\right)\right] \tag{3-11}$$

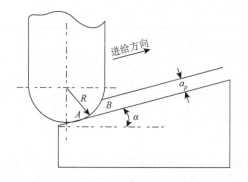
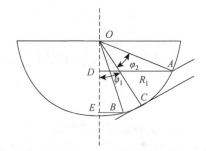

图 3-4　斜面铣削有效切削半径

依据中山一雄所提出的切屑卷曲理论，切屑的卷曲包括向上卷曲和横向卷曲两种形式（中山一雄，1985）。从图 3-5 中可知，在球头铣刀铣削钛合金的加工过程中，切屑与前刀面之间接触为不完全接触，而是切屑会以一定角度发生卷曲变形。如果将刀具与工件之间的作用区域进行投影到刀具前刀面，那么最大切削半径可近似为切削区域边界。通过铣削试验，测得刀具前刀面磨痕如图 3-6 所示。总的来说，本章设计的微织构区域分布形状为扇形，如图 3-7 所示。

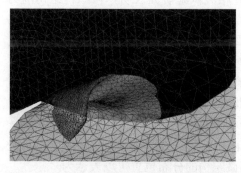

图 3-5　球头铣刀铣削钛合金切屑流向仿真图　　图 3-6　球头铣刀铣削钛合金刀具前刀面磨痕

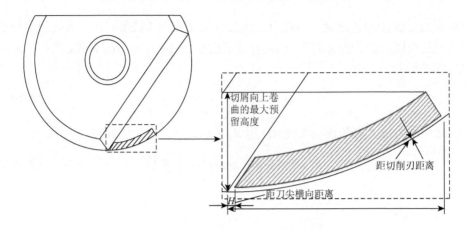

切屑向上卷曲的最大预留高度

距切削刃距离

距刀尖横向距离

图 3-7　刀-屑紧密型接触区域

3.2　刀-屑接触区域内均匀分布密度微织构分布形式精准设计

为了提高微织构的制备效率和制备精度，首先要分析刀-屑接触区内均匀分布密度微织构分布形式，建立微圆坑直径与深度关系模型；然后对刀-屑接触区内微织构的分布界限进行研究，确定微织构分布参数的极值；最后分析不同切削深度对刀-屑接触区内微织构分布的影响，研究不同切削深度下微圆坑织构在刀-屑接触区内的分布形式。

3.2.1　刀-屑接触区域内均匀分布密度微织构分布形式

假设微织构在刀-屑接触区内分布密度不变，即圆弧刃与第一排织构的距离及两排织构之间的径向距离不变且相等。相关试验研究表明，微织构距切削刃的距离 l、相邻两个微织构之间的距离 l_1 及微织构与刀具中心点所成的夹角 θ 的大小均能对铣削钛合金时铣削力产生影响（Wu et al.，2012）。微织构分布过密会导致刀具前刀面粗糙度的增大，此时摩擦力增大，微织构抗磨减摩作用将减小，分布过疏，微织构将无法达到抗磨减摩的效果。因此，从理论上研究微织构在 z-y 平面内的分布规则，为微织构球头铣刀铣削钛合金抗磨减摩性研究提供了理论基础。

在 z-y 平面内，以刀尖为原点建立直角坐标系。如图 3-8 所示，设离切削刃最近的一排微织构为第一排织构，则第一排微织构的分布位置可以表示为

$$O_{11} = \left((R-l)\sin\theta_1, R-(R-l)\cos\theta_1\right)$$

$$O_{12} = \left((R-l)\sin\theta_2, R-(R-l)\cos\theta_2\right)$$

$$\vdots$$

$$O_{1n} = \left((R-l)\sin\theta_n, R-(R-l)\cos\theta_n\right) \tag{3-12}$$

式中，R 为微织构球头铣刀半径。

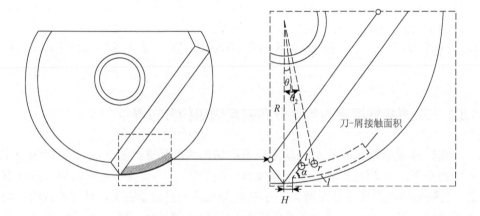

图 3-8　微织构分布参数

θ_i 分别为第一排不同位置的微织构与刀具中心的夹角，其表达式分别为

$$\left[\frac{l_1}{2(R-l)}\right]^2 = \left[\sin\left(\frac{\theta_2-\theta_1}{2}\right)\right]^2$$

$$\theta_2 = \arccos\left[1 - \frac{l_1^2}{2(R-l)^2}\right] + \theta_1 \tag{3-13}$$

$$\theta_3 = \arccos\left[1 - \frac{l_1^2}{2(R-l)^2}\right] + \theta_2$$

$$\theta_i = (n-1)\arccos\left[1 - \frac{l_1^2}{2(R-l)^2}\right] + \theta_1 \tag{3-14}$$

$$l_1 = 2(R-l)\cdot\sin\left(\frac{\theta_{i+1}-\theta_i}{2}\right), \ i=1,2,\cdots,k \tag{3-15}$$

设任意两排相邻的两个微圆心连线与 y 轴所成的夹角为 $\alpha\in(0,\pi/2)$，则第二排微织构分布位置如下所示：

$$O_{21} = \left[(R-l)\sin\theta_1 + l_1\cos\alpha, R - (R-l)\cos\theta_1 + l_1\sin\alpha\right]$$
$$O_{22} = \left[(R-l)\sin\theta_2 + l_1\cos\alpha, R - (R-l)\cos\theta_2 + l_1\sin\alpha\right]$$
$$\vdots$$
$$O_{2n} = \left[(R-l)\sin\theta_k + l_1\cos\alpha, R - (R-l)\cos\theta_k + l_1\sin\alpha\right]$$

(3-16)

由以上推导可知，第 m 排任意微织构所在的位置为

$$O_{nm} = \left((R-l)\sin\theta_k + (n-1)l_1\cos\alpha, R - (R-l)\cos\theta_k + (n-1)l_1\sin\alpha\right), n, m = 1, 2, 3, \cdots, k$$

(3-17)

当 $\alpha \in (\pi/2, \pi)$ 时，式（3-17）可以表示为

$$O_{nm} = \left((R-l)\sin\theta_k - (n-1)l_1\cos\alpha, R - (R-l)\cos\theta_k + (n-1)l_1\sin\alpha\right), n, m = 1, 2, 3, \cdots, k$$

(3-18)

3.2.2 刀-屑接触区域内均匀分布密度微织构分布界限

设计刀-屑接触面积正交试验测得不同切削深度和进给量下的刀-屑接触长度及接触宽度。刀-屑接触长度和接触宽度试验表明：刀-屑接触宽度与切削深度有关，且随着切削深度增加而增加；刀-屑接触长度与进给量有关，且随着进给量增加而增加；刀-屑接触区可近似看成矩形，得到刀-屑接触长度 l_f 与进给量 f，刀-屑接触宽度 l_w 与切削深度 a_p 之间的关系分别为（何春生，2018）

$$l_f = 3.9959f + 3.7416$$

(3-19)

$$l_w = 1.2497a_p - 0.0174$$

(3-20)

设第一排第一个微织构与刀尖距离为 H，微织构的半径为 r。如图 3-9 所示，则微织构置入的最多排数 m 与刀-屑接触长度之间的关系及任意一排微织构的最多个数 n 与刀-屑接触宽度之间的关系分别为

$$m_{\max} = \frac{l_w - l}{l_1} + 1$$

(3-21)

$$n_{\max} = \frac{l_f - H}{l_1} + 1$$

(3-22)

取 l 的两个极限位置，则第一排微织构距切削刃的距离 l 的取值范围为

$$r \leqslant l \leqslant l_w - r$$

(3-23)

由式（3-17）和式（3-23）可知，相邻两个微织构之间的距离 l_1 的取值范围为

$$2r \leqslant l_1 \leqslant 2(R-r)\sin\left(\frac{\theta_2 - \theta_1}{2}\right)$$

(3-24)

由式（3-19）～式（3-23）可知，当切削深度和切削长度确定后，可由此确定切削过程中刀-屑接触长度和接触宽度的大小，进而确定每排微织构的个数及微

织构的排数。相关试验研究表明，切削力随着第一排微织构距离切削刃距离的增大而增大，因此，为合理地选择微织构参数，可以通过求解微织构刀-屑接触长度的大小，进而定量第一排微织构距切削刃的距离。

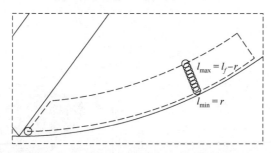

图 3-9　第一排微织构距切削刃距离的极限位置

3.2.3　均匀分布密度微织构几何参数间关系分析

采用光纤激光器在直径为 20mm、前角为 0°、后角为 11°的 YG8 硬质合金球头铣刀前刀面进行微织构制备。

利用光纤激光器在硬质合金球头铣刀片上制备微圆坑织构，超景深显微镜对其进行观察和测量，如图 3-10 所示。可以看出微织构截面呈现圆锥形面，是由于激光制备过程中，激光能量随着照射深度增加能量逐渐减弱，在微织构底部最弱。因此，激光制备后的微织构的结构类似于圆锥面。当圆锥面最低点为坐标原点时，圆锥面方程为

$$\frac{x^2+y^2}{a^2} = \frac{z^2}{c^2} \qquad (3-25)$$

式中，a 为圆锥面准线中的椭圆长轴；c 为圆锥面准线中的椭圆焦距。

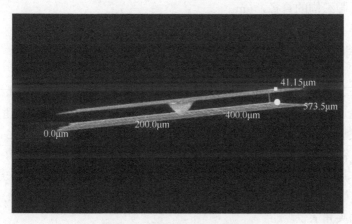

图 3-10　微织构表面三维形貌

以刀尖为原点建立坐标系，如图 3-11 所示。此时微织构最低点的坐标为(h, ξ_1, δ_1)，则微织构满足的方程为

$$\frac{(y-\xi_1)^2+(z-\delta_1)^2}{a^2}=\frac{(x-h)^2}{c^2} \tag{3-26}$$

式中，h 为微织构的深度。

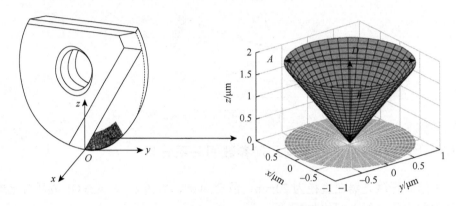

图 3-11　激光制备微织构几何结构

在 z-y 平面内，取 z 向上与微织构最低点等高微边缘一点 $A(0, \xi_2, \delta_2)$，由于该点也在此抛物面上，因此满足圆锥面方程，可以得到

$$\frac{(y-\xi_2)^2+(z-\delta_2)^2}{a^2}=\frac{x^2}{c^2} \tag{3-27}$$

因为 $\delta_2=\delta_1$，$\xi_2-\xi_1=D$，根据式（3-25）可以得到

$$D=\frac{2a'h}{c'} \tag{3-28}$$

式中，D 为微织构的直径，μm。

3.2.4　切削深度对均匀分布密度微织构分布形式的影响分析

在机床、刀具和工件等条件一定的情况下，研究人员在生产中选择切削用量仍处于经验选定状态，完全不考虑其对刀具几何特征设计的影响（周超等，2015）。仿真分析发现，当切削深度改变时，微织构的列数也发生相应的变化。当切削深度增大时，微织构的列数相应增加，来确保刀-屑接触区内存在微织构，可以发挥抗磨减摩作用。当切削深度减小时，微织构的列数应相应地减小，来进一步增加刀具的强度。如图 3-12 所示，任意时刻球头铣刀与未加工表面的接触点 P 与球头铣刀中心的夹角 K 为

$$K = \alpha + \arcsin\left[\frac{\sqrt{R^2 - (R - a_p)^2}}{R}\right] \tag{3-29}$$

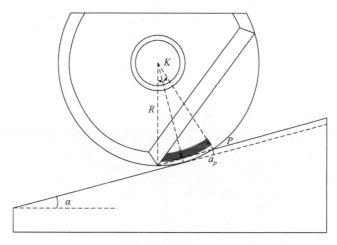

图 3-12　切削深度对微织构径向分布影响示意图

由式（3-29）可知，随着 a_p 增大，夹角 K 也逐渐增大，微织构的列数 n 相应增加。当第 n 列微织构与球头铣刀中心的夹角 θ_i 大于等于 K 时，微织构将充分地发挥作用，此时得到列数 n 的取值范围为

$$n \geqslant \frac{a + \arcsin\left[R^2 - (R - a_p)^2/R\right] - \theta_1}{\arccos\left(1 - l_1^2/\left[2(R - l)^2\right]\right)} + 1 \tag{3-30}$$

根据式（3-22），列数 n 的取值范围为

$$\frac{a + \arcsin\left[R^2 - (R - a_p)^2/R\right] - \theta_1}{\arccos\left(1 - l_1^2/\left[2(R - l)^2\right]\right)} + 1 \leqslant n \leqslant \frac{l_f - H}{l_1} + 1, n \text{ 为整数} \tag{3-31}$$

如图 3-13 所示，当球头铣刀沿一定倾角进行铣削时，切削深度沿切削刃不断变化，在切削刃与工件相切处达到最大，微织构沿径向的延伸长度应该超过最大切深，同时铣削过程中流出的切屑与前刀面摩擦会出现一块沿径向的摩擦高度 $h_{摩擦}$，为了满足最大切深，要求形成的织构区域用 $ABCD$ 表示，在径向摩擦高度形成的织构区域用 $CDFE$ 表示，G、H 为最大切深位置织构沿径向分布的最高点与最低点，且长度为 a_p-l，由图可知 $CI \approx GH$，三角形 CBI 近似于直角三角形，为了方便计算将 $\angle BIC$ 看成直角，可得

$$BE = \frac{a_p - l + h_{摩擦}}{\sin\alpha} \tag{3-32}$$

综上可知，微织构径向排数 m 与切削深度 a_p 的关系为

$$\frac{\frac{a_p - l + h_{摩擦}}{\sin\alpha} - \frac{D}{2}}{l_1} + 1 \leqslant m \leqslant \frac{l_w - l}{l_1} + 1, \quad m \text{ 为整数} \tag{3-33}$$

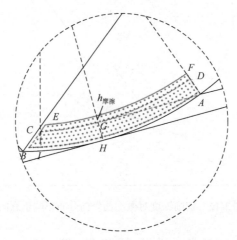

图 3-13　切削深度对微织构纵向分布的影响

如图 3-14 所示，区域 1 和区域 2 的磨损与区域 3 相比较为严重，且逐级递减。在刀-屑接触区内，当微织构在刀-屑接触区内等密度分布时，即每个微织构之间的圆心距相等且不变时，只有离切削刃较近区域内的微织构充分起到了抗磨减摩的作用。距离切削刃较远的织构不与切屑接触，微织构不起抗磨减摩作用，为了增大刀具强度，应适当地减少微织构排数。在满足大于切削深度基础上，由于 $h_{摩擦}$ 的存在，应适当地增加 3～4 排微织构。

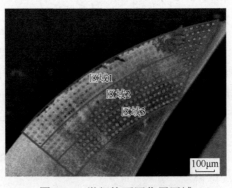

图 3-14　微织构不同作用区域

采用的铣削加工方式属于典型的断续切削，因此不论铣削力及铣削周期，采集范围均在一周期内。切削周期决定了切出点的最终状态，球头铣刀的铣削周期 T、切入角度 ψ_{in} 及切入时间 t_i 和切出时间 t_o 分别为（王福增，2016；计开顺，2016）

$$T = \frac{60}{n_{转} \cdot z} \tag{3-34}$$

$$\psi_{in} = 180° - \arccos\left(\frac{R - a_p}{R}\right) \tag{3-35}$$

$$t_i = T \cdot \frac{\psi_{in}}{360°} \tag{3-36}$$

$$t_o = T - t_i \tag{3-37}$$

式中，$n_{转}$ 为主轴转速，r/min；z 为刀刃齿数。

如图 3-15 所示，在某一切削层内，切削宽度 b_D 可以表示为

$$b_D = f_z \cdot \cos\psi_x \cdot \sin(\theta_x - 15°) \tag{3-38}$$

式中，ψ_x 为瞬时接触角，指刀齿所在位置与切入位置之间的夹角；f_z 为刀具每齿进给量。

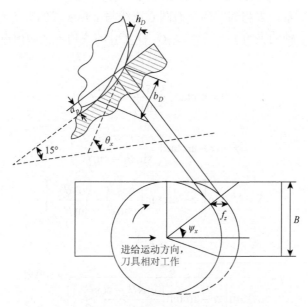

图 3-15　铣削三要素示意图

切削厚度 h_D 可以表示为

$$h_D = \frac{a_p}{\sin(\theta - 15°)} \tag{3-39}$$

在切削三要素中，切削速度对于切削力的影响主要通过改变切屑与前刀面之间的摩擦状态而间接地产生影响，因此其影响较小可以忽略不计（周泽华，1993）。切削深度与进给量两个因素对切削力影响效果较为显著。

由上述可知，建立微织构参数同切削参数之间的关系即可确定最优切削参数（即确定切削深度和进给量）。本章用于模拟仿真及试验的切削参数为切削速度 $v_c = 120\text{m/min}$，每齿进给量 $f_z = 0.3\text{mm}$，切削宽度 $a_e = 0.5\text{mm}$，切削深度 $a_p = 0.3\text{mm}$，相关文献表明该切削参数条件下钛合金的切削性能最优（苏闯南，2017）。

3.3 微织构分布形式对球头铣刀强度的影响分析

经精准分布设计后的微织构对刀片强度是否产生影响是本书的前提条件。因此，应深入研究任意一微织构与该微织构所占体积之比的大小，由于两体积的深度相同，只需研究微织构的面积占有率。微织构面积占有率是指任意微织构面积与该微织构所在菱形的面积之比（陈碧冲，2015）。因此，应用理论、仿真和试验相结合的方法来阐述微织构面积占有率对刀片结构的影响规律。

如图 3-16 所示，当相邻的两个微圆心连线与 y 轴所成的夹角为 $\alpha \in (0, \pi)$ 时，直线 $O_{11}O_{12}$ 与 y 轴的夹角 β、菱形 $O_{11}O_{12}O_{22}O_{21}$ 的锐角 γ 及面积占有率 q 可以表示为

$$\beta = \arctan\left(\frac{\cos\theta_1 - \cos\theta_2}{\sin\theta_2 - \sin\theta_1}\right) \tag{3-40}$$

$$\gamma = \alpha - \arctan\left(\frac{\cos\theta_1 - \cos\theta_2}{\sin\theta_2 - \sin\theta_1}\right) \tag{3-41}$$

$$S = l_1^2 \cdot \sin\left[\alpha - \arctan\left(\frac{\cos\theta_1 - \cos\theta_2}{\sin\theta_2 - \sin\theta_1}\right)\right] \tag{3-42}$$

$$s = \pi r^2 \tag{3-43}$$

$$q = \frac{\pi r^2}{l_1^2 \cdot \sin\left[\alpha - \arctan\left(\dfrac{\cos\theta_1 - \cos\theta_2}{\sin\theta_2 - \sin\theta_1}\right)\right]} \times 100\% \tag{3-44}$$

θ 代表第一排任意两个相邻微织构中心与球头铣刀圆心的连线之间的夹角；S 代表整个微织构的占有面积；l_1 代表相邻两个微织构之间的距离；s 代表整个微织构的区域面积；r 代表整个区域的半径。

由式（3-44）可知，在刀-屑接触区内，当相邻两个微织构之间的距离 l_1 为定

值时，微织构的面积占有率随微织构半径的增大而增大；当微织构半径为定值时，随相邻两个微织构之间的距离 l_1 的增大而减小。

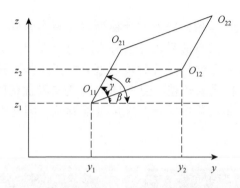

图 3-16　微织构面积占有率

3.3.1　有限元模型的建立

球头铣刀刀-屑接触区内微织构的受载荷状况可以使用 ANSYS Workbench 进行模拟仿真。首先使用三维建模软件建立几何模型，由于整体刀具模拟仿真所需时间长，因此对刀具进行相应的简化处理，仅对刀片部分进行建模，并在刀具前刀面的刀-屑接触区内制备出微织构，只针对刀片的受力情况进行模拟仿真。硬质合金刀片材料性能参数见第 2 章，图 3-17 为刀片模型图。

图 3-17　刀片模型图

3.3.2　有限元网格划分及边界条件

刀片模型建立完成之后，应对刀片模型进行网格划分，网格划分对仿真结果有十分显著的影响，刀具的受力是否分布均匀很大程度上取决于网格划分的均匀程度。绝大多数模型网格划分时可以划分成四面体，其中大部分为二阶单元，此时所划分的网格质量较差，图 3-18（a）为未经优化的网格。由于这种划分方式会降低仿真模拟过程中的计算速度及准确性，因此需要进行网格划分优化（黄志新，2016）。

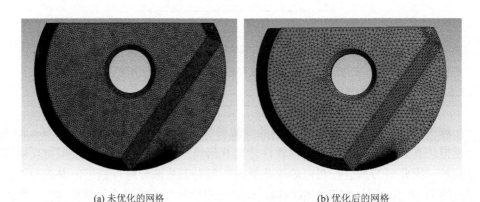

(a) 未优化的网格　　　　　　　　　(b) 优化后的网格

图 3-18　刀片模型网格划分

网格的优化处理需要用到 ANSYS Workbench 软件中的 The ICEM CFD 网格优化模块。由于需要研究微织构对球头铣刀刀片强度的影响，而微织构一般为微米级别，而这在刀-屑接触区内部易产生显著应力集中的现象，需要对网格进行细化处理，会产生大量计算时间。因此，可利用优化过后的四面体网格进行模拟仿真求解。对于刀-屑接触区以外的部分不进行深入研究，故此部分划分成较大网格即可，但需要保证细化的小单元网格与大单元网格之间平滑过渡。在网格划分完成后，还需检验网格的精度及对产生畸变的网格进行修正等，图 3-18（b）为优化后的网格，从图中可以看出，网格节点变少，因此运算速度较快，仿真精度更高。

3.3.3　有限元载荷施加条件

应力场仿真的准确程度取决于载荷条件的施加情况，所以施加的载荷边界条件应使刀片受力更加简化。由于距离切削刃越远铣削力也就越小，可以将铣削力视作线性面载荷，于是载荷施加在刀-工紧密接触部分的区域内。图 3-19 为模拟仿真边界载荷施加的示意图。

图 3-19　模拟仿真边界载荷施加的示意图

3.3.4　仿真试验设计及结果分析

由于微织构面积占有率与微织构直径、两微织构间距及载荷的施加均有关，因此设计正交仿真方案。由于微织构直径和两微织构间距不同，因此每组刀片在前刀面的分布也不相同，球头铣刀表面置入微织构后强度仿真正交设计方案如表 3-1 所示。由于刀-屑接触区的确定，因此第一排第一个微织构的位置相继确定，继而该微织构与刀片中心的夹角 θ_1 被确定，后续微织构夹角可用相邻两微织构间距表示。当刀片受载时，不同结构参数的微织构对刀片基体的刀片应力、应变程度的影响不同。

表 3-1　球头铣刀表面置入微织构后强度仿真正交设计方案

编号	直径/μm	间距/μm	载荷/N	列数	排数
1	30	125	200	38	6
2	30	150	250	32	6
3	30	175	300	28	6
4	30	200	350	24	6
5	30	225	400	22	6
6	40	125	250	38	6
7	40	150	300	32	6
8	40	175	350	28	6
9	40	200	400	24	6

续表

编号	直径/μm	间距/μm	载荷/N	列数	排数
10	40	225	200	22	6
11	50	125	300	38	6
12	50	150	350	32	6
13	50	175	400	28	6
14	50	200	200	24	6
15	50	225	250	22	6
16	60	125	350	38	6
17	60	150	400	32	6
18	60	175	200	28	6
19	60	200	250	24	6
20	60	225	300	22	6
21	70	125	400	38	6
22	70	150	200	32	6
23	70	175	250	28	6
24	70	200	300	24	6
25	70	225	350	22	5

由于硬质合金刀片能够承受的变形量十分有限，因此当刀片所受到的外力增加到临界值时就会发生破损甚至断裂。在铣削力造成的静负载作用下，切削部分内部应力状态会使切削部分产生破坏，该现象主要取决于刀片材料的断裂强度指标。因此，以横向断裂强度（transverse rupture strength，TRS）作为临界点来判断刀片是否断裂失效，约为 2.5GPa。当最大应力大于或等于横向断裂强度时，则视为刀片发生了断裂（王焕焱，2017）。故在进行微织构刀片设计时，需要考虑到应尽可能地减少切削刃处的变形量和应力集中现象，又需要充分考虑到微织构摩擦特性原则。

球头铣刀应变及前刀面应力云图如表 3-2 所示，越靠近切削刃，刀片的应变量越大，最大应变出现在切削刃附近。紧密接触区域内应变趋势如图 3-20 所示，由图中可以看出，对球头铣刀强度影响程度最大的因素为刀-屑接触区内所受的载荷，微织构直径及微织构间距对其影响很小，因此说明在刀片前刀面置入微织构不会影响刀片强度。球头铣刀强度随着微织构直径变大略有增加；随着微织构间距增大而略有减小，其原因是微织构间距的增加使刀-屑接触区内的微织构总数量减小，因此球头铣刀应变减小。而载荷的增加无疑加大了刀片的变形量，因此随着载荷增加，球头铣刀的变形增大程度就变得比较明显。

表 3-2　球头铣刀应变及前刀面应力云图

仿真编号	球头铣刀变形云图	前刀面应力云图	仿真编号	球头铣刀变形云图	前刀面应力云图
1			9		
2			10		
3			11		
4			12		
5			13		
6			14		
7			15		
8			16		

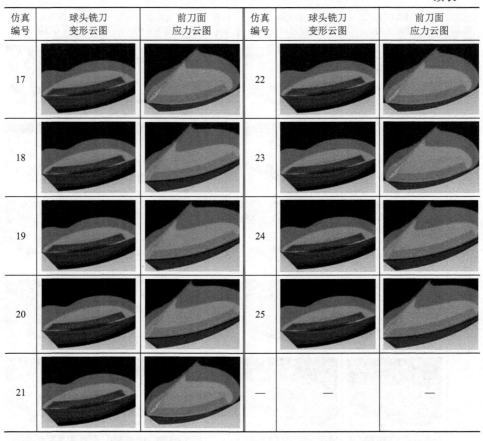

续表

仿真编号	球头铣刀变形云图	前刀面应力云图	仿真编号	球头铣刀变形云图	前刀面应力云图
17			22		
18			23		
19			24		
20			25		
21			—	—	—

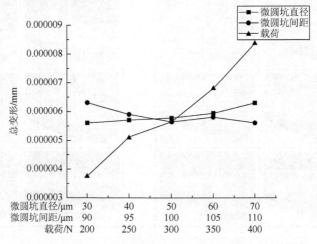

图 3-20　紧密接触区域内应变趋势

前刀面紧密接触区域内应力变化趋势如图 3-21 所示。从图中可以看出，25 组球头铣刀前刀面的应变均远远小于横向断裂强度，因此微织构的置入对球头铣刀强度并没有影响。且微织构直径、间距及载荷对刀片强度的影响趋势与应变相同，但相较于应变变化程度较为明显。综上，在设计微织构刀具时，在对刀片强度没有影响的情况下，微织构位置距离切削刃应尽可能地小一些，因为这样能够尽可能充分地发挥微织构的抗磨减摩作用。

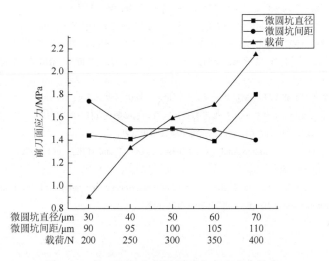

图 3-21　前刀面紧密接触区域内应力变化趋势

3.4　本章小结

首先，本章基于微织构球头铣刀铣削进行了理论分析并建立了微织构参数化设计模型，界定了铣削条件下微织构硬质合金铣刀刀-屑接触区域范围，设计出微织构最佳分布形状为扇形；基于激光制备的微织构几何形状，建立微圆坑直径与深度正比关系模型，提高了微织构的制备精度；分析了微织构在刀-屑接触区内的分布界限，获得微织构分布参数距刃距离在刀-屑接触区内的极值。其次，本章基于微织构的激光制备试验及微织构显微形貌观察，初步确定微织构的分布形式；同时，结合切削试验，分析了不同切削深度对刀-屑接触区内微织构的分布影响，得到不同切削深度下微圆坑织构在刀-屑接触区的分布形式。最后，本章利用有限元仿真试验分析了设计的微织构对刀片强度的影响。仿真试验证明了微织构直径及微织构间距对刀具结构强度影响很小，因此说明在刀片前刀面置入微织构不会影响刀片强度；球头铣刀强度随着微织构直径变大略有增加，随着微织构间距增大而略有减小；此理论可为后续微织构球头铣刀切削性能研究提供保证。

参 考 文 献

陈碧冲. 2015. 微织构刀具的设计与切削性能试验研究[D]. 北京：北京理工大学.

冯闯. 2015. 基于钛合金切削的硬质合金球头铣刀磨损研究[D]. 哈尔滨：哈尔滨理工大学.

何春生. 2018. 微织构球头铣刀铣削过程热-力耦合行为研究[D]. 哈尔滨：哈尔滨理工大学.

黄志新. 2016. ANSYS Workbench 16.0 超级学习手册[M]. 北京：人民邮电出版社.

计开顺. 2016. 球头铣刀曲面制备中铣削力的研究与计算[J]. 装备机械，2016（3）：44-46，54.

苏闯南. 2017. 表面微织构硬质合金刀具干切削性能研究[D]. 湘潭：湖南科技大学.

王福增. 2016. 基于热-力-微观组织耦合的钛合金铣削刀具失效机理研究[D]. 济南：山东大学.

王焕焱. 2017. 微织构球头铣刀铣削钛合金切削制备性能的研究[D]. 哈尔滨：哈尔滨理工大学.

杨树财，王焕焱，张玉华. 2016. 多目标决策的微织构球头铣刀切削性能评价[J]. 哈尔滨理工大学学报，21（6）：
　　1-5.

中山一雄. 1985. 金属切削加工理论[M]. 李云芳，译. 北京：机械工业出版社：35-38.

周超，李勋，陈五一. 2015. 钛合金 TC4 粗加工刀具优选及切削参数优化[J]. 航空制造技术，479（10）：70-73.

周泽华. 1993. 金属切削原理[M]. 2 版. 上海：上海科学技术出版社.

Burak O. 2005. Chip Load，Calibration Analysis and Dynamics of Ball-end Milling for Free-formsurface Machining[D].
　　Istanbul：Koc University.

Wu Z，Deng J X，Zhang H. 2012. Tribological behavior of textured cemented carbide filled with solid lubricants in dry
　　sliding with titanium alloys[J]. Wear，292（29）：135-143.

第4章　大切深条件下球头铣刀介观几何特征参数优化

介观为介于微观与宏观的尺度。刃口钝圆半径尺度变化范围主要集中在 1～100 微米，微织构尺度变化范围一般为几十到几百微米，这两种刀具几何特征属于介观尺度范围，可以统称为刀具介观几何特征。

在微织构球头铣刀铣削钛合金加工条件下，由于刀具刃口尺寸数量级与微织构尺寸数量级一致，并且在仿真分析刃口作用下微织构球头铣刀铣削钛合金的切削性能时，发现刀具刃口的置入对切削过程中力-热特性具有重要的影响。因此，本章考虑钝圆和负倒棱刃口的影响，首先，建立刃口作用下微织构球头铣刀铣削钛合金铣削力及铣削温度模型；其次，分别研究钝圆和负倒棱刃口对微织构球头铣刀切削性能的影响；最后，进行试验验证，分别得到微织构球头铣刀铣削钛合金切削时的力-热特性、刀具磨损及工件的表面质量评价指标下的微织构参数和刃口参数，进而为优选微织构精准设计参数界定约束条件。为解决一般回归分析或神经网络算法造成优化结果的局部性问题，保证优化结果的全局最优性，本章采用支持向量回归机对样本数据进行优化。支持向量回归机可以很好地处理回归和模式识别等诸多问题，并可推广于预测和综合评价等领域。对优化数据采用指数回归分析法建立优化模型。在建立模型的基础上，基于遗传算法收敛性好、计算效率快和鲁棒性高等优点，采用该算法优选不同刃口形式球头铣刀微织构设计参数，为改变钛合金目前的低效、低质量的加工模式提供参考。

4.1　不同刃口形式球头铣刀切削性能研究

4.1.1　不同刃口形式微织构球头铣刀切削钛合金力学模型

1. 钝圆刃口球头铣刀的铣削力模型

沿球头铣刀切削刃取微元 $\mathrm{d}x$，切削刃微元处的切削微元面积 $\mathrm{d}A_z$ 为

$$\mathrm{d}A_z = h_{Dx} \cdot \mathrm{d}x = f_z \cdot \cos\psi_x \cdot \left(1 - \frac{x}{a_p}\right) \cdot \sin(\theta_x - a)\mathrm{d}x \tag{4-1}$$

为求解主切削力 F_c，设切削刃 x 处微元长度 $\mathrm{d}x$ 上的主切削力微元为

$$\mathrm{d}F_{cx} = k_c \cdot \mathrm{d}A_x \tag{4-2}$$

式中，k_c 为单位切削力。

$$\mathrm{d}A_x = h_{Dx} \cdot \mathrm{d}x \tag{4-3}$$

将 $\mathrm{d}A_x$ 代入式（4-3），得

$$\mathrm{d}F_{cx} = k_c \cdot h_{Dx} \cdot \mathrm{d}x \tag{4-4}$$

图 4-1 为螺旋圆柱铣刀铣削时切削层剖面面积。

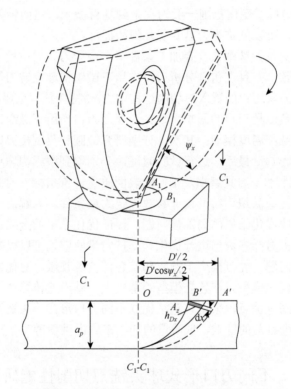

图 4-1 螺旋圆柱铣刀铣削时切削层剖面面积

当切削厚度降低时，单位铣削力降低，所以

$$k_c = C_1 \cdot h_{Dx}^y \tag{4-5}$$

式中，C_1 为系数，取决于被制备金属和制备条件；y 为指数，取决于工件材料和刀具磨损程度，当铣削时，$y = -0.4 \sim -0.2$。

$$\mathrm{d}F_{cx} = C_1 \cdot h_{Dx}^y \cdot h_{Dx} \cdot \mathrm{d}x = C_1 \cdot h_{Dx}^{y+1} \cdot \mathrm{d}x \tag{4-6}$$

将式（4-1）代入式（4-6），可知

$$dF_{cx} = C_1 \cdot f_z^{y+1} \cdot \cos\psi_x^{y+1} \cdot \left(1 - \frac{x}{a_p}\right) \cdot \sin(\theta_x - a)^{y+1} \cdot dx \qquad (4\text{-}7)$$

沿切削刃全长积分，则整条切削刃给出的主切削力为

$$F_{cx} = \frac{C_1 \cdot f_z^{y+1} \cdot a_p \cdot \sin(\theta_x - a)^{y+1} \cdot \cos\psi_x^{y+1}}{2} \qquad (4\text{-}8)$$

由于刀具的加工工艺方法的限制，以及为了保证在实际制备过程中的刀具切削刃强度，对于刀具的刃口局部会进行刃口的钝圆处理，刃磨之后的刀具也一定会具有一定的钝圆半径，即使刃磨得非常锋利，经过一段时间的实际切削后，切削刃会被快速地钝化。因此，刀具的钝圆刃口模型更接近于实际加工过程中的刀具形态。通过仿真结果发现，刀具的钝圆刃口半径对刀具切削加工性能的影响最为显著，所以建立钝圆刃口微织构球头铣刀的铣削力模型是十分必要的。

当考虑球头铣刀钝圆刃口半径时，在铣削的初期阶段，钝圆的存在会使实际切削半径变小，如图 4-2 所示，可知

$$R_1 = R - \frac{r_\varepsilon}{\tan\chi} \qquad (4\text{-}9)$$

式中，R 为理论切削半径；R_1 为实际切削半径；r_ε 为刃口钝圆半径；χ 为前刀面与钝圆中心的夹角。

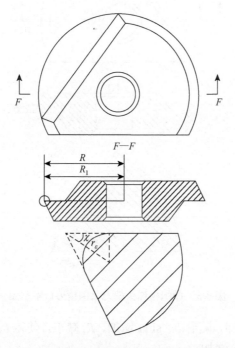

图 4-2　微织构球头铣刀刃口钝圆半径示意图

由图 3-15 可知，当切削半径减小时，会使 θ_x 增加，结合式（4-8）可知，r_ε 增加导致 F_{cx} 增加。证明了刃口钝圆半径会对铣削力产生影响，当铣削力发生变化时，铣削温度会发生改变，采用钝圆刃口会增大刀具的结构强度，达到减少刀具的磨损并降低铣削力的目的。

2. 负倒棱刃口球头铣刀的铣削力模型

刃口的另一种形式为负倒棱。沿着主切削刃进行刃磨，将得到一个窄负前角平面，该平面称为负倒棱。负倒棱这种刃口形式能够增加切削刃的强度，增强散热，进而增大刀具的使用寿命。当负倒棱刃口进行铣削时，如图 4-3 所示，最大铣削半径小于无倒棱时铣刀的最大铣削半径，此时理论切削半径 R 与实际切削半径 R_1 之间的关系为

$$R_1 = R - \frac{b \cdot \sin \iota}{\tan \gamma_1} \tag{4-10}$$

式中，b 为负倒棱宽度；ι 为负倒棱角度；γ_1 为前刀面与拔模面的夹角。

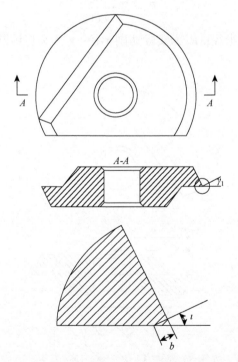

图 4-3　微织构球头铣刀负倒棱刃口示意图

由式（4-10）可知，随着 b、$\sin \iota$ 增加，R_1 减小，使得 θ_x 增加，结合式（4-8）可得，γ_ε 增加导致 F_{cx} 增加。

综上所述，无论钝圆半径还是刃口半径的置入，在理论上都会对铣削力产生影响，进而影响刀具磨损及工件表面质量。因此，深入研究刃口和微织构共同作用下球头铣刀切削性能是十分必要的。

4.1.2　不同刃口形式微织构球头铣刀铣削钛合金温度模型

1. 剪切面的平均温度

刃口形式对微织构球头铣刀铣削钛合金时的铣削力产生了影响，必然会导致铣削温度的变化，为细致地描述刃口对微织构球头铣刀铣削钛合金切削性能的影响规律，建立不同刃口形式的微织构球头铣刀铣削钛合金温度模型是十分必要的。图 4-4 为球头铣刀铣削过程中的热源模型简化示意图。

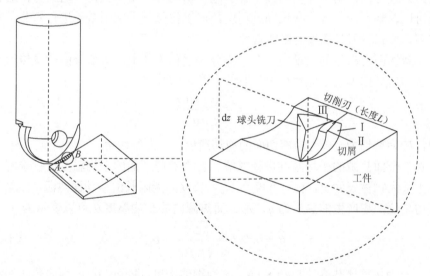

图 4-4　球头铣刀铣削过程中的热源模型简化示意图

根据球头铣刀的结构并结合铣削过程的加工原理，在对刀具的温度进行计算时，将球头铣刀沿着轴向划分为无限个均匀的微元，将每个微元的切削过程简化为斜角切削。铣削热的来源主要为三个区域：一是来自剪切面的热源区域，热量产生的原因是克服金属的塑性变形所做的功；二是来自前刀面的热源区域，热量产生的原因是切屑与前刀面的摩擦功；三是来自后刀面的热源区域，热量产生的原因是后刀面与工件的摩擦功（Arulkirubakaran et al.，2016）。在计算工件的温度场时，将三个变形区域的面热源等效成切削刃处的线热源，离散后的微元线热源的高度为 dz，长度为 dL，铣刀的螺旋角为 β_1，则

$$dL = dz / \cos \beta_1 \qquad (4\text{-}11)$$

在微织构球头铣刀的铣削过程中，不断变化的瞬时切削厚度导致热源及热流密度的不断变化。当刀具旋转任意角度时，参与切削过程的刀齿各处对应的切削厚度也不相同，热流密度呈现非均匀的分布。在整个切削过程中，螺旋线上的热源长度不断地变化，呈现从零增加到最大、再从最大减小至零的变化趋势。因此，可以将微织构球头铣刀的铣削加工过程中的传热简化成一个长度变化、热流密度非均匀并且也不断变化的螺旋线热源对工件被加工表面周期性地断续加热过程。

本书所使用的微织构球头铣刀螺旋角为零度，所以不必考虑螺旋角对线热源变化的影响，为了简化分析，沿着切削刃的方向，将铣刀离散成无限个均匀的微元，使每个微元的切削过程可以被简化为直角切削的过程。切削刃为圆弧形，这导致切削刃的不同位置处切削深度呈现出从零至最大值不断变化的状态，由经典切削力公式可知，切削深度的改变会引起主切削力的微小变化，这些变化对整体而言可以忽略不计，因此在铣削过程中，可以将每一个切削微元进行积分，从而得到刃口形式对刀具温度的影响规律。

在剪切面上产生的热量中，有一部分传递到工件上，大部分的热量传给了切屑。q_1 为剪切面上单位面积在单位时间内产生的热量：

$$q_1 = \frac{F_s \cdot v_s \cdot \sin \phi}{a_p \cdot a_e} \qquad (4\text{-}12)$$

式中，F_s 为剪切力；v_s 为沿剪切面的剪切速度；ϕ 为剪切角。

对三个面热源的平均温度进行求解。首先对剪切面的平均温度进行求解，假设在无限大物体表面上，有一宽度为 $2l_m$、长度为无限长的移动面热源。如果单位时间内单位面积产生的热量为 q，那么面热源内的平均温度 $\overline{\theta}$ 可以表示为

$$\overline{\theta} = 0.752 \frac{q}{k_0} \sqrt{\frac{2kl_m}{c_0 \rho_0 v}} + \theta_{\text{初}} \qquad (4\text{-}13)$$

式中，c_0 为物体比热容 [J/(kg·K)]；ρ_0 为物体密度（kg/m^3）；v 为面热源的移动速度（m/s）；k_0 为物体导热系数 [W/(m·K)]；l_m 为面热源宽度的 1/2（m）；$\theta_{\text{初}}$ 为物体的初始温度（℃）。

1）切屑-侧剪切面的平均温度

对切屑来说，剪切过程中产生的热源属于连续固定热源类型。根据热平衡方程，得到剪切区的平均温度为

$$\overline{\theta}_s = \frac{R_1 \cdot q_1}{c_1 \cdot \rho_1 \cdot v \cdot \sin \phi} + \theta_0 \qquad (4\text{-}14)$$

式中，R_1 为第一变形区热量传入切屑的百分比；c_1 为温度为 $\dfrac{\overline{\theta}_s + \theta_0}{2}$ 时工件材料的比热容；ρ_1 为工件材料的密度；θ_0 为工件的初始温度。

2）工件-侧剪切面的平均温度

工件剪切面上的平均温度可以按照移动面的热源温度场来求解，得到工件-侧剪切面的平均温度为

$$\bar{\theta}_s = 0.752 \frac{(1-R_1)q_1}{k_1} \sqrt{\frac{\alpha_1 \cdot a_p}{v_s \cdot \sin\phi}} + \theta_0 \qquad (4\text{-}15)$$

式中，k_1 为工件材料在温度为 $\dfrac{\bar{\theta}_s + \theta_0}{2}$ 时的导热系数 [W/(m·K)]；α_1 为工件材料在温度为 $\dfrac{\bar{\theta}_s + \theta_0}{2}$ 时的导温系数（m²/s）；a_p 为切削深度。

式（4-14）与式（4-15）相等，由切屑剪切变形可知，相对滑移 $\varepsilon_{滑移}$ 为

$$\varepsilon_{滑移} = \frac{\cos\gamma_{前}}{\sin\phi\cos(\phi - \gamma_{前})} \qquad (4\text{-}16)$$

式中，$\gamma_{前}$ 为球头铣刀微元切削前角。

已知 $c_1 p_1 = \dfrac{k_1}{\alpha_1}$，$v_s = \dfrac{v\cos\gamma_{前}}{\cos(\phi - \gamma_{前})}$，则 R_1 为

$$R_1 = \frac{1}{1 + 1.33\sqrt{\dfrac{\alpha \cdot \varepsilon_{滑移}}{v \cdot a_c}}} \qquad (4\text{-}17)$$

式中，a_c 为实际切削深度；α 为后角。

2. 前刀面接触区的平均温度

在前刀面上，摩擦热源在单位面积、单位时间内的发热量为 q_2：

$$q_2 = \frac{F_f \cdot v_c}{l_{f微前} \cdot a_e} = \frac{u_f \cdot v \cdot a_p}{l_{f微前}} \qquad (4\text{-}18)$$

式中，F_f 为前刀面摩擦力；v_c 为切屑流动速度，$v_c = \dfrac{a_p}{a_c}v$；$l_{f微前}$ 为球头铣刀微元切削中切屑与前刀面的接触长度；u_f 为切除单位体积切屑时所做的摩擦功，$u_f = \dfrac{F_f \cdot v_c}{v \cdot a_p \cdot a_e}$，$a_e$ 为切削宽度。

1）从切屑方面求前刀面的平均温度

对于切屑来说，摩擦热源属于移动热源，同时将切屑视为半无限大体。根据 Jaeger 的解（杨树财，2011），能够得到前刀面的平均温度为

$$\bar{\theta}_t = 0.752 \frac{R_2 \cdot u_f \cdot a_p}{c_2 \cdot \rho_2} \sqrt{\frac{v \cdot a_p}{\alpha_2 \cdot a_c \cdot l_{f微前}}} + \bar{\theta}_s \qquad (4\text{-}19)$$

式中，α_2 为工件材料的温度为 $\bar{\theta}_s$ 与 $\bar{\theta}_t$ 的平均值时的导温系数（m^2/s）；$c_2 \cdot \rho_2$ 为工件材料的温度为 $\bar{\theta}_s$ 与 $\bar{\theta}_t$ 的平均值时的容积热容量（J/K）。

2）从刀具方面求前刀面的平均温度

对于前刀面来说，摩擦热源属于连续固定的热源，而热源位于半无限大体上，而刀具可被视为 1/4 无限大体（二维切削）或 1/8 无限大体（三维切削），能够得到前刀面平均温度为

$$\bar{\theta}_t = \frac{(1 - R_2)q_2 \cdot l_{f微前}}{k_3} \cdot \bar{A} + \theta_0' \qquad (4\text{-}20)$$

式中，R_2 为前刀面摩擦热传入工件中的百分比；θ_0' 为刀具初始温度；k_3 为在温度为 $(\bar{\theta}_t + \theta_0')/2$ 时刀具材料的导热系数；$\bar{A}$ 为与面热源的长宽比有关的面积系数。

式（4-19）与式（4-20）相等，得到前刀面摩擦热传入工件中的百分比 R_2：

$$R_2 = \frac{\dfrac{u_f \cdot v \cdot a_p \cdot \bar{A}}{k_3} - \bar{\theta}_s + \theta_0'}{\dfrac{u_f \cdot v \cdot a_p \cdot \bar{A}}{k_3} + 0.752 \dfrac{u_f \cdot a_p}{c_2 \rho_2} \sqrt{\dfrac{v \cdot a_p}{\alpha_2 \cdot a_c \cdot l_{f微前}}}} \qquad (4\text{-}21)$$

3. 后刀面接触区的平均温度

汪世益等（2011）提出了计算刀具后刀面接触区平均温度的方法。后刀面摩擦热源单位时间、单位面积上的发热量为 q_3，即

$$q_3 = \frac{F_{fa} \cdot v}{l_{f微后} \cdot a_e} \qquad (4\text{-}22)$$

式中，F_{fa} 为后刀面的摩擦力（N）；v 为切削速度（m/min）；$l_{f微后}$ 为球头铣刀微元切削中刀具与后刀面的接触长度。

1）从工件方面求后刀面的平均温度

摩擦热源对工件是移动面热源，并将工件视为半无限大体。由移动面热源理论可知，后刀面表面的平均温度 $\bar{\theta}_w$ 为

$$\bar{\theta}_w = \frac{0.752 R_3 \cdot q_3}{k_4} \sqrt{\frac{\alpha_3 l_{f微后}}{V}} + \theta_0 \qquad (4\text{-}23)$$

式中，R_3 为刀具后刀面与工件接触区产生的热量流入工件的百分比；k_4 为工件材料的温度为 $\bar{\theta}_w$ 与 θ_0 的平均值时的导热系数[W/(m·K)]；α_3 为工件材料的温度为 θ_0 与 $\bar{\theta}_w$ 的平均值时的导温系数（m^2/s）。

2）从刀具方面求后刀面的平均温度

摩擦热源对后刀面是固定连续热源，热源位于半无限大体上，刀具可视为 1/4 无限大体（二维切削）或 1/8 无限大体（三维切削）。按照静止连续作用面热源公式计算，刀具后刀面的平均温度 $\bar{\theta}_w$ 为

$$\bar{\theta}_w = \frac{(1-R_3)q_3 l_{f微后}}{k_5}\bar{A} + \theta_0'\qquad(4\text{-}24)$$

式中，k_5 为刀具材料的温度为 $\bar{\theta}_w$ 与 θ_0' 的平均值时的导热系数。

由式（4-23）和式（4-24）相等，可得 R_3 为

$$R_3 = \frac{\dfrac{F_{fa}\cdot V\cdot\bar{A}}{a_e\cdot k_5}+\theta_0'-\theta_0}{\dfrac{0.752F_{fa}}{k_4 a_e}\sqrt{\dfrac{\alpha_3\cdot v}{l_{f微后}}+\dfrac{F_{fa}\cdot V\cdot\bar{A}}{a_e\cdot k_5}}}\qquad(4\text{-}25)$$

由式（4-20）和式（4-24）可知，刀具的平均切削温度为

$$\bar{\theta} = \frac{(1-R_2)\cdot q_2\cdot l_{f微前}}{k_3}\cdot\bar{A} + \frac{(1-R_3)\cdot q_3\cdot l_{f微后}}{k_5}\cdot\bar{A} + \theta_0' + \theta_0\qquad(4\text{-}26)$$

将式（4-18）和式（4-22）代入式（4-26）可得

$$\bar{\theta} = \frac{(1-R_2)\cdot F_f\cdot v_c}{k_3\cdot a_e}\cdot\bar{A} + \frac{(1-R_3)\cdot F_{fa}\cdot V}{k_5\cdot a_e}\cdot\bar{A} + \theta_0' + \theta_0\qquad(4\text{-}27)$$

4. 钝圆刃口球头铣刀的铣削温度模型

当刃口形式由锐刃变为钝圆刃口时，在刃口附近的刀-屑接触状态发生变化，如图 4-5 所示。由图可知，当钝圆刃口切削时，在分流点 O 处，刀具刃口将被划分为两部分，处于分流点 O 以上的部分和切屑产生摩擦，因此这部分应属于刀具前刀面，刀-屑接触长度变为 $l_{f微前} + l_{OBC}$。

位于分流点 O 下方的部位与工件产生摩擦作用，因此将 l_{OF} 部分计入刀具后刀面，则刀-工接触长度为 $l_{f微后} + l_{OF}$。根据弧长公式得（罗翔和黄华，1997）

$$l_{OBC} = \frac{\pi\cdot r_\varepsilon\cdot\left[\gamma_{前} + \arcsin\left(1-\dfrac{a_{c\min}}{r_\varepsilon}\right)\right]}{180°}\qquad(4\text{-}28)$$

$$l_{OF} = \frac{\pi\cdot r_\varepsilon\cdot\left[90° - \arcsin\left(1-\dfrac{a_{c\min}}{r_\varepsilon}\right) + \gamma_{后}\right]}{180°}\qquad(4\text{-}29)$$

式中，$a_{c\min}$ 为极限切削厚度；$\gamma_{后}$ 为刀具后角。

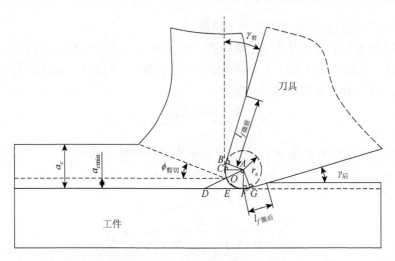

图 4-5　钝圆刃口作用下铣削温度模型

考虑钝圆刃口对刀具切削性能的影响，由式（4-20）和式（4-24）可得考虑钝圆刃口半径作用下的前刀面摩擦热传入切屑中的百分比 R_2' 和刀具后刀面与工件接触区产生的热量流入工件的百分比 R_3' 分别为

$$R_2' = \cfrac{\cfrac{u_f \cdot v \cdot a_p \cdot \overline{A}}{k_3} - \overline{\theta}_s + \theta_0'}{\cfrac{u_f \cdot v \cdot a_p \cdot \overline{A}}{k_3} + 0.752 \cfrac{u_f a_p}{c_2 \rho_2} \sqrt{\cfrac{v \cdot a_p}{\alpha_2 \cdot \alpha_c \left\{ l_{f\text{微前}} + \cfrac{\pi \cdot r_\varepsilon \cdot \left[\gamma_{\text{前}} + \arcsin\left(1 - \cfrac{a_{c\min}}{r_\varepsilon} \right) \right]}{180°} \right\}}}}$$

（4-30）

$$R_3' = \cfrac{\cfrac{F_{fa} \cdot V \cdot \overline{A}}{a_e} + \theta_0' - \theta_0}{\cfrac{0.752 F_{fa}}{k_4 \cdot a_e} \sqrt{\cfrac{\alpha_3 \cdot v}{l_{f\text{微后}} + \cfrac{\pi \cdot r_\varepsilon \left[90° - \arcsin\left(1 - \cfrac{a_{c\min}}{r_\varepsilon} \right) + \gamma_{\text{后}} \right]}{180°}} + \cfrac{F_{fa} \cdot V \cdot \overline{A}}{a_e \cdot k_5}}}$$

（4-31）

分析可知，随着 r_ε 增加，l_{OF} 与 l_{OCB} 增加，使 R_2'、R_3' 增加，$\overline{\theta}$ 变小。因此随着钝圆刃口半径增加，每一个切削微元的铣削温度降低。当刃口半径逐渐变大后，刃口处的切削力构成发生变化，刃口处的挤压与摩擦作用增强，切削热传入刀具

的比例变大，此时由刃口半径变大带来的升温作用大于降温作用，使刀具温度升高。因此存在最优的钝圆刃口半径使球头铣刀铣削钛合金时温度最低。

5. 负倒棱刃口球头铣刀的铣削温度模型

当刃口形式为负倒棱时，主要对前刀面与切屑的接触状态产生影响，负倒棱后的刃口处出现一段负角切削区，该区域的高度随负倒棱宽度的变大而升高，负角随负倒棱角度的增加而变大。如图 4-6 所示，刃口进行负倒棱处理后，前刀面刀-屑接触长度 $l'_{f微前}$ 为

$$l'_{f微前} = l_{f微前} + l_{AB} \tag{4-32}$$

$$l_{AB} = \frac{b}{\cos \iota} \tag{4-33}$$

式中，b 为负倒棱宽度；ι 为负倒棱角度。

考虑负倒棱刃口对切削过程的影响，由式（4-20）与式（4-24）得到第二变形区产生的热传入刀具前刀面的比例为

$$R''_2 = \frac{\dfrac{u_f \cdot v \cdot a_p \cdot \overline{A}}{k_3} - \overline{\theta}_s + \theta'_0}{\dfrac{u_f \cdot v \cdot a_p \cdot \overline{A}}{k_3} + 0.752 \dfrac{u_f \cdot a_p}{c_2 \rho_2} \sqrt{\dfrac{v \cdot a_p}{\alpha_2 \cdot \alpha_c \left(l_{f微前} + \dfrac{b}{\cos \iota} \right)}}} \tag{4-34}$$

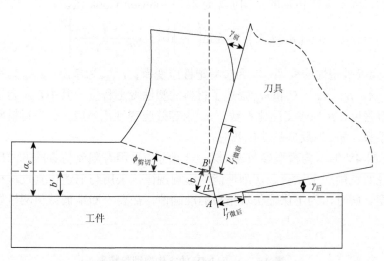

图 4-6　负倒棱刃口作用下铣削温度模型

随着 b 和 ι 的增加，R''_2 增加，使 $\overline{\theta}$ 减小，因此，随负倒棱宽度与负倒棱角度

的增加，使铣削温度降低。如图 4-6 所示，以 AB 为斜边，b' 为高的梯形区域，称为金属死区。在实际切削过程中该区域内球头铣刀切削角度为负，被加工表面主要由挤压、过剩变形及摩擦作用产生。金属的挤压、变形与摩擦导致切削该区域单位体积金属所产生的切削热远大于常规切削区，因此，该区域的存在是切削温度升高的主要原因。当 b 与 l 较小时，b' 较小，使球头铣刀滑擦过切削死区内金属，直接形成被加工表面，因此，当 b 与 l 较小时，随着 b 与 l 增加，死区金属的温度升高并不明显；当 b 与 l 较大时，金属死区的体积明显地变大，死区金属温度升高，负倒棱刃口的降温作用减弱。因此，当 b 与 l 持续增加时，铣削温度反而升高。

综上所述，不同形式的刃口同样会对球头铣刀铣削钛合金时的铣削温度产生影响，因此，在研究刀具的切削性能时，应充分地考虑刃口的影响。

4.2　不同介观几何特征球头铣刀力-热特性仿真分析

4.2.1　仿真边界条件和网格划分

在有限元仿真过程中，材料的各种物理属性通过本构模型载入仿真软件中，材料本构模型的建立在很大程度上影响了仿真结果的准确性，在高速铣削加工中伴随着高温、高应变率与高速率，而 Johnson-Cook 本构模型正是基于这种工作环境建立的，因此本次仿真的本构模型选取为 Johnson-Cook 模型，其一般形式为

$$\sigma = \left(A + B^{n_{塑}}\right)\left[1 + C\ln\left(\frac{\varepsilon}{\varepsilon_0}\right)\right] \cdot \left[1 - \frac{T - T_{room}}{T_{melt} - T_{room}}\right]^{m_{塑}} \tag{4-35}$$

式中，ε 为等效塑性应变率；ε_0 为参考塑性应变率；T_{room} 为室温；T_{melt} 为材料的熔点温度；A、B、$n_{塑}$、C 和 $m_{塑}$ 描述了材料的塑性变形程度，其中，A 为室温下的原始屈服强度，B 为应变强化系数，$n_{塑}$ 为等效应变硬化效应，C 为材料应变速率强化项系数，$m_{塑}$ 为反应热软化效应。

Ti-6Al-4V 的本构模型参数表如表 4-1 所示。采用有限元仿真的方法研究钝圆刃口半径对铣削加工钛合金切削性能的影响规律，采用与前述仿真过程相同的有限元模型。同时，为了保证仿真结果的准确性，需要不断地调试使网格质量达到最优。

表 4-1　Ti-6Al-4V 的本构模型参数表

A/MPa	B/MPa	$n_{塑}$	C	$m_{塑}$	T_{melt}/℃	T_{room}/℃
1098	1092	0.227	0.014	1.223	1680	25

在有限元仿真过程中,随着刀具与工件接触与摩擦,网格会逐渐发生畸变,从而导致仿真准确性降低,因此,需要对严重畸变的网格进行重新划分,使网格重新变得均匀,保证仿真精度,本书采用 deform 中的自适应网格划分法划分网格,定义工件的最小网格尺寸为 0.1mm,网格尺寸比例为 1∶4,同时在刀具刃口附近及刀-工接触区域添加局部细化窗格,设置细化窗格中的网格尺寸为 0.05mm,使仿真准确性及效率得以同时保证,自适应网格划分如图 4-7 所示。

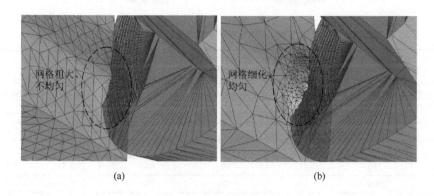

图 4-7　自适应网格划分

为了保证仿真过程中的变形与仿真结果与实际制备中相同,需要对刀具和工件添加边界条件,在 deform 中通过对网格节点添加约束的方式来添加边界条件。选取工件表面与刀具不发生接触的表面分别对 x、y、z 三个方向添加约束。同时设置刀-工接触区域的物理参数,其中,剪切摩擦系数为 0.6,单位剪切应力为 45MPa。为了模拟铣削加工中的刀具旋转与进给方式,需要设置刀具的旋转运动与平移运动,按照实际加工中的转速与进给量定义刀具的旋转与移动速度,最后设置刀具与工件的初始温度为 20℃,选取刀具前刀面与工件上表面为传热表面。

4.2.2　仿真方案设计

以直径为 30μm、间距为 125μm、距刃距离为 90μm 为例,此时微织构的分布形式如图 4-8 所示。仿真参数如表 4-2 所示。当微织构深度到达一定值时,深度对微织构球头铣刀的切削性能不产生影响,因此本书设计正交试验时不考虑微织构的深度。

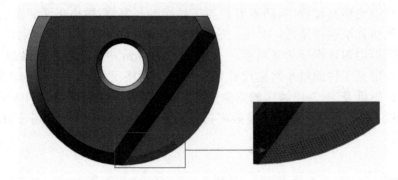

图 4-8 微织构的分布形式

表 4-2 仿真参数

因素水平	负倒棱宽度/μm	负倒棱角度/(°)	钝圆刃口半径/μm	微织构直径/μm	微织构间距/μm	距刃距离/μm
1	100	10	20	30	125	90
2	150	15	40	40	150	100
3	200	20	60	50	175	110
4	250	25	80	60	200	120
5	300	30	100	70	225	130

4.2.3 铣削力仿真结果分析

1. 钝圆刃口作用下的平均铣削力

利用极差分析法通过对仿真试验平均铣削力进行数据处理，得到相关数据如表 4-3 所示。由表 4-3 中四种因素极差值大小可以判定钝圆刃口作用下各微织构参数对平均铣削力的影响顺序为钝圆刃口半径＞微织构直径＞微织构间距＞距刃距离。

表 4-3 钝圆刃口微织构球头铣刀铣削力仿真数据极差分析

试验序号	钝圆刃口半径/μm	微织构直径/μm	微织构间距/μm	距刃距离/μm	平均铣削力/N
1	20	30	125	90	364.28
2	20	40	150	100	328.26
3	20	50	175	110	269.65
4	20	60	200	120	327.48
5	20	70	225	130	318.34
6	40	30	150	110	313.51

续表

试验序号	钝圆刃口半径/μm	微织构直径/μm	微织构间距/μm	距刃距离/μm	平均铣削力/N
7	40	40	175	120	292.35
8	40	50	200	130	339.74
9	40	60	225	90	314.82
10	40	70	125	100	303.35
11	60	30	175	130	307.62
12	60	40	200	90	265.18
13	60	50	225	100	288.48
14	60	60	125	110	281.64
15	60	70	150	120	306.25
16	80	30	200	100	339.35
17	80	40	225	110	294.84
18	80	50	125	120	314.36
19	80	60	150	130	332.45
20	80	70	175	90	305.27
21	100	30	225	120	331.43
22	100	40	125	130	310.46
23	100	50	150	90	355.53
24	100	60	175	100	336.26
25	100	70	200	110	312.47
k_1	321.2	330.8	314.4	320.6	—
k_2	312.2	297.8	326.8	318.8	—
k_3	289.4	313.0	301.8	293.8	—
k_4	316.8	318.0	316.4	314.0	—
k_5	328.8	308.8	309.0	321.2	—
R	39.4	33	25	20.2	—

图 4-9 为微织构参数及钝圆刃口参数对平均铣削力的影响。

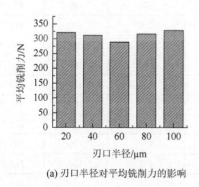

(a) 刃口半径对平均铣削力的影响

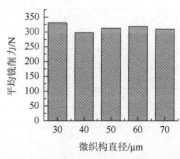

(b) 微织构直径对平均铣削力的影响

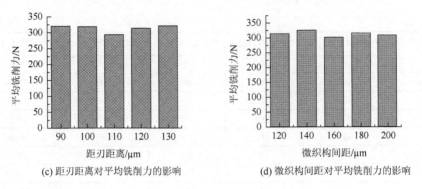

(c) 距刃距离对平均铣削力的影响　　　　(d) 微织构间距对平均铣削力的影响

图 4-9　微织构参数及钝圆刃口参数对平均铣削力的影响

2. 负倒棱刃口作用下的铣削力

负倒棱刃口微织构球头铣刀铣削钛合金的仿真试验边界条件设置、网格划分形式与钝圆刃口微织构球头铣刀铣削钛合金仿真试验相同。设计仿真正交试验，利用极差分析法对负倒棱刃口作用下仿真试验平均铣削力进行数据处理，得到的极差分析如表 4-4 所示。由表 4-4 中五种因素极差值大小可以判定负倒棱刃口作用下各微织构参数对平均铣削力的影响顺序为负倒棱宽度＞距刃距离＞负倒棱角度＞微织构直径＞微织构间距。

表 4-4　负倒棱刃口微织构球头铣刀铣削力仿真数据极差分析

试验序号	负倒棱角度/(°)	负倒棱宽度/μm	微织构直径/μm	微织构间距/μm	距刃距离/μm	平均铣削力/N
1	10	100	30	125	90	355.30
2	10	150	40	150	100	336.74
3	10	200	50	175	110	330.79
4	10	250	60	200	120	391.16
5	10	300	70	225	130	393.17
6	15	100	40	175	120	362.49
7	15	150	50	200	130	410.74
8	15	200	60	225	90	350.38
9	15	250	70	125	100	369.49
10	15	300	30	150	110	373.82
11	20	100	50	225	100	378.86
12	20	150	60	125	110	375.70
13	20	200	70	150	120	340.67
14	20	250	30	175	130	366.78

续表

试验序号	负倒棱角度/(°)	负倒棱宽度/μm	微织构直径/μm	微织构间距/μm	距刃距离/μm	平均铣削力/N
15	20	300	40	200	90	378.14
16	25	100	60	150	130	401.28
17	25	150	70	175	90	396.78
18	25	200	30	200	100	356.52
19	25	250	40	225	110	353.04
20	25	300	50	125	120	397.32
21	30	100	70	200	110	358.56
22	30	150	30	225	120	372.29
23	30	200	40	125	130	373.41
24	30	250	50	150	90	359.63
25	30	300	60	175	100	374.67
k1	211.4	221.3	214.9	224.2	218.0	—
k2	223.4	228.4	210.8	212.4	213.3	—
k3	218.0	200.4	225.5	216.3	208.4	—
k4	231.0	218.0	228.6	229.0	222.9	—
k5	217.7	233.4	221.7	219.5	239.1	—
R	19.6	33.1	17.9	16.6	30.7	—

图 4-10 为微织构参数及负倒棱刃口参数对平均铣削力的影响关系。如图 4-10（a）所示，随着负倒棱角度增加，平均铣削力先增大再减小后，继续增大再减小；如图 4-10（b）所示，随着负倒棱宽度增大，平均铣削力先增大再减小后继续增大；如图 4-10（c）所示，随着微织构直径增加，平均铣削力先减小后增加再减小；如图 4-10（d）所示，随着微织构间距增加，平均铣削力先减小后增大再减小；如图 4-10（e）所示，随着距刃距离增加，平均铣削力先减小后增大。

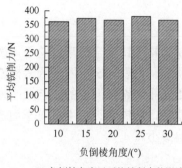

(a) 负倒棱角度对平均铣削力的影响

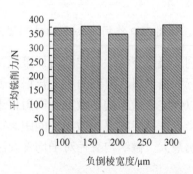

(b) 负倒棱宽度对平均铣削力的影响

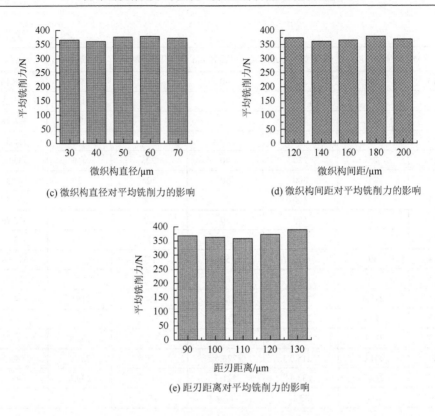

(c) 微织构直径对平均铣削力的影响 (d) 微织构间距对平均铣削力的影响

(e) 距刃距离对平均铣削力的影响

图 4-10 微织构参数及负倒棱刃口参数对平均铣削力的影响关系

因此，当以平均铣削力为评价指标时，微织构的最优参数是微织构直径为30μm，微织构间距为150μm，距刃距离为110μm，负倒棱宽度为200μm，负倒棱角度为10°。

4.2.4 铣削温度仿真结果分析

1. 钝圆刃口作用下的平均铣削温度

利用极差分析法对钝圆刃口微织构球头铣刀铣削钛合金仿真试验平均铣削温度进行数据处理，得到的相关数据如表 4-5 所示。由表 4-5 中四种因素极差值大小可以判定各微织构参数及钝圆刃口半径参数对平均铣削温度的影响顺序为钝圆刃口半径＞距刃距离＞微织构间距＞微织构直径，即钝圆刃口半径对平均铣削温度影响最大，微织构直径对平均铣削温度影响最小。

表 4-5　钝圆刃口微织构球头铣刀平均铣削温度仿真数据极差分析表

试验序号	钝圆刃口半径/μm	微织构直径/μm	微织构间距/μm	距刃距离/μm	平均铣削温度/℃
1	20	30	125	90	253.42
2	20	40	150	100	218.14
3	20	50	175	110	200.73
4	20	60	200	120	244.52
5	20	70	225	130	237.51
6	40	30	150	110	224.34
7	40	40	175	120	188.23
8	40	50	200	130	234.17
9	40	60	225	90	210.92
10	40	70	125	100	186.94
11	60	30	175	130	210.65
12	60	40	200	90	198.63
13	60	50	225	100	186.72
14	60	60	125	110	207.76
15	60	70	150	120	218.47
16	80	30	200	100	208.91
17	80	40	225	110	206.38
18	80	50	125	120	212.62
19	80	60	150	130	220.18
20	80	70	175	90	213.72
21	100	30	225	120	218.35
22	100	40	125	130	208.93
23	100	50	150	90	247.34
24	100	60	175	100	218.64
25	100	70	200	110	209.25
k_1	321.2	330.8	314.4	320.6	—
k_2	312.2	297.8	326.8	318.8	—
k_3	289.4	313.0	301.8	293.8	—
k_4	316.8	318.0	316.4	314.0	—
k_5	328.8	308.8	309.0	321.2	—
R	39.4	33.0	25.0	20.2	—

图4-11为微织构参数及钝圆刃口参数对平均铣削温度的影响关系。如图4-11（a）所示，随着钝圆刃口半径增加，平均铣削温度先降低后升高；如图4-11（b）所示，随着距刃距离增加，平均铣削温度先降低后升高；如图4-11（c）所示，随着微织构间距增加，平均铣削温度先升高后降低，再升高后降低；如图4-11（d）所示，随着微织构直径增大，平均铣削温度先降低后升高再降低。因此，当以平均铣削温度为评价指标时，微织构的最优参数是微织构直径为 40μm，微织构间距为175μm，距刃距离为100μm，钝圆刃口半径为60μm。

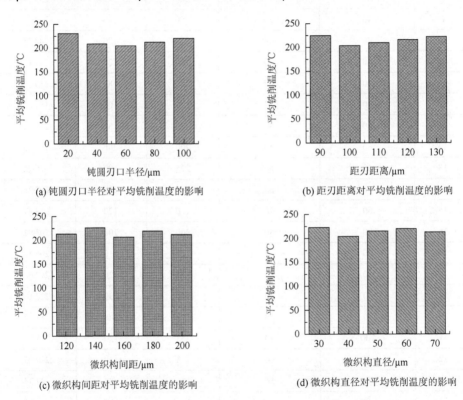

(a) 钝圆刃口半径对平均铣削温度的影响

(b) 距刃距离对平均铣削温度的影响

(c) 微织构间距对平均铣削温度的影响

(d) 微织构直径对平均铣削温度的影响

图 4-11　微织构参数及钝圆刃口参数对平均铣削温度的影响关系

2. 负倒棱刃口作用下的平均铣削温度

利用极差分析法对负倒棱刃口微织构球头铣刀铣削钛合金仿真试验平均铣削温度进行数据处理，得到的相关数据如表 4-6 所示。由表 4-6 中五种因素极差值大小可以判定各微织构参数及负倒棱刃口参数对平均铣削温度的影响顺序为负倒棱角度＞距刃距离＞负倒棱宽度＞微织构间距＞微织构直径，即负倒棱角度对平均铣削温度影响最大，微织构直径对平均铣削温度影响最小。

表 4-6　负倒棱刃口微织构球头铣刀平均铣削温度仿真数据极差分析表

试验序号	负倒棱角度 /(°)	负倒棱宽度 /μm	微织构直径 /μm	微织构间距 /μm	距刃距离 /μm	平均铣削温度 /℃
1	10	100	30	125	90	274.35
2	10	150	40	150	100	226.16
3	10	200	50	175	110	217.56
4	10	250	60	200	120	254.16
5	10	300	70	225	130	245.25
6	15	100	40	175	120	246.63
7	15	150	50	200	130	242.51
8	15	200	60	225	90	210.72
9	15	250	70	125	100	265.35
10	15	300	30	150	110	201.84
11	20	100	50	225	100	215.44
12	20	150	60	125	110	217.56
13	20	200	70	150	120	209.57
14	20	250	30	175	130	206.85
15	20	300	40	200	90	238.36
16	25	100	60	150	130	218.15
17	25	150	70	175	90	237.56
18	25	200	30	200	100	196.81
19	25	250	40	225	110	203.43
20	25	300	50	125	120	194.54
21	30	100	70	200	110	201.82
22	30	150	30	225	120	220.92
23	30	200	40	125	130	219.83
24	30	250	50	150	90	220.54
25	30	300	60	175	100	213.83
k_1	243.2	231.1	220.1	234.2	236.1	—
k_2	233.1	228.8	226.6	215.2	223.4	—
k_3	217.4	210.7	217.9	224.2	208.3	—
k_4	210.1	229.9	222.8	226.5	225.0	—
k_5	215.4	218.6	231.8	219.1	226.3	—
R	33.1	20.3	13.9	19.0	27.8	—

　　图 4-12 为微织构参数及负倒棱参数对平均铣削温度的影响关系。如图 4-12（a）所示，随着负倒棱宽度增加，平均铣削温度先降低后升高；如图 4-12（b）所示，随着负倒棱角度增加，平均铣削温度先降低后升高；如图 4-12（c）所示，随着距刃距离增加，平均铣削温度先降低后升高；如图 4-12（d）所示，随着微织构间距增加，平均铣削温度先降低后升高再降低；如图 4-12（e）所示，随着微织构直径增大，平均铣削温度先升高后降低再升高。

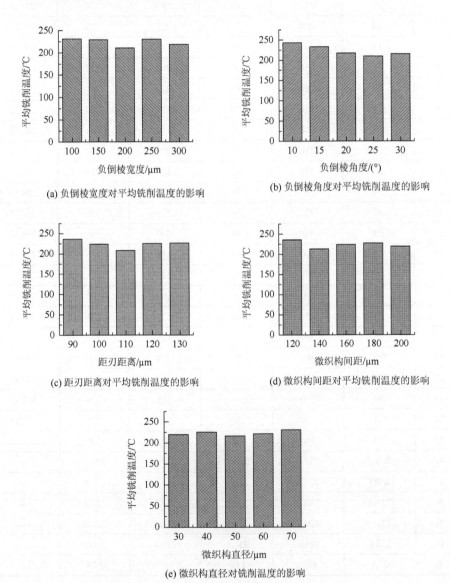

(a) 负倒棱宽度对平均铣削温度的影响　　　　(b) 负倒棱角度对平均铣削温度的影响

(c) 距刃距离对平均铣削温度的影响　　　　(d) 微织构间距对平均铣削温度的影响

(e) 微织构直径对铣削温度的影响

图 4-12　微织构参数及负倒棱刃口参数对平均铣削温度的影响关系

因此，当以平均铣削温度为评价指标时，刃口的最优参数是负倒棱宽度为 200μm，负倒棱角度为 25°，微织构直径为 50μm，微织构间距为 150μm，距刃距离为 110μm。

4.3　不同介观几何特征球头铣刀铣削钛合金试验研究

4.3.1　钝圆刃口微织构球头铣刀铣削钛合金试验研究

1. 铣削试验平台搭建

本试验采用 VDL-1000E 三轴数控铣床进行加工，如图 4-13 所示。使用 Kistler9257 测力仪来采集铣削过程中的铣削力。试验材料为钛合金 $\alpha + \beta$ 类的 Ti-6Al-4V，工件采用尺寸规格为 160mm×22mm×85mm 的梯形立方体钛合金，如图 4-14 所示。

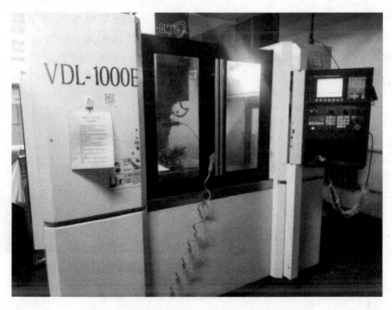

图 4-13　试验用 VDL-1000E 三轴数控铣床

研究发现，当加工的倾角为 15°、加工方式为顺铣时，刀具可以达到最佳的切削性能（崔晓雁，2016），如图 4-15 所示。试验中采用正交试验法，同时考虑钝圆刃口半径、微织构直径、微织构间距、距刃距离等四个因素对球头铣刀加工钛合金时切削力和切削温度的影响，设计了 25 组试验。

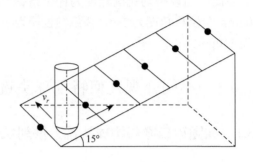

图 4-14 钛合金工件　　　　　　　图 4-15 铣削钛合金加工方式

　　每组试验中分别在试验开始、试验结束和试验中间三个位置对切削力进行测量,同时在试验过程中穿插对切削温度的测量。热电偶及温度数据采集器如图 4-16 所示,图(a)为 E12-3-K-U 型号热电偶,该热电偶属于具有快速响应特性的 K 型热电偶,图(b)铣削温度采集系统为 IESC 多功能数据采集系统,最多可采集 16 个通道的数据,可以在传感器与主机间实现数据采集,同时,测温精度高,可以与多种型号的热电偶匹配使用。采集系统同时安装了内置温度传感器,用于实现自动温补。

(a) K型热电偶　　　　　　　　　(b) 铣削温度采集系统

图 4-16 热电偶及温度数据采集器

　　当测量切削力时,采用旋转测力仪采集三个方向的切削力分量信号,分别在每次切削的起始位置、中间过程、结束位置对切削力进行测量,对每次测量所得的三向切削力计算矢量和,得出每组试验的合力,并对每组试验所得的三个和求平均值以减小试验误差。最后对所得的切削力与切削温度试验数据进行分析,探究刃口形式与微织构参数对球头铣刀切削性能的影响规律。

2. 铣削力试验结果分析

表 4-7 为钝圆刃口微织构球头铣刀铣削力试验数据极差分析。可以利用极差分析法判定各微织构参数及钝圆刃口参数对平均铣削力的影响顺序为刃口半径＞微织构直径＞微织构间距＞距刃距离，即刃口半径对平均铣削力影响最大，距刃距离对平均铣削力影响最小。

表 4-7 钝圆刃口微织构球头铣刀铣削力试验数据极差分析

试验序号	刃口半径/μm	微织构直径/μm	微织构间距/μm	距刃距离/μm	平均铣削力/N
1	20	30	125	90	363.92
2	20	40	150	100	310.74
3	20	50	175	110	284.97
4	20	60	200	120	343.21
5	20	70	225	130	341.52
6	40	30	150	110	335.63
7	40	40	175	120	317.35
8	40	50	200	130	319.83
9	40	60	225	90	306.13
10	40	70	125	100	313.52
11	60	30	175	130	303.83
12	60	40	200	90	275.47
13	60	50	225	100	285.83
14	60	60	125	110	296.76
15	60	70	150	120	294.65
16	80	30	200	100	338.33
17	80	40	225	110	313.94
18	80	50	125	120	321.53
19	80	60	150	130	348.33
20	80	70	175	90	311.57
21	100	30	225	120	332.03
22	100	40	125	130	327.63
23	100	50	150	90	359.36
24	100	60	175	100	336.97
25	100	70	200	110	337.77
k_1	321.2	330.8	314.4	320.6	—
k_2	312.2	297.8	326.8	318.8	—
k_3	289.4	313.0	301.8	293.8	—

续表

试验序号	刃口半径/μm	微织构直径/μm	微织构间距/μm	距刃距离/μm	平均铣削力/N
k_4	316.8	318.0	316.4	314.0	—
k_5	328.8	308.8	309.0	321.2	—
R	39.4	33.0	25.0	20.2	—

图4-17为由切削试验所得的微织构参数及钝圆刃口参数对平均铣削力的影响关系。如图4-17（a）所示，随着刃口半径增加，平均铣削力先减小后略有增加。其原因是当刃口半径为0.2μm时，刃口相对比较锋利，切削刃磨损较为严重，容易发生崩刃。当刃口半径逐渐增大时，刀具刃口的强度也逐渐增大，刀具抗磨性增加，平均铣削力减小。

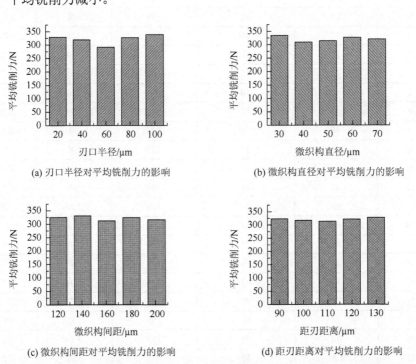

(a) 刃口半径对平均铣削力的影响　　　　　　(b) 微织构直径对平均铣削力的影响

(c) 微织构间距对平均铣削力的影响　　　　　　(d) 距刃距离对平均铣削力的影响

图4-17　由切削试验所得的微织构参数及钝圆刃口参数对平均铣削力的影响关系

如图4-17（b）所示，随着微织构直径增大，平均铣削力先减小后增加再减小，其原因是当微织构直径增大时，微织构捕获切屑磨粒的作用越来越明显，减小了刀具的磨粒磨损，增加了刀具的抗磨性，因此平均铣削力减小；当微织构直径增大到一定程度时，切屑与微织构边缘"二次切削"现象比较严重，导致平均铣削力增大；当微织构直径继续增大时，微织构形状越来越接近平面，"二次切削"现象减弱，因此平均铣削力开始减小。由于在微织构抗磨减摩作用下减小的平均铣削力大于微织构边缘"二次切削"增大的平均铣削力，因此随着微织构直径增大，平均铣削力整体呈减小趋势。

如图 4-17（c）所示，随着微织构间距增加，平均铣削力先增大后减小，再增大后再减小，其原因是当微织构间距较小时，在刀-屑接触区内的微织构数量较多，使刀具表面粗糙度增大，此时在微织构抗磨减摩作用下减小的平均铣削力远远小于因刀具表面粗糙产生的摩擦力，因此平均铣削力增大；当微织构间距增大到一定值时，前刀面的粗糙度减小，微织构充分地发挥抗磨减摩作用，平均铣削力减小；当微织构间距继续增大时，在刀-屑接触区内的微织构数量减少，微织构的抗磨减摩作用减小，因此平均铣削力会增加；当微织构间距持续增大时，在刀-屑接触区内的微织构数量越来越少，刀具前刀面粗糙度减小，平均铣削力相较之前略有减小。

如图 4-17（d）所示，随着微织构距刃距离增加，平均铣削力先减小后增大，但整体变化幅度不大，对平均铣削力影响较小。

由图 4-17 可知，当以平均铣削力为评价指标时，最优的刃口半径为 60μm，微织构的最优参数是微织构直径为 40μm，微织构间距为 175μm，距刃距离为 110μm。

3. 平均铣削温度试验结果分析

由表 4-8 中四种因素极差值大小可以判定各微织构参数及钝圆刃口参数对平均铣削温度的影响顺序为：刃口半径＞距刃距离＞微织构间距＞微织构直径。

表 4-8　钝圆刃口微织构球头铣刀铣削温度试验数据极差分析表

试验序号	刃口半径/μm	微织构直径/μm	微织构间距/μm	距刃距离/μm	平均铣削温度/℃
1	20	30	125	90	232.62
2	20	40	150	100	217.35
3	20	50	175	110	202.16
4	20	60	200	120	259.26
5	20	70	225	130	240.45
6	40	30	150	110	213.48
7	40	40	175	120	199.58
8	40	50	200	130	235.65
9	40	60	225	90	199.75

试验序号	刃口半径/μm	微织构直径/μm	微织构间距/μm	距刃距离/μm	平均铣削温度/℃
10	40	70	125	100	167.26
11	60	30	175	130	189.46
12	60	40	200	90	175.18
13	60	50	225	100	186.19
14	60	60	125	110	220.36
15	60	70	150	120	213.48
16	80	30	200	100	224.25
17	80	40	225	110	193.61
18	80	50	125	120	209.15
19	80	60	150	130	232.52
20	80	70	175	90	205.34
21	100	30	225	120	220.26
22	100	40	150	130	237.43
23	100	50	150	90	251.36
24	100	60	175	100	214.42
25	100	70	200	110	216.54
k_1	230.0	215.6	213.0	212.4	—
k_2	202.6	204.2	225.2	201.6	—
k_3	196.6	216.6	201.8	208.8	—
k_4	212.6	224.8	221.8	220.0	—
k_5	227.6	208.2	207.6	226.6	—
R	33.4	20.6	23.4	25.0	—

图 4-18 为微织构参数和钝圆刃口参数对平均铣削温度的影响关系。如图 4-18（a）所示，随着微织构间距增加，平均铣削温度先升高后降低再升高后降低；如图 4-18（b）所示，随着微织构直径增大，平均铣削温度先降低后升高再降低；如图 4-18（c）所示，随着距刃距离增加，平均铣削温度先降低后升高；如图 4-18（d）所示，随着刃口半径增加，平均铣削温度先降低后升高。铣削温度变化的趋势与铣削力基本相同。当铣削力减小时，铣削产生的热量也减小，铣削温度也随之降低。虽然当微织构捕获切屑的能力增加时，会储存切屑本应带走的热量，使铣削温度升高，但切屑本身的温度远远小于微织构发挥抗磨减摩作用所减小的温度，因此未对趋势造成影响。

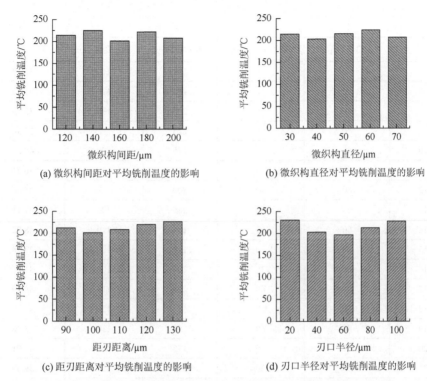

(a) 微织构间距对平均铣削温度的影响　　　　(b) 微织构直径对平均铣削温度的影响

(c) 距刃距离对平均铣削温度的影响　　　　(d) 刃口半径对平均铣削温度的影响

图 4-18　微织构参数和钝圆刃口参数对平均铣削温度的影响关系

由图 4-18 可知，当以平均铣削温度为评价指标时，最优刃口半径为 60μm，微织构的最优参数是微织构直径为 40μm，微织构间距为 175μm，距刃距离为 100μm。

4. 刀具磨损试验结果分析

试验后，采用超景深显微镜观察钝圆刃口作用下微织构球头铣刀前刀面磨损情况。本试验属于单齿切削，只有一个刃磨损，取该磨损刀刃进行分析。由表 4-9 可知，各微织构及钝圆刃口参数对微织构球头铣刀前刀面磨损值的影响顺序为刃口半径＞微织构间距＞距刃距离＞微织构直径。

表 4-9　钝圆刃口微织构球头铣刀刀具磨损值试验数据极差分析

试验序号	刃口半径/μm	微织构直径/μm	微织构间距/μm	距刃距离/μm	磨损量/μm
1	20	30	125	90	56.16
2	20	40	150	100	45.04
3	20	50	175	110	32.54
4	20	60	200	120	50.60
5	20	70	225	130	52.59

续表

试验序号	刃口半径/μm	微织构直径/μm	微织构间距/μm	距刃距离/μm	磨损量/μm
6	40	30	150	110	35.12
7	40	40	175	120	34.72
8	40	50	200	130	33.53
9	40	60	225	90	32.94
10	40	70	125	100	48.81
11	60	30	175	130	36.71
12	60	40	200	90	45.84
13	60	50	225	100	37.11
14	60	60	125	110	48.02
15	60	70	150	120	27.78
16	80	30	200	100	41.27
17	80	40	225	110	38.69
18	80	50	125	120	40.88
19	80	60	150	130	35.32
20	80	70	175	90	49.01
21	100	30	225	120	39.49
22	100	40	125	130	36.71
23	100	50	150	90	46.63
24	100	60	175	100	54.37
25	100	70	200	110	37.90
k_1	47.39	41.75	46.12	46.12	—
k_2	37.03	40.20	37.98	45.32	—
k_3	39.09	38.14	41.47	38.46	—
k_4	41.04	44.25	41.83	38.69	—
k_5	43.02	43.22	40.16	38.97	—
R	10.36	6.11	8.14	7.66	

　　钝圆刃口作用下微织构球头铣刀前刀面磨损量最大和最小的表面形貌如图 4-19 所示。从表 4-9 中可以看出，当刃口半径为 20μm、微织构直径为 30μm、微织构间距为 125μm、距刃距离为 90μm 时，刀具磨损量最大。其原因如下：当钝圆刃口半径是 20μm 时，刃口相当于锐刃。微织构直径为 30μm，微织构直径较小，捕获杂质的能力较弱。当微织构间距为 125μm 时，在刀-屑接触区内的微织构数量较多，刀具前刀面粗糙度较大。当距刃距离为 90μm 时，微织构距离切削刃相对较近，切削刃处强度相对较弱。

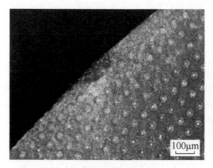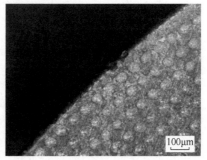

(a) 磨损量最大　　　　　　　　　　　　(b) 磨损量最小

图 4-19　钝圆刃口作用下微织构球头铣刀前刀面磨损量最大和最小的表面形貌

当刃口半径为 60μm、微织构直径为 70μm、微织构间距为 150μm、距刃距离为 120μm 时，刀具磨损量最小。其原因是刃口半径的增加会使切削刃强度变大，增加了刀具的抗磨性；微织构直径的增加使其捕获杂质的能力增强，刀具表面黏结现象减轻，刀具表面粗糙度减小，刀具磨损量减小；当微织构间距为 150μm 时，在刀-屑接触区内的微织构数量最为合适，微织构的抗磨减摩作用最佳，此时的刀具前刀面粗糙度比微织构间距较小时的刀具前刀面粗糙度低，综合上述原因，该间距参数下刀具的磨损量最小；当第一排距刃距离为 120μm，此时的微织构处于刀-屑接触区内，微织构能充分地发挥其抗磨减摩作用，且该距离使切削刃不易崩刃，故刀具的磨损量减小。

微织构参数及刃口半径对前刀面刀具磨损的影响如图 4-20 所示。如图 4-20（a）所示，随着刃口半径增大，磨损量先减小再增大。当刃口半径较小时，切削刃比较锋利，相当于锐刃。随着刃口半径逐渐增大，增大了切削刃的强度，因而刀具的磨损量变小；刃口半径继续增大到一定值时，球头铣刀铣削工件逐渐趋向于碾压工件，因此刀具磨损量会增加。

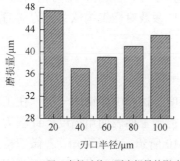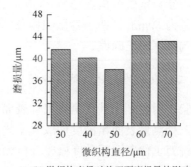

(a) 刃口半径对前刀面磨损量的影响　　　　(b) 微织构直径对前刀面磨损量的影响

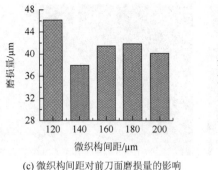

(c) 微织构间距对前刀面磨损量的影响

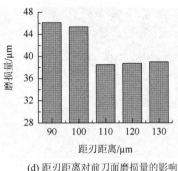

(d) 距刃距离对前刀面磨损量的影响

图 4-20　微织构参数及刃口半径对前刀面刀具磨损的影响

如图 4-20（b）所示，随着微织构直径增加，磨损量先减小后增大再减小。微织构直径的增加使刀-屑接触区内微织构的整体占有率增加，微织构的抗磨减摩作用增大，使刀具磨损减小。当微织构直径继续增大时，微织构边缘"二次切削"现象加剧了切屑与前刀面的摩擦，导致刀具磨损量增加。

如图 4-20（c）所示，随着微织构间距增加，磨损量先减小再增大后减小，其原因是微织构间距增大，刀具前刀面的粗糙度相较于微织构分布较密时减小，磨损量减小，当微织构间距继续增大时，微织构数量继续减小，微织构的抗磨减摩作用逐渐减弱，磨损量增加。当微织构间距越来越大时，微织构的数量相较之前继续减小，刀具表面粗糙度继续降低，刀具磨损量略有减小。

如图 4-20（d）所示，随着距刃距离增加，磨损量先减小再增大。在刀-屑接触区内，微织构分布离切削刃越远，刀具刃口的结构越能得到保证，崩刃现象发生率越小，因此刀具前刀面磨损量减小，当距刃距离继续增加时，部分微织构超出刀-屑接触区，因此刀具前刀面磨损量略有增加。

从图 4-20 中可以看出，当以磨损量为评价指标时，微织构球头铣刀的最优织构及刃口参数是微织构直径为 50μm，微织构间距为 150μm，距刃距离为 120μm，刃口半径为 60μm，证明了各微织构及钝圆刃口参数对微织构球头铣刀前刀面磨损值的影响顺序的正确性。

5. 工件表面质量试验结果分析

试验采用白光干涉仪测量工件表面粗糙度。试验中每铣削一层，在工件表面上相同三处测量表面粗糙度后取其平均值，得到工件表面粗糙度。钝圆刃口微织构球头铣刀工件表面粗糙度极差分析如表 4-10 所示。由表可知，各微织构及钝圆刃口参数对工件表面质量的影响顺序为微织构直径＞刃口半径＞微织构间距＞距刃距离。

表 4-10　钝圆刃口微织构球头铣刀工件表面粗糙度极差分析

试验序号	刃口半径/μm	微织构直径/μm	微织构间距/μm	距刃距离/μm	表面粗糙度/nm
1	20	30	125	90	590
2	20	40	150	100	290
3	20	50	175	110	270
4	20	60	200	120	390
5	20	70	225	130	485
6	40	30	150	110	410
7	40	40	175	120	350
8	40	50	200	130	255
9	40	60	225	90	320
10	40	70	125	100	300
11	60	30	175	130	365
12	60	40	200	90	530
13	60	50	225	100	290
14	60	60	125	110	300
15	60	70	150	120	390
16	80	30	200	100	530
17	80	40	225	110	270
18	80	50	125	120	460
19	80	60	150	130	425
20	80	70	175	90	260
21	100	30	225	120	410
22	100	40	125	130	475
23	100	50	150	90	320
24	100	60	175	100	600
25	100	70	200	110	520
k_1	320.8	325	325	306.4	—
k_2	312.8	307	307	303.8	—
k_3	278.8	280	280	294.4	—
k_4	298.8	314.4	314.4	307.4	—
k_5	316.2	301	301	315.4	—
R	42	45	33.6	12	—

　　钝圆刃口微织构球头铣刀加工工件表面质量最差和最佳形貌如图 4-21 所示。
当刃口半径为 40μm、微织构直径为 50μm、微织构间距为 200μm、距刃距离为

130μm 时，工件表面质量最佳。当刃口半径为 100μm、微织构直径为 60μm、微织构间距为 175μm、距刃距离为 100μm 时，工件表面质量最差，表明钝圆刃口半径及微织构直径对工件表面粗糙度的影响最大。

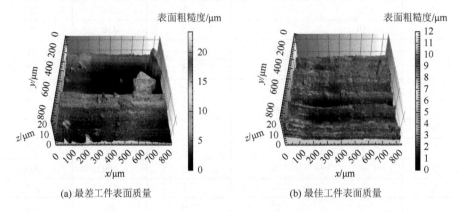

(a) 最差工件表面质量　　　　　　　　　　(b) 最佳工件表面质量

图 4-21　钝圆刃口微织构球头铣刀加工工件表面质量最差和最佳形貌

微织构及钝圆刃口参数对工件表面粗糙度的影响如图 4-22 所示。如图 4-22（a）所示，随着刃口半径增大，工件表面粗糙度先增大后减小。当刃口半径较小时，刀具磨损较快，因此工件表面质量较差。随着刃口半径逐渐增大，增大了切削刃的强度，因而刀具的磨损量变小，工件表面粗糙度减小。

如图 4-22（b）所示，随着微织构直径增加，工件表面粗糙度先减小后增大再减小。随着微织构直径增加，其捕获细小切屑及杂质的能力增强，因此工件表面粗糙度减小；当微织构直径继续增大时，微织构边缘"二次切削"现象严重，导致刀具磨损量增加，工件表面粗糙度变大。微织构直径继续增大后，铣削力减小，因而磨损量减小，工件表面粗糙度减小。

如图 4-22（c）所示，随着微织构间距增加，工件表面粗糙度先减小再增大后减小，其原因是随着微织构间距的增大，刀具前刀面的粗糙度较之前减小，磨损量减小，工件表面粗糙度减小；当微织构间距继续增大时，微织构数量减少，微织构的抗磨减摩作用逐渐减弱，磨损量增加，工件表面粗糙度增大。随着微织构间距越来越大，微织构的数量越来越少，刀具表面粗糙度持续减小，刀具前刀面磨损量相较之前减小，工件表面粗糙度相较之前减小。

如图 4-22（d）所示，随着距刃距离增加，工件表面粗糙度先减小再增大，但整体变化幅度不大。说明距刃距离对工件表面质量的影响相较于其他因素较小。从图 4-22 中可以看出，当以表面粗糙度为评价指标时，微织构球头铣刀的最优织构及刃口参数是微织构直径为 50μm，微织构间距为 175μm，距刃距离为 110μm，刃口半径为 60μm。

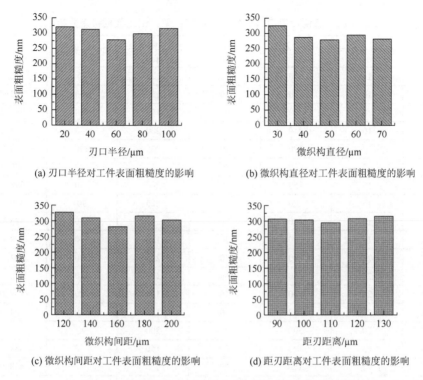

(a) 刃口半径对工件表面粗糙度的影响　　　(b) 微织构直径对工件表面粗糙度的影响

(c) 微织构间距对工件表面粗糙度的影响　　　(d) 距刃距离对工件表面粗糙度的影响

图 4-22　微织构及钝圆刃口参数对工件表面粗糙度的影响

通过对钝圆刃口作用下微织构球头铣刀铣削钛合金仿真及试验分析可知，当分别以铣削力、铣削温度、刀具磨损及工件表面质量为目标进行影响规律分析时，钝圆刃口对上述目标的影响规律为随着刃口半径增大，各目标因素均先减小后增大，因此，刃口半径在一定范围内时，微织构球头铣刀的切削性能最优，继而对钝圆刃口作用下微织构球头铣刀铣削钛合金力学模型的参数范围进行界定，则刃口半径 r_ε 的取值范围为 $40\mu m \leqslant r_\varepsilon \leqslant 60\mu m$。

4.3.2　负倒棱刃口微织构球头铣刀铣削钛合金试验研究

1. 平均铣削力试验结果分析

负倒棱刃口微织构球头铣刀铣削钛合金试验仪器设备、加工参数及工件尺寸与钝圆刃口参数相同。由表 4-11 中五种因素极差值可以判定各微织构及负倒棱刃口参数对平均铣削力的影响顺序为负倒棱宽度＞距刃距离＞负倒棱角度＞微织构直径＞微织构间距。

表 4-11　负倒棱刃口微织构球头铣刀铣削力试验数据极差分析

试验序号	负倒棱角度/(°)	负倒棱宽度/μm	微织构直径/μm	微织构间距/μm	距刃距离/μm	平均铣削力/N
1	10	100	30	125	90	412.92
2	10	150	40	150	100	405.91
3	10	200	50	175	110	340.59
4	10	250	60	200	120	381.33
5	10	300	70	225	130	395.29
6	15	100	40	175	120	388.59
7	15	150	50	200	130	398.53
8	15	200	60	225	90	399.08
9	15	250	70	125	100	396.31
10	15	300	30	150	110	398.50
11	20	100	50	225	100	382.25
12	20	150	60	125	110	448.67
13	20	200	70	150	120	337.91
14	20	250	30	175	130	404.18
15	20	300	40	200	90	434.99
16	25	100	60	150	130	388.22
17	25	150	70	175	90	438.26
18	25	200	30	200	100	424.07
19	25	250	40	225	110	398.18
20	25	300	50	125	120	400.74
21	30	100	70	200	110	407.30
22	30	150	30	225	120	403.17
23	30	200	40	125	130	364.23
24	30	250	50	150	90	412.00
25	30	300	60	175	100	415.79
k_1	387.2	395.9	408.6	404.6	419.5	—
k_2	396.2	418.9	398.4	397.5	404.9	—
k_3	401.6	373.2	386.8	388.5	398.7	—
k_4	409.9	398.4	406.6	409.2	382.4	—
k_5	400.5	409.1	395.0	395.6	390.1	—
R	22.7	45.7	21.7	20.8	37.1	—

如图 4-23（a）所示，随着负倒棱宽度增加，平均铣削力先增大后减小再增大。其原因是当负倒棱宽度为 100～150μm 时，刀-屑接触长度将会产生变化，从而导致切屑卷曲变形程度增大，促使平均铣削力呈增大趋势；当负倒棱宽度为 150～200μm 时，刀具与切屑间的摩擦将会增大，导致温度升高，使被加工的金属材料

软化程度与速度增加，同时负倒棱上所产生的积屑瘤也会发生软化而被切屑带走，最终导致平均铣削力呈现出明显的减小趋势。当负倒棱宽度继续增大时，负倒棱成为前刀面，刀具与切屑之间接触长度保持稳定，平均铣削力呈缓慢增长的趋势。

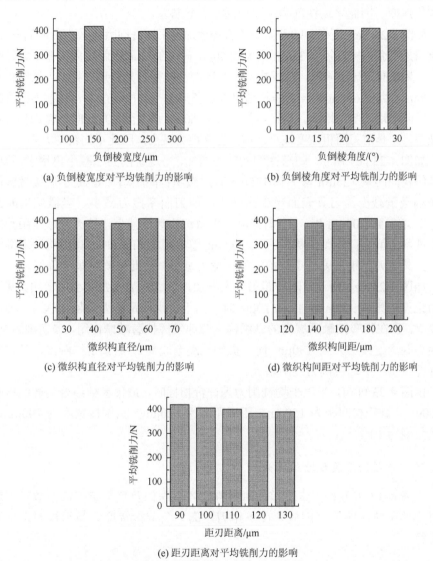

图 4-23　负倒棱参数及微织构参数对平均铣削力的影响

如图 4-23（b）所示，随着刀具负倒棱角度增加，所产生的平均铣削力呈现出先增大后减小的变化趋势。当负倒棱角度由 10°增加到 25°时，随着负倒棱角度增大，刀具切削刃处楔角增大，导致切屑变形量增加，因此平均铣削力增大。当负倒棱角度由 25°增大到 30°时，切削力随之减小，因为当采用负倒棱刀具进行加工时，切削主要集中在负倒棱区域。随着负倒棱角度增加，刀具与被加工工件之间接触面积增大，这会导致刀具与工件之间产生大量的热，从而加大金属软化程度和软化速度，因此平均铣削力呈现出减小的趋势。

如图 4-23（c）所示，随着微织构直径增加，平均铣削力先减小后增加再减小，其原因是当微织构直径从 30μm 增大到 50μm 时，在刀-屑接触区内的微织构数量减少，刀具表面粗糙度降低，微织构的抗磨减摩性能得到充分地发挥；当微织构直径从 50μm 增大到 60μm 时，微织构边缘与切屑产生"二次切削"，使前刀面磨损加剧，因此平均铣削力增大。当微织构直径从 60μm 增大到 70μm 时，微织构数量继续减少，刀具前刀面粗糙度减小，前刀面摩擦力减小，因此平均铣削力降低。

如图 4-23（d）所示，随着微织构间距增加，平均铣削力先减小再增大后减小。当微织构间距从 125μm 增加到 175μm 时，微织构间距增加导致刀-屑接触区内的微织构数量减少，刀具表面粗糙度减小，前刀面摩擦力减小；当微织构间距从 175μm 增加到 200μm 时，刀-屑接触区内微织构数量减少，抗磨减摩作用减弱，平均铣削力增大；当微织构间距从 200μm 增加到 225μm 时，微织构数量继续减少，刀具前刀面粗糙度减小，前刀面摩擦力减小，因此平均铣削力降低。

如图 4-23（e）所示，随着距刃距离增加，平均铣削力先减小再增加。其原因是当距刃距离从 90μm 增加到 120μm 时，由于微织构距离刃口越来越远，刃口强度变大，且在紧密接触区域内的微织构充分地发挥抗磨减摩作用，使切削力减小；当距刃距离继续增大到 130μm 时，微织构逐渐脱离刀-屑紧密接触区，其抗磨减摩性能减弱，平均铣削力逐渐增大。

由图 4-23 可知，当以平均铣削力为评价指标时，最优参数组合为微织构直径为 50μm，微织构间距为 150μm，距刃距离为 120μm，负倒棱宽度为 200μm，负倒棱角度为 10°。

2. 平均铣削温度试验结果分析

由表 4-12 中五种因素极差值可以判定各微织构及负倒棱刃口参数对平均铣削温度的影响顺序为负倒棱角度＞距刃距离＞负倒棱宽度＞微织构间距＞微织构直径。

表 4-12　负倒棱刃口微织构球头铣刀铣削温度试验数据极差分析

试验序号	负倒棱角度/(°)	负倒棱宽度/μm	微织构直径/μm	微织构间距/μm	距刃距离/μm	平均铣削温度/℃
1	10	100	30	125	90	256.26
2	10	150	40	150	100	238.35

续表

试验序号	负倒棱角度/(°)	负倒棱宽度/μm	微织构直径/μm	微织构间距/μm	距刃距离/μm	平均铣削温度/℃
3	10	200	50	175	110	215.54
4	10	250	60	200	120	222.53
5	10	300	70	225	130	240.42
6	15	100	40	175	120	223.36
7	15	150	50	200	130	249.42
8	15	200	60	225	90	237.27
9	15	250	70	125	100	230.31
10	15	300	30	150	110	196.52
11	20	100	50	225	100	207.34
12	20	150	60	125	110	194.35
13	20	200	70	150	120	202.75
14	20	250	30	175	130	226.86
15	20	300	40	200	90	256.43
16	25	100	60	150	130	228.46
17	25	150	70	175	90	222.52
18	25	200	30	200	100	191.64
19	25	250	40	225	110	203.28
20	25	300	50	125	120	209.37
21	30	100	70	200	110	257.42
22	30	150	30	225	120	263.26
23	30	200	40	125	130	220.38
24	30	250	50	150	90	213.64
25	30	300	60	175	100	239.52
k_1	234.2	234.2	226.5	221.8	236.8	—
k_2	227.1	233.2	228.0	215.5	221.0	—
k_3	217.0	213.0	218.6	225.0	213.1	—
k_4	210.6	218.8	224.0	235.0	223.8	—
k_5	238.4	228.1	230.2	230.0	232.6	—
R	27.8	21.2	11.6	19.5	23.7	—

如图 4-24（a）所示，随着负倒棱宽度增加，平均铣削温度先降低后升高。其原因是当负倒棱宽度为 100～200μm 时，负倒棱宽度的增加使切削刃强度增加，刀具磨损量减小，切削温度降低。当负倒棱宽度为 200～250μm 时，刀具和切屑间的摩擦变大，温度升高。

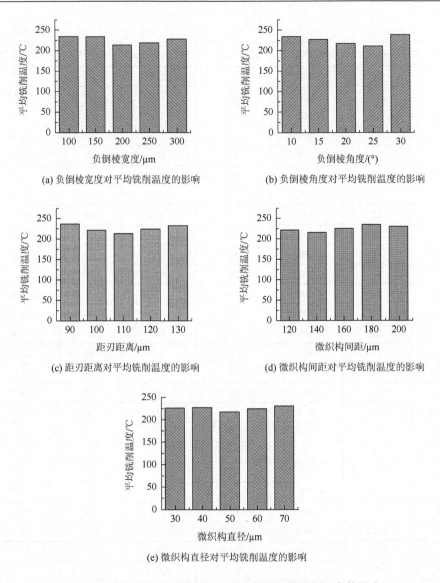

(a) 负倒棱宽度对平均铣削温度的影响　　　　(b) 负倒棱角度对平均铣削温度的影响

(c) 距刃距离对平均铣削温度的影响　　　　(d) 微织构间距对平均铣削温度的影响

(e) 微织构直径对平均铣削温度的影响

图 4-24　微织构参数及负倒棱刃口参数对平均铣削温度的影响

如图 4-24（b）所示，随着负倒棱角度增加，平均铣削温度呈先降低后升高的趋势。当负倒棱角度从 10°增大到 25°时，因为随着负倒棱角度增大，切削刃处楔角增大，铣刀刃口的散热体积变大，平均铣削温度降低。当负倒棱角度从 25°增大到 30°时，刀具与工件之间接触面积随之增大，导致刀具与工件间产生大量热，因此平均铣削温度升高。

如图 4-24（c）所示，随着距刃距离增加，平均铣削温度先降低再升高。其原因是当距刃距离从 90μm 增加到 110μm 时，由于微织构距离刃口越来越远，刃口强度变大，且在刀-屑紧密接触区域内的微织构充分地发挥抗磨减摩作用，使刀具磨损量减小，平均铣削力减小导致平均铣削温度降低；当距刃距离增大到 130μm 时，微织构逐渐脱离刀-屑紧密接触区，微织构抗磨减摩性能减弱，平均铣削力逐渐增大导致平均铣削温度升高。

如图 4-24（d）所示，随着微织构间距增加，平均铣削温度先降低再升高后降低。当微织构间距从 125μm 增加到 150μm 时，刀-屑接触区内的微织构数量减少，刀具表面粗糙度减小，前刀面摩擦力减小，平均铣削温度降低；当微织构间距从 150μm 增加到 200μm 时，刀-屑接触区内微织构数量减少，抗磨减摩作用减弱，平均铣削力增大，使平均铣削温度降低；当微织构间距从 200μm 增加到 225μm 时，微织构数量继续减少，刀具前刀面粗糙度减小，前刀面摩擦力减小，导致平均铣削温度降低。

如图 4-24（e）所示，随着微织构直径增加，平均铣削温度先升高后降低再升高，但整体变化幅度较小，说明微织构直径对平均铣削温度影响非常小。

由图 4-24 可知，当以平均铣削温度为评价指标时，最优参数组合为微织构直径为 50μm，微织构间距为 150μm，距刃距离为 110μm，负倒棱宽度为 200μm，负倒棱角度为 25°。

由上述分析中可知，仿真得出的平均铣削力和平均铣削温度小于试验值的主要原因为在实际加工环境下，机床振动等因素会使平均铣削力和平均铣削温度均增大。但仿真和试验分别得到的负倒棱刃口作用下平均铣削力与平均铣削温度具有相同的因素影响顺序及变化趋势，因此试验验证了仿真的准确性。

3. 刀具磨损试验结果分析

由表 4-13 可知，各微织构及倒棱刃口参数对微织构球头铣刀前刀面磨损值的影响顺序为负倒棱角度＞微织构间距＞距刃距离＞负倒棱宽度＞微织构直径。

表 4-13　倒棱刃口微织构球头铣刀刀具磨损试验数值极差分析

试验序号	负倒棱角度/(°)	负倒棱宽度/μm	微织构直径/μm	微织构间距/μm	距刃距离/μm	磨损量/μm
1	10	100	30	125	90	33.23
2	10	150	40	150	100	44.92
3	10	200	50	175	110	57.47
4	10	250	60	200	120	61.16
5	10	300	70	225	130	67.20
6	15	100	40	175	120	58.09
7	15	150	50	200	130	34.00

试验序号	负倒棱角度/(°)	负倒棱宽度/μm	微织构直径/μm	微织构间距/μm	距刃距离/μm	磨损量/μm
8	15	200	60	225	90	44.76
9	15	250	70	125	100	51.13
10	15	300	30	150	110	51.26
11	20	100	50	225	100	64.03
12	20	150	60	125	110	58.33
13	20	200	70	150	120	30.03
14	20	250	30	175	130	45.84
15	20	300	40	200	90	59.81
16	25	100	60	150	130	60.18
17	25	150	70	175	90	61.81
18	25	200	30	200	100	66.95
19	25	250	40	225	110	33.84
20	25	300	50	125	120	40.50
21	30	100	70	200	110	42.92
22	30	150	30	225	120	72.18
23	30	200	40	125	130	66.76
24	30	250	50	150	90	66.28
25	30	300	60	175	100	32.36
k_1	286.26	281.86	293.8	271.66	288.46	—
k_2	263.86	296.86	287.4	274.06	280.46	—
k_3	280.26	285.86	272.5	279.26	268.26	—
k_4	284.86	280.86	280.2	287.26	283.86	—
k_5	302.66	272.46	284	305.66	296.86	—
R	38.8	24.4	21.8	34	28.6	

各因素对钝圆刃口作用下微织构球头铣刀铣削加工时磨损的影响规律如图 4-25 所示。如图 4-25（a）所示，随着负倒棱宽度增大，磨损量先减小后增大。当负倒棱宽度从 100μm 增加到 150μm 时，切削刃的强度变大，刀具的黏结磨损量减小；当负倒棱宽度继续增大到 300μm 时，球头铣刀铣削工件逐渐趋向于碾压工件，因此刀具磨损量会增加。

如图 4-25（b）所示，随着负倒棱角度增大，磨损量先减小后增大。当负倒棱角度从 10°增大到 15°时，切削形式不再是锐角切削，刀具刃口的强度变大，刀具耐磨性增加，磨损量减小；当负倒棱角度持续增大到 30°时，会造成负角切削，负倒棱角度相当于前刀面被用于切削，因此刀具磨损严重，磨损量不断增加。

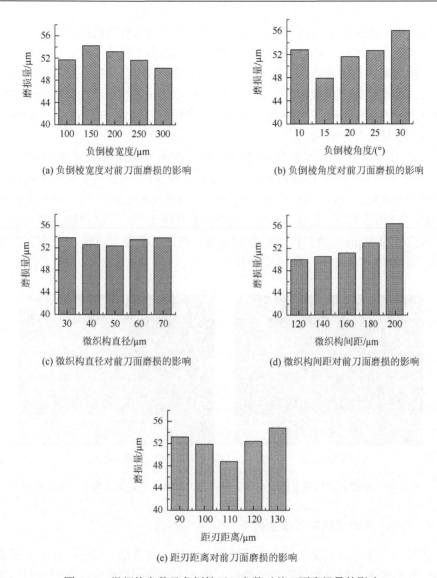

(a) 负倒棱宽度对前刀面磨损的影响　　　(b) 负倒棱角度对前刀面磨损的影响

(c) 微织构直径对前刀面磨损的影响　　　(d) 微织构间距对前刀面磨损的影响

(e) 距刃距离对前刀面磨损的影响

图 4-25　微织构参数及负倒棱刃口参数对前刀面磨损量的影响

如图 4-25（c）所示，随着微织构直径增加，微织构捕获切屑的能力变强，磨损量持续减小；随着微织构直径不断增大，切屑流经前刀面时产生轻微"二次切削"的现象，磨损量略微增加。

如图 4-25（d）所示，随着微织构间距增加，磨损量持续增加。其原因是微织构间距增大，导致刀-屑接触区内微织构的数量减少，微织构刀具的抗磨减摩作用降低，磨损量持续增加。

如图 4-25（e）所示，随着微织构距刃距离增加，磨损量先减小再增大。在刀-

屑接触区内，微织构分布离切削刃越远，刀具刃口的结构越能得到保证，崩刃现象发生率越小，因此刀具前刀面磨损量减小，当距刃距离增加时，微织构的排数减少，抗磨减摩作用降低，因此刀具前刀面磨损量增加。从图 4-25 中可以看出，当以刀具磨损量为评价指标时，微织构球头铣刀的最优织构及负倒棱刃口参数是负倒棱宽度为 150μm，负倒棱角度为 15°，微织构直径为 50μm，微织构间距为 125μm，距刃距离为 110μm。

倒棱刃口作用下微织构球头铣刀前刀面磨损量最大和最小的表面形貌如图 4-26 所示。从图中可以看出，当负倒棱角度为 30°、负倒棱宽度为 150μm、微织构直径为 30μm、微织构间距为 225μm、距刃距离为 120μm 时，刀具磨损量最大，即第 22 组参数下，磨损量最大。当负倒棱角度为 20°、负倒棱宽度为 200μm、微织构直径为 70μm、微织构间距为 150μm、距刃距离为 120μm 时，刀具磨损量最小，即第 13 组参数下，磨损量最小。

 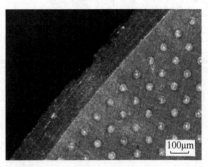

(a) 磨损量最大　　　　　　　　　　　　(b) 磨损量最小

图 4-26　倒棱刃口作用下微织构球头铣刀前刀面磨损量最大和最小的表面形貌

4. 工件表面质量试验结果分析

采用白光干涉仪测量工件表面粗糙度。试验中每铣削一层时，在工件表面上相同三处测量表面粗糙度后取其平均值，得到工件表面粗糙度。负倒棱刃口微织构球头铣刀工件表面粗糙度试验数据极差分析如表 4-14 所示。由表可知，各微织构及钝圆刃口参数对工件表面质量的影响顺序为负倒棱角度＞微织构间距＞距刃距离＞负倒棱宽度＞微织构直径。

倒棱刃口微织构球头铣刀加工后工件表面质量最差和最佳的形貌如图 4-27 所示。当负倒棱角度为 20°、负倒棱宽度为 150μm、微织构直径为 60μm、微织构间距为 125μm、距刃距离为 110μm 时，工件表面质量最佳。当负倒棱角度为 30°、负倒棱宽度为 250μm、微织构直径为 50μm、微织构间距为 150μm、距刃距离为 90μm 时，工件表面质量最差。

表 4-14　负倒棱刃口微织构球头铣刀工件表面粗糙度试验数据极差分析

试验序号	负倒棱角度/(°)	负倒棱宽度/μm	微织构直径/μm	微织构间距/μm	距刃距离/μm	表面粗糙度/nm
1	10	100	30	125	90	377
2	10	150	40	150	100	350
3	10	200	50	175	110	374
4	10	250	60	200	120	424
5	10	300	70	225	130	386
6	15	100	40	175	120	340
7	15	150	50	200	130	390
8	15	200	60	225	90	373
9	15	250	70	125	100	338
10	15	300	30	150	110	410
11	20	100	50	225	100	388
12	20	150	60	125	110	320
13	20	200	70	150	120	350
14	20	250	30	175	130	348
15	20	300	40	200	90	359
16	25	100	60	150	130	360
17	25	150	70	175	90	409
18	25	200	30	200	100	438
19	25	250	40	225	110	364
20	25	300	50	125	120	330
21	30	100	70	200	110	376
22	30	150	30	225	120	386
23	30	200	40	125	130	426
24	30	250	50	150	90	457
25	30	300	60	175	100	416
k_1	382.2	368.2	391.8	358.2	395	—
k_2	370.2	371.0	367.8	385.4	386	—
k_3	353.0	392.2	387.8	377.4	368.8	—
k_4	380.2	386.2	378.6	397.4	366	—
k_5	412.2	380.2	371.8	379.4	382	—
R	59.2	24.0	20.0	39.2	29.0	—

　　微织构参数及负倒棱刃口参数对加工后工件表面粗糙度的影响如图 4-28 所示。如图 4-28（a）所示，随着负倒棱角度增大，工件表面粗糙度先减小后增大。

当负倒棱角度从 10°增大到 20°时，刀具刃口的强度变大，刀具耐磨性增加、磨损量减小，工件表面粗糙度减小；当负倒棱角度持续增大到 30°时，会造成负角切削，刀具磨损量增加，工件表面粗糙度增加。

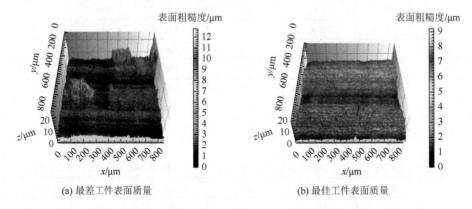

(a) 最差工件表面质量　　　　　　　　　(b) 最佳工件表面质量

图 4-27　倒棱刃口微织构球头铣刀加工后工件表面质量最差和最佳的形貌

如图 4-28（b）所示，随着负倒棱宽度增加，工件表面粗糙度先增大再减小。当负倒棱宽度为 100～200μm 时，由于刀-屑接触长度的变化，切屑卷曲变形程度变大，平均切削力增大，刀具磨损量增大，工件表面粗糙度增大。当负倒棱宽度为 200～300μm 时，刀具负倒棱上的积屑瘤发生软化而被切屑带走，刀具前刀面黏结磨损量小，因此工件表面粗糙度减小。

如图 4-28（c）所示，随着微织构直径增加，工件表面粗糙度先减小后增大再继续减小。当微织构直径增加到 40μm 时，由于刀-屑接触区内微织构所占的面积增大，微织构抗磨减摩作用增强，刀具磨损量减小，且其捕获杂质的能力增加，因此工件表面粗糙度减小；当微织构直径继续增加到 50μm 时，微织构数量减小使微织构刀具的抗磨减摩作用降低，且微织构边缘"二次切削"现象加剧，导致刀具磨损量增加，工件表面粗糙度变大。微织构直径继续增加后，抗磨减摩作用略有增强，因而磨损量略微减小，工件表面粗糙度略有减小。

如图 4-28（d）所示，随着微织构间距增加，工件表面粗糙度先增大后减小再增大再减小。当微织构间距增大到 150μm 时，刀-屑接触区内的微织构数量减少，微织构抗磨减摩作用降低，刀具磨损量增大，工件表面粗糙度增加；当微织构间距继续增加到 175μm 时，微织构的数量随之减少，刀具表面粗糙度持续减小，刀具磨损量减小，工件表面粗糙度减小；当微织构间距增加到 200μm 时，微织构减少，抗磨减摩作用减小，刀具磨损量增大，工件表面粗糙度增加。随着微织构间距越来越大，微织构的数量继续减少，刀具表面粗糙度持续减小，工件表面粗糙度减小。

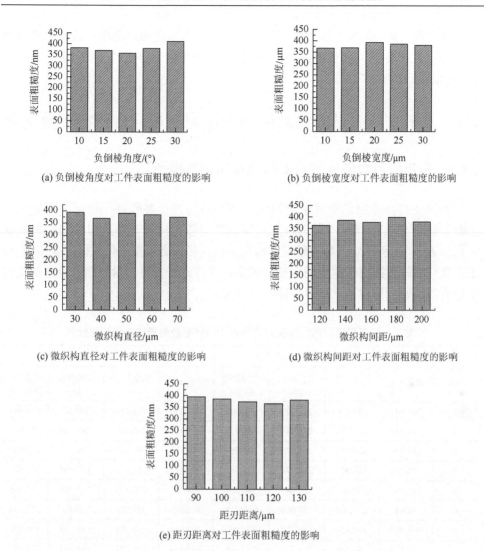

(a) 负倒棱角度对工件表面粗糙度的影响　　　(b) 负倒棱宽度对工件表面粗糙度的影响

(c) 微织构直径对工件表面粗糙度的影响　　　(d) 微织构间距对工件表面粗糙度的影响

(e) 距刃距离对工件表面粗糙度的影响

图 4-28　微织构参数及负倒棱刃口参数对加工后工件表面粗糙度的影响

　　如图 4-28（e）所示，随着距刃距离增加，工件表面粗糙度先减小再增大。在刀-屑接触区内，微织构离刀具刃口越远，刃口处的磨损量越小，工件表面粗糙度减小；当距刃距离增加时，刀-屑接触区内微织构数量减少，微织构抗磨减摩作用降低，因此刀具前刀面磨损量增大，工件表面粗糙度增加。

　　从图 4-28 中可以看出，当以表面粗糙度为评价指标时，微织构球头铣刀的最优织构及刃口参数为微织构直径为 40μm，微织构间距为 125μm，距刃距离为120μm，负倒棱宽度为 100μm，负倒棱角度为 20°。上述可以证明，各因素对工件表面粗糙度影响顺序的正确性，首先，负倒棱角度对工件表面影响程度最大，其次为微织构间距，再次为距刃距离。同时，可对负倒棱刃口作用下铣削力模型参数的范围进行界定，则负倒棱宽度 b 和负倒棱角度 ι 的取值范围为 $100\mu m \leqslant b \leqslant 200\mu m$，$10° \leqslant \iota \leqslant 25°$。

4.4　基于支持向量回归机的球头铣刀介观几何特征参数优化

4.4.1　多目标函数条件下的支持向量回归机模型

利用支持向量回归机算法对微织构球头铣刀设计参数进行优化，所用的算法参数请详见 2.3.1 节。不同刃口形式球头铣刀微织构设计参数向量回归机优化数据如表 4-15 所示。支撑向量回归机微织构直径预测模型优化数据如表 4-16 所示。优化后的数据用于建立回归分析模型，并与未经支持向量回归机处理的数据所建立的回归分析模型进行显著性检验对比。

表 4-15　不同刃口形式球头铣刀微织构设计参数向量回归机优化数据

试验序号	钝圆刃口微织构刀具目标数据优化				负倒棱刃口微织构刀具目标数据优化			
	铣削力/N	铣削温度/℃	刀具磨损/μm	表面粗糙度/nm	铣削力/N	铣削温度/℃	刀具磨损/μm	表面粗糙度/nm
1	363.909	232.016	283.007	375.966	381.306	256.015	269.97	376.986
2	310.687	216.974	226.981	389.079	395.311	236.054	258.786	377.291
3	284.980	202.016	164.023	395.766	379.581	238.346	249.239	375.437
4	342.970	258.975	254.974	381.561	349.631	258.819	247.964	372.636
5	341.509	240.017	265.007	346.204	328.756	272.229	253.608	370.465
6	335.647	213.006	177.019	350.015	310.015	222.986	236.02	372.734
7	301.908	232.426	160.220	370.998	298.241	248.998	284.245	390.011
8	341.173	178.504	263.705	368.388	382.274	236.987	286.163	373.274
9	299.222	186.268	201.957	358.466	361.709	230.009	221.632	356.301
10	260.986	172.137	145.476	287.418	346.953	196.507	269.24	366.026
11	303.819	188.986	184.965	301.021	321.158	206.986	297.291	368.212
12	316.318	214.637	219.556	419.887	302.568	223.679	236.988	352.334
13	323.118	238.293	213.064	373.461	397.221	242.232	243.991	366.823
14	278.09	195.536	131.198	281.977	372.381	211.682	297.997	377.748
15	302.293	162.287	175.230	287.166	343.196	208.630	324.027	365.744
16	338.308	223.987	207.994	374.999	327.113	228.018	325.978	355.156
17	336.895	195.196	214.040	321.177	311.182	245.089	259.464	354.785
18	289.235	178.808	131.154	257.998	407.299	195.164	299.092	364.621

续表

试验序号	钝圆刃口微织构刀具目标数据优化				负倒棱刃口微织构刀具目标数据优化			
	铣削力/N	铣削温度/℃	刀具磨损/μm	表面粗糙度/nm	铣削力/N	铣削温度/℃	刀具磨损/μm	表面粗糙度/nm
19	299.804	194.592	182.063	268.672	360.916	217.797	311.694	378.804
20	281.730	191.739	156.410	219.999	346.350	204.442	274.229	359.807
21	332.054	220.006	199.022	223.047	326.351	256.979	279.013	363.523
22	286.908	180.619	146.378	225.782	321.277	209.548	325.437	371.878
23	305.335	189.996	175.860	246.978	381.306	205.994	307.717	354.423
24	298.602	174.541	160.488	217.362	395.311	217.084	278.951	354.451
25	314.737	189.634	186.455	202.237	379.581	232.523	266.807	365.504

表 4-16 支持向量回归机微织构直径预测模型优化数据

试验序号	微织构直径(30μm)	微织构直径(40μm)	微织构直径(50μm)	微织构直径(60μm)	微织构直径(70μm)
1	23.001	36.002	44.002	53.9986	68.999
2	31.997	41.000	49.004	60.0036	67.994
3	34.002	40.006	52.994	65.9936	68.003
4	37.996	47.996	57.002	65.0035	74.994
5	40.005	51.000	61.995	69.0035	81.003
6	27.995	33.005	46.995	52.9936	66.004
7	31.167	37.208	49.360	61.4824	66.546
8	34.033	42.868	53.196	65.1185	70.824
9	38.983	51.489	58.352	65.1900	78.405
10	27.096	36.575	50.299	67.7118	69.222
11	27.001	34.994	46.002	57.0045	66.995
12	30.188	39.895	49.665	64.0754	68.948
13	35.126	46.690	54.550	64.5489	73.805
14	27.333	35.094	49.448	65.7216	67.578
15	29.157	37.765	51.860	66.1415	70.354
16	27.997	39.000	47.997	61.9952	69.003
17	32.366	42.204	52.253	63.6915	70.196
18	25.851	33.020	47.530	61.5938	66.854
19	26.997	34.922	49.575	65.5736	68.187
20	30.019	40.793	52.500	65.4316	72.870
21	31.001	38.997	51.002	61.0018	67.998
22	22.641	29.962	45.611	58.6540	66.718

续表

试验序号	微织构直径 （30μm）	微织构直径 （40μm）	微织构直径 （50μm）	微织构直径 （60μm）	微织构直径 （70μm）
23	24.689	33.732	47.236	63.8019	67.754
24	27.298	37.586	50.143	65.6086	70.286
25	30.030	41.150	53.192	65.6596	73.753

4.4.2 介观几何特征球头铣刀切削性能回归分析模型

1. 微织构直径预测模型及模型误差分析

韩兴国和原凯红（2013）通过微织构球头铣刀前刀面上微织构制备试验研究，以激光的功率、扫描速度、扫描次数为变量建立了微织构直径的多元回归模型。其数学模型如下：

$$D = C_2 P_{功}^{a_5} N^{a_6} V_s^{a_7} \tag{4-36}$$

式中，D 为微织构直径；$P_{功}$ 为激光功率；N 为扫描次数；V_s 为扫描速度；a_5、a_6、a_7 为待定的各变量指数；C_2 为微织构直径数学模型的修正系数，其大小由刀具和工件材料等其他与微织构直径有关的条件决定。

根据测量得到的微织构直径的试验数据，对数据进行支持向量回归机处理从而得到微织构直径预测模型所需的优化数据，得到了不同微织构直径的预测模型，如式（4-37）～式（4-41）所示。根据不同目标的直径可以选择合适的预测模型来初步判断该组激光参数是否能制备出理想直径的微织构。

$$D_1 = 10^{3.3776} \cdot P_{功}^{0.2545} \cdot N^{0.5501} \cdot V_s^{-0.7361}, 30\mu m \leqslant D_1 \leqslant 35\mu m \tag{4-37}$$

$$D_1 = 10^{3.0740} \cdot P_{功}^{0.2587} \cdot N^{0.5038} \cdot V_s^{-0.5915}, 35\mu m < D_1 \leqslant 45\mu m \tag{4-38}$$

$$D_1 = 10^{2.2779} \cdot P_{功}^{0.2649} \cdot N^{0.2557} \cdot V_s^{-0.2391}, 45\mu m < D_1 \leqslant 55\mu m \tag{4-39}$$

$$D_1 = 10^{1.5907} \cdot P_{功}^{0.2935} \cdot N^{0.1016} \cdot V_s^{0.0485}, 55\mu m < D_1 \leqslant 65\mu m \tag{4-40}$$

$$D_1 = 10^{2.1636} \cdot P_{功}^{0.1615} \cdot N^{0.1483} \cdot V_s^{-0.1340}, 65\mu m < D_1 \leqslant 75\mu m \tag{4-41}$$

与上述建立回归分析模型的方法相同，可以得到未经支持向量回归机优化的数据的微织构直径预测模型，如式（4-42）～式（4-46）所示：

$$D_2 = 10^{2.4232} \cdot P_{功}^{0.4296} \cdot N^{0.3133} \cdot V_s^{-0.3615}, 30\mu m \leqslant D_2 \leqslant 35\mu m \tag{4-42}$$

$$D_2 = 10^{2.2763} \cdot P_{功}^{0.4456} \cdot N^{0.3019} \cdot V_s^{-0.2728}, 35\mu m < D_2 \leqslant 45\mu m \tag{4-43}$$

$$D_2 = 10^{2.1774} \cdot P_{功}^{0.2818} \cdot N^{0.2647} \cdot V_s^{-0.2077}, 45\mu m < D_2 \leqslant 55\mu m \tag{4-44}$$

$$D_2 = 10^{2.1629} \cdot P_{功}^{0.2032} \cdot N^{0.1988} \cdot V_s^{-0.1646}, 55\mu m < D_2 \leqslant 65\mu m \tag{4-45}$$

$$D_2 = 10^{2.1367} \cdot P_{功}^{0.1703} \cdot N^{0.1213} \cdot V_s^{-0.1164}, \quad 65\mu m < D_2 \leqslant 75\mu m \qquad (4\text{-}46)$$

表 4-17 和表 4-18 中所有的统计量 F 值均大于 3.07，并且 P 值小于给定的显著性水平，可以得出上述各个微织构深度预测模型是显著的。但表 4-17 中的统计量大于表 4-18 中的统计量，并且 P 值小于表 4-18 中的 P 值，表明支持向量回归机优化数据后的不同微织构直径预测模型相比于未经支持向量回归机优化数据的模型显著性要高。因此，经支持向量回归机优化数据后的模型可为微织构的精准设计提供初步参考。

表 4-17　支持向量回归机优化数据后的不同微织构直径预测模型显著性检验

直径/μm	方差来源	平方和 SS	自由度 df	均方 MS	统计量 F	P
30	因素 D_1	472.0	3	157.30	80.95	1.04899×10^{-11}
	残差	40.8	21	1.94	—	—
	总计	512.8	24	—	—	—
40	因素 D_1	669.6	3	223.20	81.58	9.74×10^{-12}
	残差	57.5	21	2.74	—	—
	总计	727.1	24	—	—	—
50	因素 D_1	383.3	3	127.78	101.88	1.12×10^{-12}
	残差	26.3	21	1.25	—	—
	总计	409.6	24	—	—	—
60	因素 D_1	297.1	3	99.03	24.22	5.12×10^{-7}
	残差	85.9	21	4.09	—	—
	总计	383.0	24	—	—	—
70	因素 D_1	267.7	3	99.03	25.38	3.51×10^{-7}
	残差	73.8	21	4.09	—	—
	总计	341.5	24	—	—	—

表 4-18　未经支持向量回归机数据优化后的不同微织构直径预测模型显著性检验

直径/μm	方差来源	平方和 SS	自由度 df	均方 MS	统计量 F	P
30	因素 D_2	147.4	3	49.13	4.36	0.038
	残差	236.4	21	11.26	—	—
	总计	383.8	24	—	—	—
40	因素 D_2	286.8	3	95.6	7.86	0.003
	残差	255.2	21	12.15	—	—
	总计	542.0	24	—	—	—

续表

直径/μm	方差来源	平方和 SS	自由度 df	均方 MS	统计量 F	P
	因素 D_2	177.8	3	59.26	4.14	0.045
50	残差	300.4	21	14.30	—	—
	总计	478.2	24	—	—	—
	因素 D_2	128.6	3	42.86	3.24	0.038
60	残差	277.4	21	13.21	—	—
	总计	406..0	24	—	—	—
	因素 D_2	122.2	3	40.73	4.94	0.024
70	残差	172.8	21	8.23	—	—
	总计	295.0	24	—	—	—

　　不同微织构直径预测模型误差如表 4-19 所示。对上述模型进行试验验证，当激光制备功率为 35W、扫描速度为 1700mm/s、扫描次数为 7 次时，测得不同目标直径下的微织构深度和直径，如图 4-29 所示，预测微织构直径的误差在 10% 以内，验证了微织构直径模型的准确性。

表 4-19　　不同微织构直径预测模型误差

微织构目标直径/μm	微织构理论直径/μm	误差/%
30	27.88	7.1
40	36.15	9.6
50	48.39	3.2
60	61.12	1.9
70	68.58	2

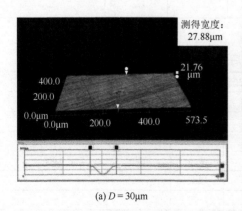

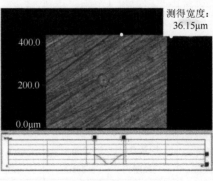

(a) $D = 30\mu m$　　　　　　　　　　　　　(b) $D = 40\mu m$

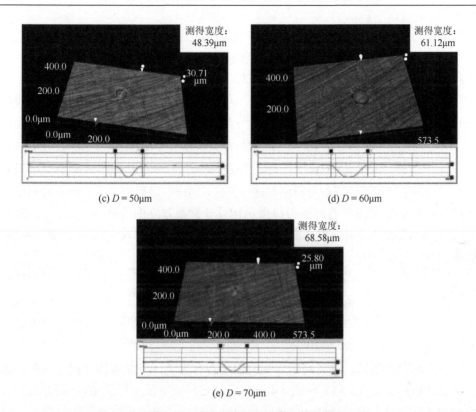

图 4-29　试验测得不同的微织构参数

由试验数据可知，当 $D = 30\mu m$ 及 $D = 40\mu m$ 时，微织构直径与深度之间的关系满足式（3-18），此时 $a'/c' = 0.55$，则式（3-18）可以改写成

$$D = 1.1h \tag{4-47}$$

2. 不同刃口形式球头铣刀微织构设计参数的回归分析模型

1）钝圆刃口微织构设计参数目标函数回归分析模型

以钝圆刃口半径 r_ε、微织构直径 D、相邻两个微织构之间的距离 l_1 及第一排微织构距刃距离 l 为变量建立了不同优化目标的多元回归模型（冯锐和周洋，2018），其数学模型如下：

$$D = 1.1h \tag{4-48}$$

式中，$\Pi = C_1 r_\varepsilon^{a_1} D^{a_2} l_1^{a_3} l^{a_4}$ 为不同优化目标，a_1、a_2、a_3、a_4 为待定的各变量指数，C_1 为不同优化目标多元回归模型的修正系数，其大小由刀具和工件材料等其他与工件表面质量有关的条件决定。

由于试验组数较多，为了迅速对数据进行处理从而得到不同目标的预测模型。根据支持向量回归机优化后的数据，得到基于钝圆刃口作用下微织构设计参数建

立的铣削力 $F_{铣}$、铣削温度 $T_{铣}$、刀具磨损量 VB 及工件表面粗糙度 Ra 的预测模型，如式（4-49）～式（4-52）所示，根据不同预测目标可以选择合适的预测模型来初步判断该微织构设计参数是否能满足加工要求。

$$F_{铣1} = 10^{2.2788} \cdot r_\varepsilon^{-0.0376} \cdot D^{-0.1213} \cdot l_1^{0.1821} \cdot l^{0.0369} \tag{4-49}$$

$$T_{铣1} = 10^{2.3316} \cdot r_\varepsilon^{-0.1023} \cdot D^{-0.1378} \cdot l_1^{0.2156} \cdot l^{-0.05} \tag{4-50}$$

$$VB_1 = 10^{1.8007} \cdot r_\varepsilon^{-0.1849} \cdot D^{-0.1567} \cdot l_1^{0.5425} \cdot l^{-0.765} \tag{4-51}$$

$$Ra_1 = 10^{3.2115} \cdot r_\varepsilon^{-0.2864} \cdot D^{-0.223} \cdot l_1^{0.2474} \cdot l^{-0.2019} \tag{4-52}$$

采用与上述相同的回归分析模型建立方法，同样可以得到基于未经支持向量回归机优化数据拟合得到的钝圆刃口微织构设计参数建立的铣削力 $F_{铣}$、铣削温度 $T_{铣}$、刀具磨损量 VB 及工件表面粗糙度 Ra 的预测模型，如式（4-53）～式（4-56）所示。

$$F_{铣2} = 10^{2.5445} \cdot r_\varepsilon^{0.0067} \cdot D^{-0.0258} \cdot l_1^{-0.0521} \cdot l^{0.0535} \tag{4-53}$$

$$T_{铣2} = 10^{1.9501} \cdot r_\varepsilon^{-0.0166} \cdot D^{0.0101} \cdot l_1^{-0.0422} \cdot l^{0.2373} \tag{4-54}$$

$$VB_2 = 10^{3.7466} \cdot r_\varepsilon^{-0.0492} \cdot D^{0.0499} \cdot l_1^{-0.1336} \cdot l^{-0.5565} \tag{4-55}$$

$$Ra_2 = 10^{2.3924} \cdot r_\varepsilon^{0.0592} \cdot D^{-0.0708} \cdot l_1^{-0.0463} \cdot l^{0.1009} \tag{4-56}$$

求得回归模型后，需要判断回归方程是否有意义，一般称该过程为回归方程的显著性检验。式（4-53）～式（4-56）虽然已经建立了不同优化目标预测模型，但是为了保证模型的可靠性，使各优化目标与微织构设计参数呈现指数关系，所以在得出回归模型之后要对模型进行显著性检验。表 4-20 和表 4-21 分别是经支持向量回归机优化后得到的不同目标预测模型回归分析检验及未经支持向量回归机优化得到的不同目标预测模型回归分析检验。

表 4-20　钝圆刃口条件下数据优化后不同目标预测模型回归分析检验

不同优化目标	方差来源	平方和 SS	自由度 df	均方 MS	统计量 F	P
铣削力 $F_{铣1}$ /N	因素 $F_{铣1}$	7084.39	4	1771.10	4.40	0.010
	残差	8057.49	20	402.87	—	—
	总计	15141.88	24			
铣削温度 $T_{铣1}$ /℃	因素 $T_{铣1}$	6731.02	4	1682.76	4.14	0.013
	残差	8131.14	20	406.56	—	—
	总计	14862.16	24	—	—	
刀具磨损量 VB_1/μm	因素 VB_1	21654.78	4	5413.69	5.16	0.005
	残差	20996.46	20	1049.82	—	—
	总计	42651.24	24			

续表

不同优化目标	方差来源	平方和 SS	自由度 df	均方 MS	统计量 F	P
工件表面粗糙度 Ra_1/μm	因素 Ra_1	89248.31	4	22312.08	22.84	3.22×10^{-7}
	残差	19540.33	20	977.02	—	—
	总计	10878.64	24	—	—	—

表 4-21　钝圆刃口条件下未经数据优化的不同目标预测模型回归分析检验

不同优化目标	方差来源	平方和 SS	自由度 df	均方 MS	统计量 F	P
铣削力 $F_{铣2}$ /N	因素 $F_{铣2}$	875.32	4	218.83	0.36	0.831
	残差	12006.61	20	600.33	—	—
	总计	12881.93	24	—	—	—
铣削温度 $T_{铣2}$ /℃	因素 $T_{铣2}$	1226.28	4	306.57	0.561	0.694
	残差	10928.36	20	546.43	—	—
	总计	12154.64	24	—	—	—
刀具磨损量 VB_2/μm	因素 VB_2	7281.50	4	1820.38	1.27	0.315
	残差	28698.50	20	1434.93	—	—
	总计	35980.00	24	—	—	—
工件表面粗糙度 Ra_2/μm	因素 Ra_2	2153.88	4	538.47	0.14	0.963397
	残差	74598.36	20	3729.92	—	—
	总计	76752.24	24	—	—	—

表 4-20、表 4-21 给出了模型检验所需的重要参数，参考这些数据可以对球头铣刀铣削钛合金过程中铣削力、铣削温度、刀具磨损量及工件表面粗糙度进行显著性检验（Mia and Dhar，2017）。试验次数 $n_{试} = 25$，自变量个数 $m_{变} = 4$，显著性水平为 0.05。统计量 $F_{0.95}(m, n-m+1) = F_{0.95}(3,21) = 3.07$。当模型的显著性水平均小于 0.05，统计量 F 均大于 3.07 时，认为该模型是显著的。表 4-20 中所有的统计量 F 值均大于 3.07，并且 P 值小于给定的显著性水平，可以得出以支持向量回归机优化数据建立的预测模型是显著的。但表 4-21 中未经支持向量回归机优化数据建立的预测模型的统计量 F 均小于 3.07，P 均大于 0.05，因此建立的模型是不显著的，证明用支持向量回归机优化数据是十分必要的，为回归分析模型的准确建立提供了良好的基础。

2）负倒棱刃口作用下微织构设计参数目标函数回归分析模型

负倒棱刃口作用下的微织构设计参数目标函数回归分析模型的建立与钝圆刃口相同。经支持向量回归机优化数据后，基于负倒棱刃口作用下微织构设计参数

建立的铣削力 $F_铣$、铣削温度 $T_铣$、刀具磨损量 VB 及工件表面粗糙度 Ra 的预测模型如式（4-57）～式（4-60）所示。

$$F_{铣3} = 10^{2.1124} \cdot t^{-0.0671} \cdot b^{-0.1905} \cdot D^{0.0539} \cdot l_1^{0.0442} \cdot l^{0.0934} \tag{4-57}$$

$$T_{铣3} = 10^{1.9878} \cdot t^{-0.1153} \cdot b^{-0.0482} \cdot D^{0.1791} \cdot l_1^{0.0543} \cdot l^{0.0283} \tag{4-58}$$

$$VB_3 = 10^{2.0077} \cdot t^{0.1394} \cdot b^{-0.015} \cdot D^{-0.1611} \cdot l_1^{0.188} \cdot l^{0.0461} \tag{4-59}$$

$$Ra_3 = 10^{2.4514} \cdot t^{-0.0343} \cdot b^{-0.0039} \cdot D^{-0.0302} \cdot l_1^{0.0615} \cdot l^{0.0332} \tag{4-60}$$

基于未经支持向量回归机优化数据拟合得到的负倒棱刃口作用下微织构设计参数建立的铣削力 $F_铣$、铣削温度 $T_铣$、刀具磨损量 VB 及工件表面粗糙度 Ra 的预测模型如式（4-61）～式（4-64）所示。

$$F_{铣4} = 10^{3.0766} \cdot t^{0.0417} \cdot b^{0.0012} \cdot D^{-0.0281} \cdot l_1^{-0.0098} \cdot l^{-0.2255} \tag{4-61}$$

$$T_{铣4} = 10^{2.1832} \cdot t^{-0.0294} \cdot b^{-0.0501} \cdot D^{0.0079} \cdot l_1^{0.1039} \cdot l^{-0.0376} \tag{4-62}$$

$$VB_4 = 10^{1.9852} \cdot t^{0.0483} \cdot b^{-0.0317} \cdot D^{-0.0706} \cdot l_1^{0.1825} \cdot l^{0.0446} \tag{4-63}$$

$$Ra_2 = 10^{2.3924} \cdot r_\varepsilon^{0.0592} \cdot D^{-0.0708} \cdot l_1^{-0.0463} \cdot l^{0.1009} \tag{4-64}$$

表 4-22 中所有的统计量 F 均大于 3.07，并且 P 小于给定的显著性水平，可以得出以支持向量回归机优化数据建立的预测模型是显著的。但表 4-23 中未经支持向量回归机优化数据建立的预测模型的统计量 F 均小于 3.07，P 值均大于 0.05，因此建立的模型是不显著的。上述钝圆刃口和负倒棱刃口作用下的预测模型在优化目标数据后才显著可用，证明可支持向量回归机优化数据的可靠性。

表 4-22　倒棱刃口微织构球头铣刀数据优化后不同目标预测模型回归分析检验

不同优化目标	方差来源	平方和 SS	自由度 df	均方 MS	统计量 F	P
铣削力 $F_{铣3}$ /N	因素 $F_{铣3}$	18913.23	4	3782.65	6.06	0.001619
	残差	11853.33	20	623.86	—	
	总计	30766.56	24	—	—	
铣削温度 $T_{铣3}$ /℃	因素 $T_{铣3}$	6653.83	4	1330.77	6.50	0.0011
	残差	3889.03	20	204.69	—	
	总计	10542.86	24	—	—	
刀具磨损量 VB3/μm	因素 VB3	13422.29	4	2684.46	6.70	0.000934
	残差	7608.22	20	400.43	—	
	总计	21030.51	24	—	—	
工件表面粗糙度 Ra_3/μm	因素 Ra_3	1482.74	4	296.55	7.77	0.0004
	残差	724.72	20	38.14	—	
	总计	2207.46	24	—	—	

表 4-23　负倒棱刃口微织构球头铣刀未经数据优化的不同目标预测模型回归分析检验

不同优化目标	方差来源	平方和 SS	自由度 df	均方 MS	统计量 F	P
铣削力 $F_{铣4}$ /N	因素 $F_{铣4}$	4324.90	4	864.99	1.42	0.264
	残差	11610.14	20	611.06	—	—
	总计	15935.04	24	—	—	—
铣削温度 $T_{铣4}$ /℃	因素 $T_{铣4}$	1052.45	4	210.49	0.42	0.828
	残差	9490.51	20	499.50	—	—
	总计	10542.96	24	—	—	—
刀具磨损量 VB_4/μm	因素 VB_4	6843.80	4	1368.76	1.31	0.302
	残差	19865.64	20	1045.56	—	—
	总计	26709.44	24	—	—	—
工件表面粗糙度 Ra_4/μm	因素 Ra_1	5342.00	4	1068.40	0.91	0.496
	残差	22318.00	20	1174.632	—	—
	总计	27660.00	24	—	—	—

4.4.3　遗传算法优化及验证

1. 参数模型约束条件

本章选择微织构球头铣刀的微织构设计参数作为优化模型的设计变量，即微织构直径 D、微织构间距 l_1、距刃距离 l、刃口半径 r_ε、负倒棱宽度 b 和负倒棱角度 ι。根据钛合金加工的工程要求，主要分析微织构设计参数与微织构球头铣刀切削性能、刀具磨损和工件表面质量之间的影响关系。因此，以微织构球头铣刀切削性能、刀具磨损和工件表面质量为优化目标，考虑优化变量微织构设计参数对上述因素的影响。

微织构球头铣刀铣削钛合金时，保证相同的切削参数下，微织构刀具受微织构设计参数的条件约束。因此，微织构球头铣刀微织构设计参数的边界条件如下所示。

（1）钝圆刃口球头铣刀微织构直径约束条件：$40\mu m \leqslant D_{钝} \leqslant 50\mu m$。

（2）钝圆刃口球头铣刀微织构间距约束条件：$150\mu m \leqslant l_{1钝} \leqslant 225\mu m$。

（3）钝圆刃口球头铣刀距刃距离约束条件：$100\mu m \leqslant l_{钝} \leqslant 120\mu m$。

（4）微织构球头铣刀刃口半径约束条件：$40\mu m \leqslant r_\varepsilon \leqslant 60\mu m$。

（5）负倒棱刃口球头铣刀微织构直径约束条件：$40\mu m \leqslant D_{倒棱} \leqslant 60\mu m$。

（6）负倒棱刃口球头铣刀微织构间距约束条件：$125\mu m \leqslant l_{1倒棱} \leqslant 150\mu m$。

（7）负倒棱刃口球头铣刀距刃距离约束条件：$110\mu m \leqslant l_{倒棱} \leqslant 120\mu m$。

（8）微织构球头铣刀负倒棱宽度约束条件：$100\mu m \leqslant b \leqslant 200\mu m$。

（9）微织构球头铣刀负倒棱角度约束条件：$10° \leqslant \iota \leqslant 25°$。

综上所述，以铣削力、铣削温度、刀具磨损和工件表面质量为评价标准时，约束条件利用遗传算法进行优化，进而获得最佳的微织构设计参数。

2. 优化结果验证

本节以球头铣刀微织构设计参数为研究对象，根据不同刃口形式下的优化目标预测模型，借助遗传算法工具箱 GA Tool 对其优化过程进行寻优，通过参数化设置从而得到微织构参数的最优解。当采用遗传算法优化求解微织构刀具设计参数时，需要对遗传算法工具箱参数进行优化设置以达到保证优化结果准确性的目的。其中种群大小为 200，交叉概率为 0.95，变异概率为 0.01。

基于支持向量回归机得到不同刃口形式球头铣刀微织构精准设计参数的优化值：刃口半径为 $59.98\mu m$，微织构直径为 $49.92\mu m$，微织构间距为 $150.00\mu m$，距刃距离为 $120.00\mu m$；负倒棱角度为 25°，负倒棱宽度为 $199.78\mu m$，微织构直径为 $60.03\mu m$，微织构间距为 $125.00\mu m$，距刃距离为 $110.39\mu m$。

以优化后的微织构参数制备试验用两种球头铣刀刀具，如图 4-30 所示。采用与第 3 章相同的切削加工参数。当球头铣刀沿切削刃破损值达到 $250\mu m$ 时，认为刀具失效。4 种刀具铣削行程及失效崩刃如表 4-24 所示。由表可知，微织构钝圆刀具相比于无织构钝圆刀具寿命增加了 33.3%；负倒棱微织构刀具相比于负倒棱无织构刀具寿命增加了 25%。

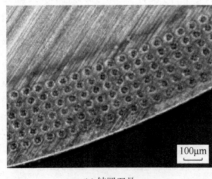

　　　　(a) 钝圆刀具　　　　　　　　　　　　　　(b) 倒棱刀具

图 4-30　试验用两种球头铣刀刀具

表 4-24　4 种刀具铣削行程及失效崩刃

刀具类型	铣削行程/mm	失效崩刃
钝圆无织构刀具	121500	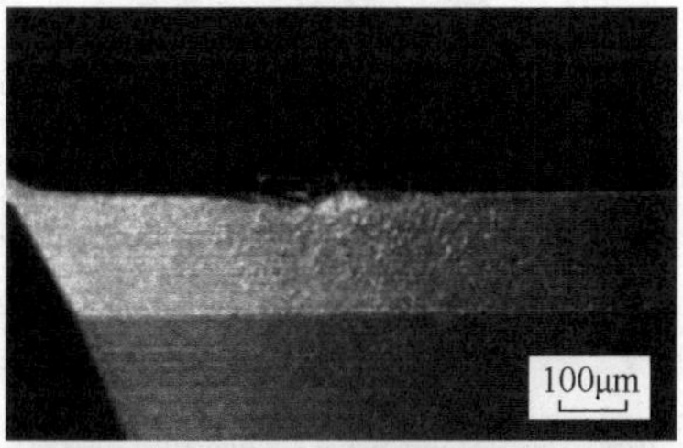
钝圆微织构刀具	162000	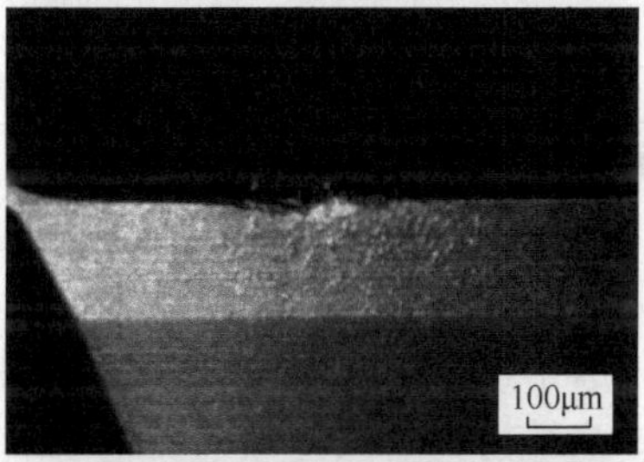
负倒棱无织构刀具	108000	
负倒棱微织构刀具	135000	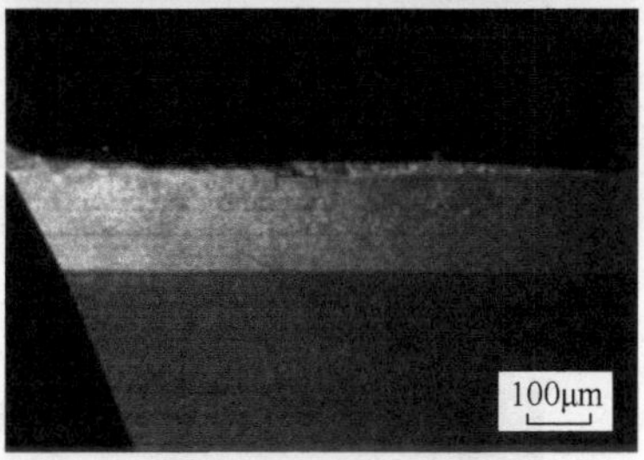

　　微织构刀具优化后工件表面粗糙度如图 4-31 所示。测得钝圆微织构刀具铣削钛合金工件表面粗糙度为 0.189μm；负倒棱微织构刀具铣削钛合金工件表面粗糙度为 0.264μm。钝圆微织构刀具相比于未优化微织构刀具工件表面粗糙度减小了 26%；负倒棱微织构刀具相比于未优化微织构刀具工件表面粗糙度减小了 23%。

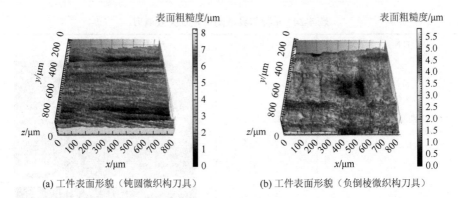

(a) 工件表面形貌（钝圆微织构刀具）　　　(b) 工件表面形貌（负倒棱微织构刀具）

图 4-31　微织构刀具优化后工件表面粗糙度

　　当刀具失效时，优化后的球头铣刀前刀面微织构磨损区域如图 4-32 所示，可知，前刀面微织构有磨损迹象，但未磨平，所以可以得出当刀具失效时，微织构并未磨平，仍起抗磨减摩作用。由图 4-33 可知，优化后的钝圆微织构刀具和负倒棱球头铣刀的磨损区域明显地小于未优化前的刀具，说明优化后的微织构寿命得以提高。且当优化后刀具失效时，微织构仍存在，磨损量较小，说明在整个切削加工过程中，微织构均起到抗磨减摩作用。

(a) 优化后负倒棱微织构刀具磨损

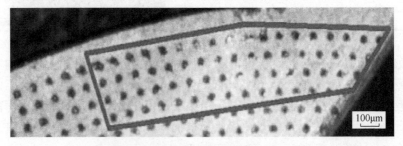

(b) 优化后钝圆微织构刀具磨损

图 4-32　优化后的球头铣刀前刀面微织构磨损区域

(a) 钝圆微织构刀具磨损

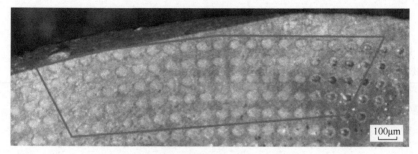

(b) 负倒棱微织构刀具磨损

图 4-33　优化前不同刃口形式下球头铣刀微织构磨损形貌

4.5　本章小结

本章首先通过铣削力理论分析了刃口作用机理，研究表明钝圆刃口和负倒棱刃口的置入均在一定程度上降低了平均铣削力，对刀具铣削性能产生一定影响。同时，通过铣削温度理论分析发现不同刃口对平均铣削温度产生一定影响。其次，利用有限元仿真，分析了以平均铣削力或平均铣削温度为评价指标时，微织构的参数及刃口的参数对刀具性能的影响。最后，搭建钛合金铣削试验平台，分别研究了钝圆刃口和负倒棱刃口微织构球头铣刀的切削性能，获得了各影响因素下切削性能变化趋势产生的原因，以及在各影响因素下的优选微织构参数和刃口参数值，并对刃口参数选择范围进行了界定，即刃口半径 r_ε 的取值为 40μm≤r_ε≤60μm，负倒棱宽度 b 和负倒棱角度 ι 的取值分别为 100μm≤b≤200μm，10°≤ι≤25°，同时验证了不同刃口形式的球头铣刀在刀-屑接触区内微织构最佳面积占比分别为 7%～14% 和 9%～11%。

基于支持向量回归机得到不同刃口形式球头铣刀微织构精准设计参数的优化值为刃口半径为 59.98μm，微织构直径为 49.92μm，微织构间距为 150.00μm，距刃距离为 120.00μm；负倒棱角度为 25°，负倒棱宽度为 119.78μm，微织构直径为 60.03μm，微织构间距为 125.00μm，距刃距离为 110.39μm。本章针对优化后的刀具进行了试验验证，研究结果表明，优化后的钝圆微织构刀具和负倒棱微织构刀具寿命相比于未优化刀具分别提高了 33%和 25%，表面粗糙度相比于未优化刀具分别减小了 26%和 23%，同时刀具失效时钝圆微织构和负倒棱微织构磨损面积远远小于未优化之前的磨损面积，揭示了微织构在刀具整个切削过程中所发挥的积极作用。本章建立了以激光参数为因变量的不同微织构直径预测模型，模型精度误差在 10%以内，同时当微织构直径为 30μm 和 40μm 时，微织构微直径与深度之间的关系成立。

参 考 文 献

崔晓雁. 2016. 微织构球头铣刀铣削钛合金表面质量研究[D]. 哈尔滨：哈尔滨理工大学.

冯锐，周洋. 2018. 基于多元线性回归分析法的数控机床热误差补偿的研究[J]. 内燃机与配件, 265（13）：135-136.

韩兴国，原凯红. 2013. 基于多元回归分析的表面粗糙度预测模型建立[J]. 科技经济市场,（11）：3-5.

罗翔，黄华. 1997. 正交切削切削刃钝圆上分流点的研究[J]. 广东工业大学学报, 14（1）：76-81.

汪世益，满忠伟，方勇. 2011. 金属切削刀具后刀面的切削热研究[J]. 制造技术与机床,（1）：92-96.

杨树财. 2011. 精密切削钛合金 Ti6Al4V 刀具刃口作用机理及应用研究[D]. 哈尔滨：哈尔滨理工大学.

Arulkirubakaran D，Senthilkumar V，Kumawat V. 2016. Effect of micro-textured tools on machining of Ti-6Al-4V alloy：An experimental and numerical approach[J]. International Journal of Refractory Metals and Hard Materials，54：165-177.

Mia M，Dhar N R. 2017. Optimization of surface roughness and cutting temperature in high-pressure coolant-assisted hard turning using Taguchi method[J]. The International Journal of Advanced Manufacturing Technology，88（1-4）：739-753.

第5章　小切深条件下球头铣刀介观几何特征参数优化

在钛合金切削加工过程中，对刀具刃口做钝化处理及置入后刀面微织构可有效提高工件表面质量、减缓刀具磨损、降低切削力与切削温度。因此，本章以微织构球头铣刀铣削钛合金为切入点，分析了球头铣刀介观几何特征对刀具铣削性能的影响规律，并基于粒子群算法进行介观几何特征参数优化，从而实现钛合金高效高质量加工。

5.1　后刀面微织构抗磨减摩机理分析

在球头铣刀切削过程中的任意时刻，沿铣刀切削刃将刃口截开，得到刀-屑接触区截面图（图 5-1），不难看出，球头铣刀任一切削时刻刀-屑接触区的截面形态与车削过程基本相同，因此可以参考车削过程中后刀面的切削过程对铣刀进行分析。图 5-2 为微织构刀具刀-屑接触关系图。如图 5-2 所示，由于刀具开始切削不久，后刀面就会发生磨损，在刀尖下方与工件发生接触的区域产生一段窄棱 VB。随着刀具在工件表面不断运动，待加工区域的金属在挤压与摩擦应力的作用下，被迫发生位错滑移，当工件达到塑性极限时沿剪切面 OM 方向卷曲形成切屑。由

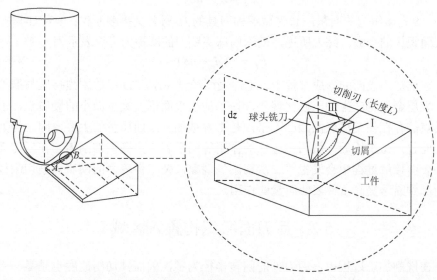

图 5-1　球头铣刀微元化

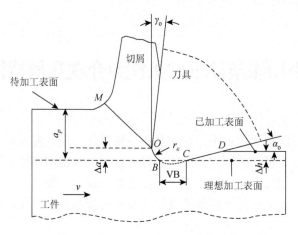

图 5-2　微织构刀具刀-屑接触关系图

于刃口处存在钝圆或倒棱，a_p 中 O 点及 O 点以下的切屑层金属不沿 OM 方向滑移，而是被刃口处的钝圆挤压过去，紧接着又受到 VB 的摩擦，这部分工件表层金属主要受到剪切应力，随后弹性恢复。设其高度为 Δh，该表层金属在恢复弹性形变的过程中继续在 CD 段与后刀面摩擦。刀具与工件在 CD 段接触过程中的摩擦力可以表示为刀-屑实际接触面积 A_a^1 与摩擦剪切强度 τ_s 的乘积，即

$$F_f = \tau_s A_a^1 \tag{5-1}$$

当 CD 段置入表面微织构后，后刀面与工件待成形表面间接触面积显著减小，实际接触面积变为

$$A_a^1 = A_a - nS \tag{5-2}$$

式中，S 为微织构的面积；A_a 为微织构刀具的刀-屑名义接触面积；n 为刀-屑接触的表面织构的个数。综上所述，微织构球头铣刀的摩擦力可以表示为

$$F_f = \tau_s (A_a - nS) \tag{5-3}$$

在已加工表面的形成过程中，工件表面经过 VB、CD 段的剧烈挤压与摩擦作用，表层金属将产生加工硬化现象，使已加工表面形成大量微小的硬质点，表面硬质点的存在使工件表面凹凸不平，是影响被加工表面质量的主要原因。当刀具后刀面置入微织构后，微织构边缘的作用等同于若干个微型切削刃，在后刀面与工件表面接触过程中会发生"二次切削"现象，使工件表面的硬质点被切削掉，从而起到显著提高工件表面质量的作用。

5.2　后刀面微织构置入区域

在铣削加工过程中，刀尖处的回转半径为零，因而其切削速度也是零。当刀尖参与切削时会严重影响工件的表面质量，同时刀具的磨损速度也会迅速加快。

为了避免发生这个情况，可以通过改变刀具与工件的相对位置来达到这个目的（佟欣，2019）。因此，同样设置工件装夹角度为15°（董永旺，2013），走刀方向为沿斜面向上的刀-工位置来建立球头铣刀铣削过程的几何模型。

如图 5-3（a）所示，球头铣刀铣削钛合金时刀具与工件的接触宽度 AB 主要受切削深度的影响：

$$AB = 2R\sin\alpha \tag{5-4}$$

式中，R 为刀具半径。

当刀具旋转至图 5-3（b）所示位置时，刀具后刀面参与切削，与已加工表面产生摩擦，后刀面参与切削的长度为

$$DE = a_p / \sin(90° - \theta - \alpha) \tag{5-5}$$

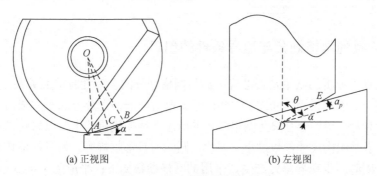

(a) 正视图　　　　　　　　　(b) 左视图

图 5-3　球头铣刀铣削形态

结合图 5-3（a）与（b）可知，后刀面微织构应该置入的位置以 AB 作为刀工接触宽度，以 DE 作为接触长度的部分圆弧曲面区域（崔晓雁，2016）。在切削试验中球头铣刀后刀面的磨损区域如图 5-4 所示，与图 5-1 中理论分析所得区域相同。由此得出球头铣刀后刀面微织构置入的位置为图 5-5 中 ABCD 所示的区域。

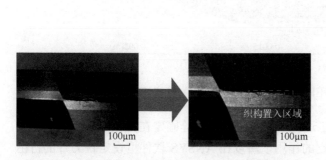

图 5-4　在切削试验中球头铣刀后刀面的磨损区域

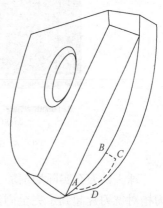

图 5-5　后刀面织构置入位置

5.3 后刀面微织构球头铣刀结构强度分析

本章选用硬质合金材料（质量分数为 8% 的 Co 与质量分数为 92% 的 WC）作为微织构球头铣刀的基体材料，其抗冲击性较好，适合在球头铣刀表面加工微织构。硬质合金刀具性能见表 5-1。

表 5-1   硬质合金刀具性能

化学成分（质量分数）	密度/(g/cm³)	硬度（HRA）	抗弯强度/MPa	线膨胀系数 K	弹性模量/GPa	泊松比
WC92%，Co8%	14.5	89	1741	5.1×10^{-6}	580	0.22

注：HRA 为洛氏硬度的一种测量方式。

5.3.1   刀具的网格划分与边界条件的创建

刀具受力分析的结果是否准确可靠与网格划分的合理性有重大关系。表面微织构形状不一，因此采用 ANSYS 软件自带的自适应网格划分方法来完成对刀具模型单元格的划分。当划分有限元网格时，采用便于施加载荷的十节点修正二次四面体单元。由于微织构尺寸参数过小、刀片为圆弧刃且形状规则，为了保证仿真结果的计算精度同时减少奇异单元产生，采用的网格参数如下：平滑度（smoothness）为高，跨度中心角（span angle center）为细化，单元格尺寸（element size）为 50μm。图 5-6 为不同织构类型刀具的网格划分示意图。

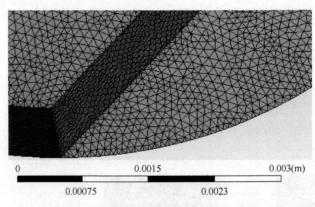

0	0.0015	0.003(m)
0.00075		0.0023

图 5-6   不同织构类型刀具的网格划分示意图

球头铣刀在实际切削加工过程中，刀片是用螺栓固定在刀杆上的，刀杆上的刀槽对铣刀片起到了完全固定的作用，所以在 ANSYS 软件里设定铣刀片的自由度完全被限制。

刀具切削部分的强度应该由铣削力所造成的复杂应力状态决定，因此仿真计算结果与实际情况的相符程度很大程度上与载荷施加的是否得当有关。由于球头铣刀切削状态下切削力的影响因素较多、计算较为复杂，一般对铣刀片的受力情况进行简化。模拟铣削加工的载荷可以将铣削力简化为线性面载荷，根据铣刀片的受力特点，铣削力在切削刃处最大，并且切削力距切削刃越远越小，并依据铣削加工特点，施加的载荷满足随时间变化的正弦函数关系；将载荷仅施加在铣刀片的切削部分上。以上的改进方案使模拟载荷更贴近铣削状态下铣削力的变化，考虑了铣削力随时间的改变对铣刀片的冲击载荷，只在切削部分施加载荷而非整个前刀面上，使计算的结果更加准确。

考虑到切削过程中切削力突变，造成切削力瞬时过大，本书施加的最大模拟载荷取 $F_1 = 400\text{N}$，切削部分的切削刃处施加的载荷随时间变化的正弦函数关系如图 5-7 所示，并随着距刃距离增加，承受的载荷逐渐减少。为了简化仿真过程，只模拟一个齿从切入到切出的过程，取施载时间为 0.008s。

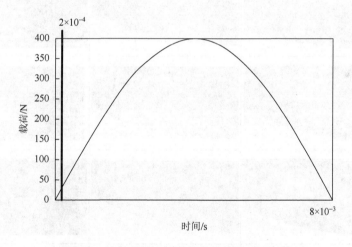

图 5-7　铣削力随时间变化的函数关系示意图

5.3.2　后刀面不同微织构参数对刀具结构强度的影响

表 5-2 为后刀面不同微织构参数对刀具结构强度影响的仿真云图，包括刀具总变形云图及刀具前刀面、后刀面等效应力云图。从表中的总变形可以看出，刀具变形云图分布较为均匀，不会很大影响铣削过程中的刀具寿命及工件表面质量等。从表中前刀面、后刀面的等效应力云图可以看出，刀具应力分布得较为均匀，无严重应力集中现象。其中，后刀面微织构对刀具应力的最大值为 4.5372MPa，小于 WC-CO 硬质合金的横向断裂强度 2.5GPa，满足刀具强度要求。

表 5-2　后刀面不同织构参数对刀具结构强度影响的仿真云图

试验序号	总变形云图	前刀面等效应力云图	后刀面等效应力云图
1			
2			
3			
4			
5			
6			
7			

续表

试验序号	总变形云图	前刀面等效应力云图	后刀面等效应力云图
8			
9			
10			
11			
12			
13			
14			

续表

试验序号	总变形云图	前刀面等效应力云图	后刀面等效应力云图
15			
16			
17			
18			
19			
20			
21			

续表

试验序号	总变形云图	前刀面等效应力云图	后刀面等效应力云图
22			
23			
24			
25			

5.4　后刀面介观几何特征球头铣刀力-热特性仿真分析

5.4.1　仿真模型建立与参数设计

有限元仿真的作用在于在减少试验成本的同时得到试验的主要规律，为后续的试验研究提供方向，同时缩小研究范围、提高结论的准确性。首先，对试验所用的刀具与工件进行有限元模型的建立，其中球头铣刀前角为 0°，螺旋角为 0°，后角为 11°，刀片最大回转直径为 20mm。为了缩短仿真所用的时间，提高仿真的效率与准确性，将试验所用的工件进行简化，选取 10mm×5mm×3mm 的矩形工件。设置刀具与倾斜 15°后的工件表面相切，得到刀-工初始装配关系示意图（图 5-8）。

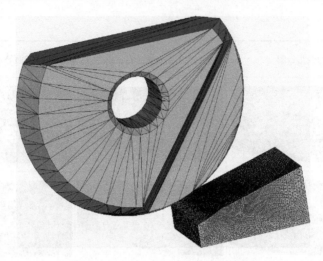

图 5-8　刀-工初始装配关系示意图

本节结合国内外相关织构参数尺度，针对钝圆刃口刀具，设计四因素五水平的正交试验，钝圆刃口仿真因素-水平如表 5-3 所示。有限元模拟仿真试验选取的切削参数为切削速度 $v_c = 120\text{m/min}$，每齿进给量 $f_z = 0.07\text{mm}$，切削宽度 $a_e = 0.5\text{mm}$，背吃刀量 $a_p = 0.3\text{mm}$。

表 5-3　钝圆刃口仿真因素-水平表

水平数	刃口半径 $r_e/\mu m$	微坑直径 $D/\mu m$	微坑间距 $L_1/\mu m$	距刃距离 $L_2/\mu m$
1	20	30	125	90
2	40	40	150	100
3	60	50	175	110
4	80	60	200	120
5	100	70	225	130

5.4.2　仿真结果分析

1. 铣削力结果分析

钝圆刃口作用下的铣削力仿真结果如表 5-4 所示，对表中数据进行极差分析，其中 $k_i(i = 1, 2, \cdots, 5)$ 为不同水平所对应铣削力之和的平均值，R 为各水平所对应试验结果的极差值。R 值的大小直接表示各因素对铣削力影响程度的强弱。通过极差分析法得到钝圆刃口半径与微坑织构参数对铣削力影响的主次顺序为刃口半径＞微坑间距＞微坑直径＞距刃距离。

表 5-4　钝圆刃口作用下的铣削力仿真结果

试验序号	刃口半径 r_e/μm	微坑直径 D/μm	微坑间距 L_1/μm	距刃距离 L_2/μm	铣削力 $F_{铣}$/N
1	20	30	125	90	359.28
2	20	40	150	100	319.26
3	20	50	175	110	271.65
4	20	60	200	120	327.48
5	20	70	225	130	333.34
6	40	30	150	110	288.51
7	40	40	175	120	303.35
8	40	50	200	130	339.74
9	40	60	225	90	329.82
10	40	70	125	100	305.35
11	60	30	175	130	302.62
12	60	40	200	90	274.18
13	60	50	225	100	303.48
14	60	60	125	110	283.64
15	60	70	150	120	288.25
16	80	30	200	100	332.35
17	80	40	225	110	318.84
18	80	50	125	120	316.36
19	80	60	150	130	314.45
20	80	70	175	90	307.27
21	100	30	225	120	339.43
22	100	40	125	130	321.46
23	100	50	150	90	337.53
24	100	60	175	100	338.26
25	100	70	200	110	312.47
k_1	322.20	324.44	317.22	321.62	—
k_2	313.35	307.42	309.60	313.00	—
k_3	290.43	313.75	304.63	307.00	—
k_4	317.85	318.73	317.24	314.97	—
k_5	329.83	309.34	324.98	309.00	—
R	31.77	17.02	20.35	14.62	—

　　经过极差分析处理后得到的钝圆刃口与微织构参数对铣削力的影响如图 5-9 所示,横坐标为各因素的水平数。由图 5-9 可知,随着刃口半径增加,铣削力先降低后升高;随着微坑直径增加,铣削力先降低后升高又降低;随着微坑间距增加,铣削力先降低后逐渐增高;随着距刃距离增加,铣削力先降低后升高又降低,整体呈下降趋势。

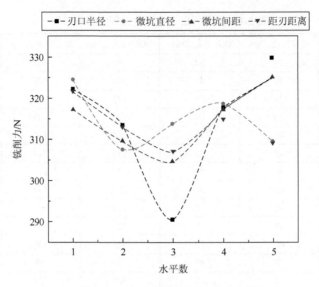

图 5-9　钝圆刃口与微织构参数对铣削力的影响

2. 铣削温度结果分析

钝圆刃口作用下正交试验仿真所得的铣削温度结果如表 5-5 所示，对仿真结果进行极差分析得到，钝圆刃口参数与微坑织构参数对铣削温度影响的主次顺序为刃口半径＞微坑间距＞微坑直径＞距刃距离。

表 5-5　钝圆刃口作用下正交试验仿真所得的铣削温度结果

试验序号	刃口半径 r_e/μm	微坑直径 D/μm	微坑间距 L_1/μm	距刃距离 L_2/μm	铣削温度 $T_{铣}$/℃
1	20	30	125	90	239.8
2	20	40	150	100	194.9
3	20	50	175	110	185.0
4	20	60	200	120	232.3
5	20	70	225	130	225.6
6	40	30	150	110	193.2
7	40	40	175	120	176.0
8	40	50	200	130	209.2
9	40	60	225	90	205.1
10	40	70	125	100	189.9
11	60	30	175	130	184.0
12	60	40	200	90	180.1
13	60	50	225	100	195.4
14	60	60	125	110	202.1
15	60	70	150	120	190.4
16	80	30	200	100	203.2

续表

试验序号	刃口半径 r_e/μm	微坑直径 D/μm	微坑间距 L_1/μm	距刃距离 L_2/μm	铣削温度 $T_{铣}$/℃
17	80	40	225	110	206.5
18	80	50	125	120	209.6
19	80	60	150	130	178.8
20	80	70	175	90	191.6
21	100	30	225	120	220.7
22	100	40	125	130	192.8
23	100	50	150	90	209.3
24	100	60	175	100	209.6
25	100	70	200	110	195.9
k_1	215.5	208.2	206.8	205.2	—
k_2	194.7	190.1	193.3	198.6	—
k_3	190.4	201.7	189.2	196.5	—
k_4	197.9	205.6	204.2	205.8	—
k_5	205.7	198.7	210.7	198.1	—
R	25.1	18.1	21.5	9.3	—

　　经过极差分析处理后得到的钝圆刃口与微织构参数对铣削温度的影响如图 5-10 所示。从图中不难看出，随着刃口半径增加，铣削温度先降低后升高；随着微坑直径增加，铣削温度先降低后升高又降低；随着微坑间距增加，铣削温度先降低后升高；随着距刃距离增加，铣削温度先降低后升高又降低。

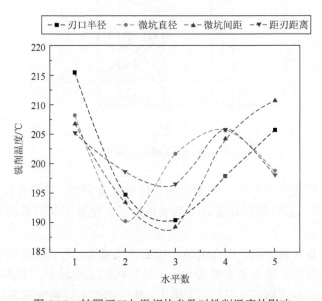

图 5-10　钝圆刃口与微织构参数对铣削温度的影响

5.5　后刀面介观几何特征球头铣刀铣削钛合金试验研究

5.5.1　铣削试验平台搭建

1. 微织构刀具的制备

试验中所使用的球头铣刀与球头铣刀刀杆如图 5-11（a）与（b）所示，所用刀具材料为硬质合金，牌号为 YG8，型号为 BNM-200，直径为 20mm，厚度为 5mm，宽度为 15mm，刀具主体组成元素为 WC，质量分数为 92%，同时含有 Co 元素，质量分数为 8%。刀杆型号为 BNML-200105S-S20C，全长为 141mm，刀具尺寸如图 5-11（c）所示。

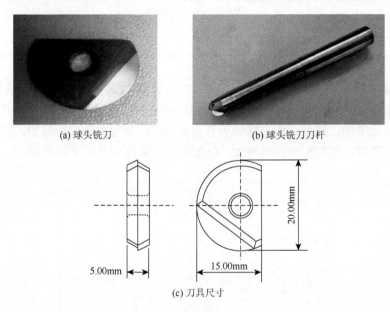

(a) 球头铣刀

(b) 球头铣刀刀杆

20.00mm

5.00mm

15.00mm

(c) 刀具尺寸

图 5-11　球头铣刀及其尺寸

试验所使用的工件为图 5-12 所示的阶梯状钛合金板，其牌号为 TC4，主体材料为 Ti-6Al-4V。工件表面处理成阶梯状是为了方便对不同刀具的切削区域进行标记。

激光加工具有精度高、操作简单、加工方式灵活、可控性好等优点，被广泛用于各种具有高加工精度要求的表面处理与材料加工领域中。本试验中的微织构采用激光烧蚀的方式标刻在刀具后刀面上，使用的加工设备为图 5-13 所示的正天光纤激光器。激光加工采用的加工参数：激光波长为 1064nm，输出功率为 35W，激光频率为 20kHz，扫描速度为 1700mm·s^{-1}，加工次数为 7 次。图 5-14 为激光加工后，部分刀具后刀面微织构在超景深显微镜下的形貌。

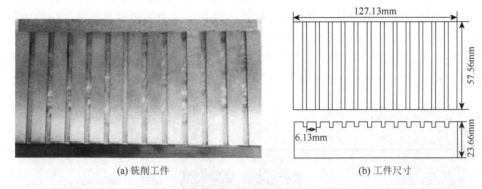

(a) 铣削工件　　　　　　　　　　　　　　(b) 工件尺寸

图 5-12　工件及尺寸示意图

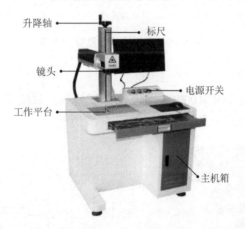

图 5-13　正天光纤激光器

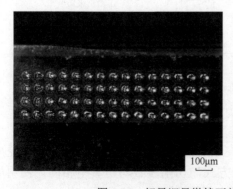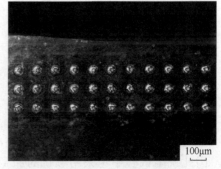

图 5-14　超景深显微镜下部分刀具后刀面微织构形貌

在激光烧蚀微织构的过程中，焦点处瞬间产生的高温可达 8000～10000℃，而 WC 的气化温度在 6000℃左右，当激光照射刀具表面时，表层金属瞬间气化，使刀具表面形成微型凹坑。同时，激光束的能量衰减现象导致微坑周围受热低于坑心，因而金属无法气化，变为熔融状态，当加工结束时凝固在微坑周围形成凹凸不平的熔渣。这会增加微坑边缘与工件表面的磨损，减弱织构的性能。需要用砂纸与抛光机对微织构边缘进行处理，提高织构的性能，同时还需用超声波清洗机在丙酮中清洗打磨产生的粉末。微织构处理需要的设备如图 5-15 所示。

　　(a) 2000 目金相砂纸　　　　　　　(b) 抛光机　　　　　　　(c) 超声波清洗机

图 5-15　微织构处理需要的设备

2. 试验平台搭建

本试验同样采用 VDL-1000E 三轴数控立式铣床。试验工件材料是 Ti-6Al-4V，工件装夹图及采集铣削力系统原理图如图 5-16 所示。

 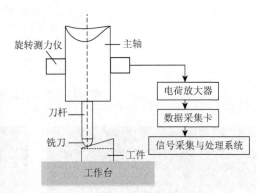

　　　(a) 工件装夹图　　　　　　　　　(b) 采集铣削力系统原理图

图 5-16　刀具装夹图

在铣削加工中，由于产生的冲击小，顺铣有利于提高刀具寿命而得到广泛应用，因此铣削试验中也采用顺铣的加工方式，切削参数与仿真中相同。使用如图 5-17 所示的铣削力测试平台，图 5-18 为采集的铣削力信号图。

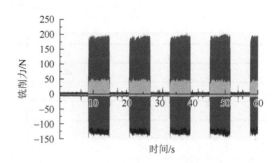

图 5-17　铣削力测试平台　　　　　　图 5-18　铣削力信号图

为了衡量不同介观几何特征对刀具后刀面磨损的影响，在铣削试验结束后采用 VHD-1000 超景深显微镜观测球头铣刀后刀面的磨损量。同样，为了保证测量精度需要将试验后的刀具在酒精中擦拭，以去掉粘附在后刀面的切屑。VHD-1000 超景深显微镜如图 5-19 所示。

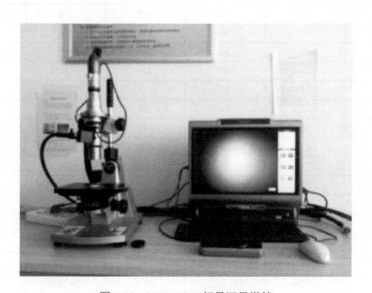

图 5-19　VHD-1000 超景深显微镜

5.5.2　铣削力试验结果分析

钝圆刃口作用下正交铣削力试验结果如表 5-6 所示，对表中数据进行极差分析后得到各介观几何特征参数对铣削力的影响主次顺序为刃口半径＞微坑间距＞微坑直径＞距刃距离。

表 5-6　钝圆刃口作用下正交铣削力试验结果

试验序号	刃口半径 r_e/μm	微坑直径 D/μm	微坑间距 L_1/μm	距刃距离 L_2/μm	铣削力 $F_{铣}$/N
1	20	30	125	90	257.54
2	20	40	150	100	230.60
3	20	50	175	110	240.18
4	20	60	200	120	242.13
5	20	70	225	130	265.67
6	40	30	150	110	228.26
7	40	40	175	120	236.70
8	40	50	200	130	230.23
9	40	60	225	90	231.21
10	40	70	125	100	233.36
11	60	30	175	130	236.78
12	60	40	200	90	258.84
13	60	50	225	100	241.01
14	60	60	125	110	235.38
15	60	70	150	120	236.14
16	80	30	200	100	260.43
17	80	40	225	110	255.57
18	80	50	125	120	247.75
19	80	60	150	130	255.45
20	80	70	175	90	246.36
21	100	30	225	120	285.78
22	100	40	125	130	264.37
23	100	50	150	90	247.92
24	100	60	175	100	260.73
25	100	70	200	110	258.38
k_1	247.22	253.76	247.68	248.38	—
k_2	231.95	249.21	239.68	245.22	—
k_3	241.63	241.42	244.15	243.55	—
k_4	253.11	244.98	250.00	249.70	—
k_5	263.44	247.98	255.85	250.50	—
R	31.48	12.34	16.17	6.95	—

　　将经过极差分析处理后所得的铣削力以试验水平为横坐标绘制成折线图，如图 5-20 所示。从图中不难看出，随着刃口半径增加，平均铣削力先减小后增大。引起这种现象的原因为随着刃口半径增加，刃口的抗冲击性增强，这使刀具破损

产生的额外铣削力大幅度地减小，因而平均铣削力下降。当刃口半径继续增加时，刀具明显变钝，切削时的挤压摩擦作用增加，使平均铣削力迅速增加。

随着微坑直径增大，平均铣削力先减小后增加，其原因是：当微坑直径为 30～50μm 时，后刀面与被加工表面的接触面积进一步减小，刀-工摩擦作用减弱，因此平均铣削力减小；当微坑直径大于 50μm 时，微织构与被加工表面的硬质点之间的"二次铣削"现象比较严重，导致平均铣削力增大。

随着微坑间距增加，平均铣削力先减小后增大，其原因是当微坑间距为 125～150μm 时，随着微坑间距增加，微织构的密度由过高变为适中，因微织构"二次铣削"所增加的摩擦力明显地减小，平均铣削力逐渐降低；当微坑间距大于 150μm 时，微织构密度逐渐减小，抗磨减摩作用下降，使平均铣削力逐渐升高。

随着距刃距离增加，平均铣削力在 250N 附近上下波动，但整体变化幅度不大，对平均铣削力影响较小，故不做分析。

综上，结合图 5-20 可知，以平均铣削力作为评价标准所取得的介观几何特征最优参数是：刃口半径为 40μm，微坑直径为 50μm，微坑间距为 150μm，距刃距离为 110μm。

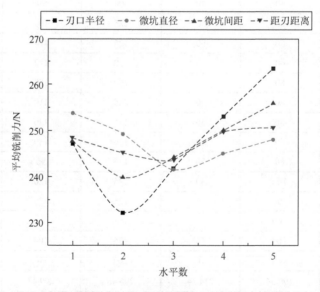

图 5-20　钝圆刃口与微织构参数对平均铣削力的影响

5.5.3　铣削温度试验结果分析

钝圆刃口作用下的正交铣削试验所得到的试验结果如表 5-7 所示，对表中数据进行极差分析后得到各介观几何特征参数对铣削力的影响主次顺序为刃口半径＞微坑间距＞微坑直径＞距刃距离。

表 5-7　钝圆刃口作用下的正交铣削试验所得到的试验结果

试验序号	刃口半径 $r_\varepsilon/\mu m$	微坑直径 $D/\mu m$	微坑间距 $L_1/\mu m$	距刃距离 $L_2/\mu m$	铣削温度 $T_{铣}/℃$
1	20	30	125	90	219.36
2	20	40	150	100	183.62
3	20	50	175	110	165.45
4	20	60	200	120	202.95
5	20	70	225	130	226.34
6	40	30	150	110	175.51
7	40	40	175	120	195.35
8	40	50	200	130	193.49
9	40	60	225	90	190.53
10	40	70	125	100	170.49
11	60	30	175	130	198.34
12	60	40	200	90	191.16
13	60	50	225	100	200.28
14	60	60	125	110	204.46
15	60	70	150	120	185.84
16	80	30	200	100	240.64
17	80	40	225	110	220.29
18	80	50	125	120	189.38
19	80	60	150	130	181.56
20	80	70	175	90	228.75
21	100	30	225	120	237.36
22	100	40	125	130	243.61
23	100	50	150	90	217.57
24	100	60	175	100	218.34
25	100	70	200	110	218.68
k_1	199.54	214.24	205.46	209.47	—
k_2	185.07	206.81	188.82	202.67	—
k_3	196.02	193.23	201.25	196.88	—
k_4	212.12	199.57	209.38	202.18	—
k_5	227.11	206.02	214.96	208.67	—
R	42.04	21.01	26.14	12.60	—

　　将经过极差分析处理后所得的平均铣削温度以试验水平为横坐标绘制成折线图，如图 5-21 所示。从图中不难看出，随着刃口半径增加，平均铣削温度先降低，后升高；随着微坑间距增加，平均铣削温度先降低后升高；随着微坑直径增大，平均铣削温度先降低后升高；随着距刃距离增加，平均铣削温度先降低后升高；各因素随着水平数增加，平均铣削温度的变化规律与平均铣削力基本相同。原因在于，平均铣削温度的变化很大程度上由平均铣削力来决定，当平均铣削力减小时，铣削产生的热量也减小，平均铣削温度也随之降低。虽然微织构刀具在"二次铣削"工件表面的硬质点时，会产生额外的切削热，但刃口钝化后提高了刀尖的散热条件，因此铣削温度的变化趋势并不受到影响。

　　综上，结合图 5-21 可知，以平均铣削温度作为评价标准所取得的介观几何特征最优参数是：刃口半径为 40μm，微坑直径为 50μm，微坑间距为 150μm，距刃距离为 110μm。

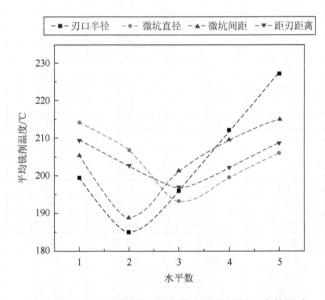

图 5-21　刃口半径与微织构参数对平均铣削温度的影响

5.5.4　刀具磨损试验结果分析

　　钝圆刃口作用下后刀面磨损值试验结果如表 5-8 所示，对表中数据进行极差分析后得到各介观几何特征参数对后刀面磨损量的影响主次顺序为刃口半径>微坑直径>微坑间距>距刃距离。钝圆刃口作用下部分刀具后刀面磨损形貌如图 5-22 所示。

表 5-8　钝圆刃口作用下后刀面磨损量试验结果

试验序号	刃口半径 r_e/μm	微坑直径 D/μm	微坑间距 L_1/μm	距刃距离 L_2/μm	磨损量 VB/μm
1	20	30	125	90	271.70
2	20	40	150	100	226.10
3	20	50	175	110	166.25
4	20	60	200	120	240.35
5	20	70	225	130	280.25
6	40	30	150	110	219.45
7	40	40	175	120	208.05
8	40	50	200	130	200.45
9	40	60	225	90	175.75
10	40	70	125	100	237.50
11	60	30	175	130	204.25
12	60	40	200	90	233.70
13	60	50	225	100	188.10
14	60	60	125	110	220.40
15	60	70	150	120	168.15
16	80	30	200	100	206.15
17	80	40	225	110	224.20
18	80	50	125	120	209.00
19	80	60	150	130	174.80
20	80	70	175	90	228.00
21	100	30	225	120	233.70
22	100	40	125	130	225.15
23	100	50	150	90	232.75
24	100	60	175	100	231.80
25	100	70	200	110	190.00
k_1	236.93	227.05	232.75	228.38	—
k_2	208.24	223.44	204.25	217.93	—
k_3	202.92	199.31	207.67	204.06	—
k_4	208.43	208.62	214.13	211.85	—
k_5	222.68	220.78	220.4	216.98	—
R	34.01	27.74	28.5	24.32	—

图 5-22　钝圆刃口作用下部分刀具后刀面磨损形貌

将经过极差分析处理后所得的后刀面磨损量以试验水平为横坐标绘制成折线图，如图 5-23 所示。随着钝圆刃口半径增加，磨损量先减小再增大，主要原因是：钝圆刃口半径增加后提高了刃口的耐磨性，因此后刀面磨损量降低，当钝圆刃口半径大于 60μm 时刃口锋利性严重减弱，刀-屑接触区产生的挤压与摩擦急剧增加，因此，后刀面磨损量增加。

随着微坑直径增加，后刀面磨损量先减小后增大。当微坑直径由 30μm 增至 50μm 时，刀-工接触区内微织构的整体占有率增加，后刀面与工件的接触面积减少，使刀具磨损减小。当直径大于 50μm 时，微织构切削工件表面硬质点过于剧烈，使微织构边缘迅速磨损，进而导致刀具磨损量增加。

随着微坑间距增加，磨损量先减小再增大。当微坑间距由 125μm 增至 150μm 时，后刀面微织构占有面积减小，微织构边缘因二次切削产生的磨损减小，刀具磨损量降低，当间距大于 150μm 时，微坑数量继续减小，抗磨减摩作用持续减弱，导致磨损量增加。

随着距刃距离增加，磨损量先减小后增大。原因是距刃距离的增加使微织构充分地进入刀-工接触区，抗磨减摩作用得到加强，后刀面磨损量减小。当距刃距离大于 110μm 时，部分微织构脱离刀-工接触区，抗磨减摩作用减弱，后刀面磨损量增加。

综上，结合图 5-23 可知，以后刀面磨损量作为评价标准所取得的介观几何特征最优参数是：刃口半径为 60μm，微坑直径为 50μm，微坑间距为 150μm，距刃距离为 110μm。

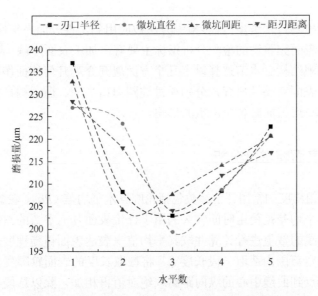

图 5-23　钝圆刃口与微织构参数对后刀面磨损的影响

5.6　工件表面完整性研究

5.6.1　工件表面完整性评价

航空航天零件中材料的寿命与强度是评价其性能的重要指标，而零件的外形及尺寸设计一旦确定，工件的表面完整性就成为影响零件寿命的关键因素。工件表面完整性包括表征形貌与工件表面的物理化学性能变化情况。图 5-24 包括表征特征相关内容，如工件表面粗糙度、表面缺陷、加工痕迹等，其中主要的表征参数为已加工表面粗糙度；另外是工件表层特征，主要包括加工硬化、残余应力、显微组织结构变化、微裂纹等。

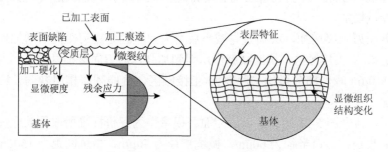

图 5-24　工件表面完整性涵括内容

随着表面检测技术进步，许多检测方法被应用到工件表面完整性的研究当中，目前针对工件表面完整性的检测分析指标主要有已加工表面形貌、表面残余应力、显微硬度与微观结构。本节选择以上几个方面展开介观几何特征作用下的球头铣刀铣削钛合金表面完整性研究，分别探讨钝圆刃口半径、微织构直径、微织构间距与距刃距离在后刀面时各自产生的影响。

5.6.2　铣削表面粗糙度分析

工件表面粗糙度的常用评价参数包括轮廓算术平均差（Ra）、轮廓偏斜度（R_{sk}）等。轮廓算术平均差是使用时间较久的用于评价表面几何参数的参数之一，即对表面轮廓的曲线的数值进行计算并取其平均值来表达表面粗糙程度。计算方法为通过在平面选定范围内截取一段长度 l_a，将截取长度的表面轮廓变化绘制出来，将曲线上每一点到曲线中心的纵向距离取绝对值再相加，除以这段长度即轮廓算术平均差，计算方法见式（5-6）：

$$Ra = \frac{1}{l_a}\int_0^{l_a} |y(x)|\,\mathrm{d}x \tag{5-6}$$

当球头铣刀加工平面时，刀具为圆弧形，因此，切削宽度会导致已加工表面会残留一部分，如图 5-25 所示。当刀具半径 r 与切削宽度 a_e 已知时，可以根据式（5-7）求出残留部分高度 h_1，计算的残留部分高度为工件不发生变形的理想情况。而在实际加工过程中工件受到来自刀具的挤压，使工件表面材料发生弹塑性变形与流动变形，这些因素同样影响着已加工表面的粗糙度。

$$h_1 = r - \sqrt{r^2 - \left(\frac{a_e}{2}\right)^2} \tag{5-7}$$

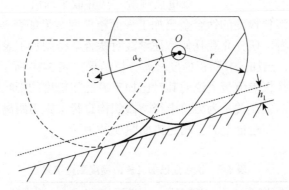

图 5-25   球头铣刀铣削过程中的残留高度示意图

当刀具离开已加工表面后表面材料会发生部分回弹，在刀具反复多次作用下同样会有一个残留高度 h_2，因此通过计算塑性变形量 h_p 与回弹高度 h_e 的差值就可以计算出此残留高度 h_2。将滑动摩擦时发生塑性变形的最大深度作为塑性变形量：

$$h_p = 2r_e\left(1 - \frac{0.33\mathrm{HV}}{\sigma_m}\right) \tag{5-8}$$

式中，r_e 为刃口半径；HV 为材料硬度；σ_m 为材料的变形应力。

根据弹性接触理论可知，发生刚性体与平面接触发生的弹性变量为 δ，此弹性变形量与弹性恢复量基本相同，因此已加工表面的恢复高度 h_e 为

$$h_e = \delta = \sqrt[3]{\left(\frac{9}{16}\frac{F^2}{E^2 r}\right)} \tag{5-9}$$

式中，F 为已加工表面的受力；E 为工件的弹性模量。

因此，通过式（5-9）可以求解出残留高度 h_2 为

$$h_2 = 2r_e\left(1 - \frac{0.33\mathrm{HV}}{\sigma}\right) - \sqrt[3]{\frac{9}{16}\frac{F^2}{E^2 r_e}} \tag{5-10}$$

图 5-26　Talysurf CCI 白光干涉仪

　　将介观几何特征参数作为研究对象，探究其在参与切削时对钛合金已加工表面粗糙度的影响。白光干涉仪具有测量精度高且测量过程中与被测工件为无接触式测量，可以有效避免接触损坏等优点，因此选用白光干涉仪对工件表面进行粗糙度检测。在对工件表面进行乙醇清洗后借助白光干涉仪沿垂直于进给方向对工件表面粗糙度进行测量。白光干涉仪如图 5-26 所示。为使测量数据准确有效，每个试件测量取三个点，对每个测量点测量三次并取平均值。

　　经过白光干涉仪检测的钛合金已加工表面粗糙度结果如表 5-9 所示。对试验结果进行极差分析，研究介观几何特征参数对钛合金铣削加工表面粗糙度的影响程度与影响规律，已加工表面粗糙度极差分析结果如表 5-10 所示。从表中可以看出，钝圆刃口半径极差值最大说明其对已加工表面粗糙度的影响最明显，对工件表面粗糙度影响的主次关系为刃口半径＞微织构直径＞距刃距离＞微织构间距。介观特征对工件表面粗糙度的影响趋势如图 5-27 所示。

表 5-9　钛合金已加工表面糙度测量结果

试验序号	表面粗糙度/μm	试验序号	表面粗糙度/μm	试验序号	表面粗糙度/μm
1	0.2326	10	0.2717	19	0.2575
2	0.2511	11	0.2752	20	0.2588
3	0.2581	12	0.2625	21	0.2959
4	0.274	13	0.231	22	0.3021
5	0.2798	14	0.2537	23	0.2686
6	0.254	15	0.2546	24	0.2431
7	0.2322	16	0.2787	25	0.2569
8	0.225	17	0.262	—	—
9	0.2447	18	0.259	—	—

表 5-10　已加工表面粗糙度极差分析结果

因素/极差值	刃口半径 r_ε/μm	微织构直径 D/μm	微织构间距 L_1/μm	距刃距离 L_2/μm
k_1	0.2591	0.2673	0.2638	0.2534
k_2	0.2455	0.2620	0.2571	0.2551
k_3	0.2554	0.2483	0.2535	0.2569
k_4	0.2632	0.2546	0.2594	0.2631
k_5	0.2733	0.2643	0.2627	0.2679
Δ	0.0278	0.0189	0.0103	0.0145

随着钝圆刃口半径增加，已加工表面粗糙度大体呈先降低后升高的趋势。这是因为：钝圆刃口半径较小时，虽相对锋利但在切削过程中易发生破损，使加工后的工件表面粗糙度较大；钝圆刃口半径增加可以有效提高刀具刃口处的强度，因此刀具不易发生磨损，这使切削工件表面粗糙度不易升高；而钝圆刃口半径过大时，刀具刃口钝化严重，不利于切削层与工件分离形成切屑，对已加工表面产生挤压导致回弹，这使工件表面粗糙度增加。根据滑动摩擦时塑性变形的最大压入理论（徐芝纶，1983）与弹性接触理论（秦海龙等，2019）可以发现，钝圆刃口半径与表层压入深度呈正相关，与弹性变形量呈负相关，而两者之差为表面残留高度，因此钝圆刃口半径越大导致表面残留高度越大，进而影响已加工表面粗糙度。

微织构直径增加使工件表面粗糙度呈先降低后升高的趋势。在微织构直径30～50μm 间粗糙度逐渐降低，这是因为微织构有良好的收集碎屑的能力，从而改善刀工摩擦间的介质，能够减少碎屑在后刀面挤压过程中划伤已加工表面的次数，因此已加工表面粗糙度降低。微织构直径在 50～70μm 间工件表面粗糙度升高，这是因为切削加工过程中已加工表面会发生回弹，与刀具后刀面发生摩擦时，由于后刀面微织构的尺寸变大，微织构凹坑边缘类似切削刃的部分与已加工表面的回弹部分发生摩擦，这使已加工表面粗糙程度加大。

微织构间距增加使已加工表面粗糙度呈先降低后升高的趋势，原因在于微织构虽然有收集碎屑的能力，但微织构间距过小使微织构边缘与已加工表面发生"二次切削"的微织构数量增多，使加工表面粗糙度较高，而增加微织构间距可以有效地改善这一情况；当微织构间距为 175～225μm 时，虽然微织构边缘的"二次切削"情况降低，但微织构改善摩擦的效果也因此下降且影响效果更大，因此已加工表面粗糙度上升。

距刃距离对粗糙度的影响相对最小，距刃距离增加使工件表面粗糙度呈上升趋势，这是因为在工件回弹区域距离刀具刃口附近较近，而距刃距离增加会降低微织构改善摩擦的效果，因此导致已加工表面粗糙度随之升高。

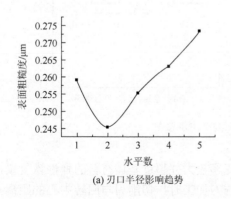

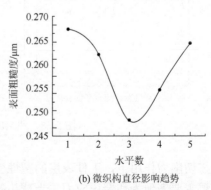

(a) 刃口半径影响趋势　　　　　　　　　　(b) 微织构直径影响趋势

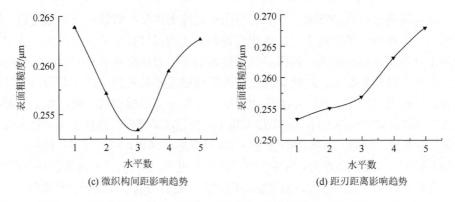

(c) 微织构间距影响趋势　　　　　　　(d) 距刃距离影响趋势

图 5-27　介观特征对工件表面粗糙度的影响趋势

5.6.3　铣削表面残余应力分析

当工件表层中的部分表层材料受到拉伸时，由于受到材料基体的影响，工件表层的材料伸长量减小，减小的伸长相当于材料被压缩而产生残余压应力，由于材料基体在外力的作用下同样发生部分拉伸，因此基体材料产生残余拉应力，如图 5-28（a）所示。反之亦然，当表层金属受到压缩时，在基体材料的阻碍下压缩量被减小，从而相当于表层金属被拉伸形成残余拉应力，基体材料形成残余压应力，如图 5-28（b）所示。研究表明均匀的残余压应力可以有效地提高材料疲劳强度，而残余拉应力过大使已加工表面易形成微裂纹，这种力学因素是导致工件断裂的因素之一（杨东，2017）。

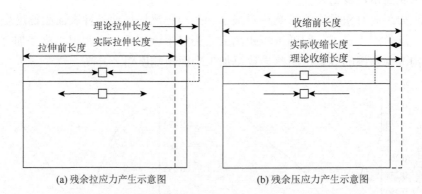

(a) 残余拉应力产生示意图　　　　　　(b) 残余压应力产生示意图

图 5-28　残余应力产生示意图

在切削力作用下，工件表层的塑性变形较大并超过基体材料的弹性恢复量，则表层主要表现为残余压应力。当球头铣刀加工时，切削刃与回转中心的距离不同，因此各点的切削速度不同，这导致切削表面各点受力不同，易产生残余应力；在刀具向前进给时，第一变形区发生塑性变形，材料晶粒被拉长，部分晶粒随刀具继续向前移动，由于钝圆刃口的存在，切削层中会有一部分被刃口挤压变形向后刀面流出形成已加工表面，这一过程中第一变形区的部分材料在刃口与后刀面的作用下发生二次变形，最终已加工表面产生残余应力。此外，由于钛合金材料的弹性模量小，所以在切削过程中材料的回弹量大，导致与后刀面摩擦会相对剧烈，这也是产生残余应力的原因。在切削热的作用下，材料的屈服强度会有一定幅度地降低，由于加工过程是一个温度不断变化的过程，而钛合金的导热性差会出现热量集中现象，表层金属受热后体积发生变化，在里层金属的限制下会有热应力产生，热应力聚集到一定程度将超过材料屈服极限，因此温度差会产生材料塑性变形；当工件冷却至室温后，由于表层材料温度高、收缩量大，基体材料温度相对较低、收缩量小，表层金属收缩被基体材料限制，因此，表层金属残余应力方向与基体相反，表层金属表现出残余拉应力。因此切削过程中产生的残余应力是切削力与切削热共同影响下的结果。

测量残余应力首先需要知道材料应变再根据应力应变关系求解出应力，由于残余应力是属于材料的内部应力，测量大体可以分为接触式与无接触式两种，其中应用最广泛也是最成熟的一种无接触方法为 X 射线衍射法。对 X 射线衍射仪进行参数调整，更换辐射靶为 Cu Kα，电压设置为 25kV，电流设置为 5.5mA，入射角为 $0°\sim45°$，2θ 起始扫描角为 $148°$，终止扫描角为 $163°$，扫描步距为 $0.2°$，射线照射时间为 15s，选取衍射晶面为 $(1, 1, 0)$，光斑照射面积为半径 2mm 以内的区域，选取四个 ψ，得到不同衍射线的 2θ 值，为 $\sin^2\psi$ 的斜率，并确定应力值。

测量残余应力的 X 射线衍射仪如图 5-29 所示，测量钛合金工件之前先用酒精对已加工表面擦拭以去除表面杂物，再将其放置于载物台上逐一对铣削表面沿刀具进给方向平均选取 3 个点进行测量（图 5-30），获得每个测量点处 σ_x 与 σ_y 两方向的残余应力数值。

图 5-29　测量残余应力的 X 射线衍射仪

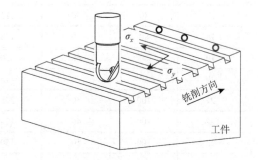

图 5-30　应力测量方式

对已加工表面测量的残余应力取平均值作为最终结果，探究钝圆刃口半径与后刀面微织构参数变化对钛合金铣削表面残余应力的影响情况，测量结果记录在表 5-11 中，介观几何特征对已加工表面残余应力的极差分析结果见表 5-12。从结果中可以看出，无论是进给方向还是切削方向，两方向的残余应力都为残余压应力，但不同的残余应力的形成是一个切削力、切削热及材料属性变化共同影响的结果，仍需对介观几何特征对其影响情况进行具体分析。

表 5-11　残余应力测量结果

试验序号	刃口半径 r_e/μm	微织构直径 D/μm	微织构间距 L_1/μm	距刃距离 L_2/μm	残余应力 σ_x/MPa	残余应力 σ_y/MPa
1	20	30	125	90	−245.7	−264.7
2	20	40	150	100	−278.7	−227.3
3	20	50	175	110	−200.6	−308.6
4	20	60	200	120	−241.5	−332.2
5	20	70	225	130	−205.8	−287.6
6	40	30	150	110	−165.2	−209.1
7	40	40	175	120	−198.4	−184.7
8	40	50	200	130	−231.6	−307.6
9	40	60	225	90	−242.6	−256.3
10	40	70	125	100	−200.6	−199.2
11	60	30	175	130	−248.9	−249.3
12	60	40	200	90	−210.6	−242.5
13	60	50	225	100	−223.6	−313.9
14	60	60	125	110	−246.9	−291.8
15	60	70	150	120	−316.7	−360.0
16	80	30	200	100	−264.6	−332.9
17	80	40	225	110	−267.5	−290.1
18	80	50	125	120	−301.2	−307.1
19	80	60	150	130	−286.9	−340.2
20	80	70	175	90	−282.3	−437.0
21	100	30	225	120	−316.8	−302.5
22	100	40	125	130	−233.5	−329.7
23	100	50	150	90	−196.6	−343.7
24	100	60	175	100	−197.8	−316.3
25	100	70	200	110	−244.4	−322.9

表 5-12　介观几何特征对已加工表面残余应力的极差分析结果

残余应力/MPa	各水平指标总和	刃口半径 r_e/μm	微织构直径 D/μm	微织构间距 L_1/μm	距刃距离 L_2/μm
σ_x	k_1	−234.5	−248.2	−245.6	−235.6
	k_2	−207.7	−237.7	−248.8	−233.1
	k_3	−249.3	−230.7	−225.6	−224.9
	k_4	−280.5	−243.1	−238.5	−274.9
	k_5	−237.8	−250.0	−251.3	−241.3
	$\varDelta$	72.8	19.2	25.7	50.0
σ_y	k_1	−284.1	−271.7	−278.5	−308.8
	k_2	−231.4	−254.9	−296.1	−277.9
	k_3	−291.5	−316.2	−299.2	−284.5
	k_4	−341.5	−307.4	−307.6	−297.3
	k_5	−323.0	−321.3	−290.1	−302.9
	$\varDelta$	110.1	66.5	29.1	30.9

如图 5-31 所示，介观几何特征对工件表面残余应力影响显著，其中钝圆刃口半径对残余应力影响最大，且工件表面残余应力均为压应力。随着钝圆刃口半径增大，残余压应力呈现先增大后减小再增大的变化趋势。原因是钝圆刃口半径增大时，切削层中有更多材料经刃口挤压发生塑性变形。当钝圆刃口半径增至 100μm 时，残余应力值下降。这是因为刃口对材料挤压严重，使工件表面温度显著上升，而钛合金导热性差、基体材料温度相对较低。切削完成后，已加工表面开始冷却，温度差导致已加工表面收缩量大于基体材料收缩量，其收缩被基体材料限制。在温度作用下，刃口对表面的压应力影响程度小于热应力影响程度，从而导致工件表面残余压应力降低。

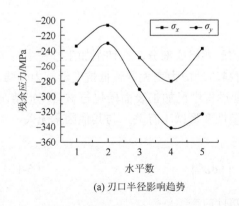

(a) 刃口半径影响趋势

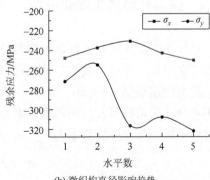

(b) 微织构直径影响趋势

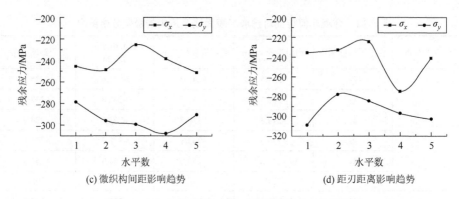

(c) 微织构间距影响趋势   (d) 距刃距离影响趋势

图 5-31   介观几何特征对工件表面残余应力的影响

微织构直径增加使工件表面残余应力大体呈先降低后升高的趋势，微织构直径在 30～50μm 时，微织构可以捕获碎屑改善刀工接触情况，因此残余应力逐渐降低；在 50～70μm 时，更大的微织构直径虽然有利于缓解后刀面摩擦产生的热量，但随着微织构直径增加，微织构边缘对已加工表面回弹部分及变形区域进行摩擦甚至与加工表面产生二次切削，这使工件表面应力增加，因此工件表面残余压应力逐渐增加。

随着微织构距刃距离增加，工件表面残余应力先小幅减小后增加，这是因为：后刀面微织构可以通过捕获碎屑从而改善刀工接触的摩擦情况，合适的距刃距离可以减少后刀面对已加工的挤压摩擦并降低工件表面的温度；随着距刃距离增加，微织构的影响逐渐减小，使刀具后刀面与加工表面摩擦加大，导致残余应力逐渐增加。微织构间距的影响相对较小，结合仿真分析的微织构间距对已加工表面温度的影响发现，合适的微织构间距使已加工表面温度降低从而减少温度对已加工表面残余应力的影响。

5.6.4   铣削表面加工硬化分析

已加工表面硬化是工件表面完整性的重要组成部分，在切削加工过程中，工件表层在刀具的作用下发生塑性变形，材料流动应力变大导致抵抗变形能力变强，因此表面硬度提高（Segal，1995）。切削过程中已加工表面硬化与材料变形情况密不可分，无论材料发生何种变形都与塑性变形做工有关，与其他因素无关，此时材料的流动应力可以表示为

$$\sigma_m = H_f \left(\int \mathrm{d}\varepsilon^p \right) \tag{5-11}$$

式中，H_f 为材料硬化系数；ε^p 为材料的塑性应变。

硬化系数 H_f 表示流动应力函数的变化速率，可以表示为

$$H_f = \frac{\partial H}{\partial \left(\int d\varepsilon^p \right)} = \frac{d\sigma_m}{d\varepsilon^p} \qquad (5\text{-}12)$$

根据兰贝格-奥斯古德（Ramberg-Osgood）本构中的应力-应变关系公式可以推导出硬化系数与流动应力的关系为

$$\varepsilon = \frac{\sigma_m}{E}\left[1 + \alpha \left(\frac{\sigma_m}{\sigma_s} \right)^{l-1} \right] \qquad (5\text{-}13)$$

$$H_f = \frac{d\sigma_m}{d\varepsilon^p} = \frac{E}{l\alpha}\left(\frac{\sigma_s}{\sigma_m} \right) \qquad (5\text{-}14)$$

式中，α、l 为常数，对于不同的 l 值有不同的应力-应变曲线。

在切削过程中，材料变形导致其应变率提高并出现材料硬化现象，且表面硬化会对材料性能产生一定影响。根据材料的变形程度与硬化程度关系曲线可以看出，随着变形程度提高，材料硬度线性增大，但到一定程度后塑性变形做功将能量转化为热能，导致温度与应变率提高、材料被软化，此时硬度降低、变形能力减小。因此，对介观几何特征刀具切削加工后的钛合金工件表面硬度进行测量，研究钝圆刃口、微织构参数对工件表面加工硬化的影响。

金属材料维氏硬度试验的国际标准中规定，负荷小于 0.2kgf（1.961N）的静力压入试验样品的试验为显微硬度试验。为符合试验设定将施加载荷调整为 1.961N。机器设定加压与卸载时间均为 12s，保压时间为 15s，平均每个工件测量 5 个位置。通过显微硬度计算公式计算被测材料的显微硬度，维氏显微硬度仪如图 5-32 所示，显微镜下工件表面压痕如图 5-33 所示。

图 5-32　维氏显微硬度仪

图 5-33　显微镜下工件表面压痕

对铣削钛合金工件表面硬度进行测量，测量数据见表 5-13，极差分析计算结果见表 5-14。对正交试验结果进行极差分析发现，钝圆刃口半径与微织构直径的极

差值较高，说明钝圆刃口半径与微织构直径的变化对工件表面显微硬度影响最明显，影响显微硬度的主次关系为微织构直径＞刃口半径＞距刃距离＞微织构间距。

表 5-13　介观几何特征球头铣刀铣削工件表面硬度数据

试件序号	刃口半径 r_e/μm	微织构直径 D/μm	间距 L_1/μm	距刃距离 L_2/μm	显微硬度 HV/(kgf/mm^2)
1	20	30	125	90	372.2
2	20	40	150	100	355.8
3	20	50	175	110	343.0
4	20	60	200	120	371.8
5	20	70	225	130	407.8
6	40	30	150	110	323.5
7	40	40	175	120	325.5
8	40	50	200	130	352.3
9	40	60	225	90	323.9
10	40	70	125	100	328.3
11	60	30	175	130	334.4
12	60	40	200	90	317.3
13	60	50	225	100	330.5
14	60	60	125	110	387.3
15	60	70	150	120	356.2
16	80	30	200	100	340.6
17	80	40	225	110	330.6
18	80	50	125	120	310.1
19	80	60	150	130	372.3
20	80	70	175	90	384.4
21	100	30	225	120	384.4
22	100	40	125	130	330.9
23	100	50	150	90	346.5
24	100	60	175	100	376.8
25	100	70	200	110	387.3

表 5-14　工件表面硬度极差分析

因素/极差值	刃口半径 r_e/μm	微织构直径 D/μm	微织构间距 L_1/μm	距刃距离 L_2/μm
k_1	370.12	351.02	345.76	348.86
k_2	330.70	332.02	350.86	346.40
k_3	345.14	336.48	352.82	354.34
k_4	347.60	366.42	353.86	349.60
k_5	365.18	372.80	355.44	359.54
Δ	39.42	40.78	9.68	13.14

图 5-34 展示了四因素五水平下的显微硬度变化曲线。从图中可以明显看出，钝圆刃口半径和微织构直径是影响加工表面硬化的主要因素。随着钝圆刃口半径增加，钛合金工件表面硬度呈现先降低后升高的趋势。当钝圆刃口半径较小时，虽然刃口相对锋利，但刃口处的强度也随之降低。这使刃口在切削过程中更容易磨损，并且会使已加工表面产生熨压效果，从而导致表面硬度增大。随着钝圆刃口半径增大，刃口强度得以提高。但是，当钝圆刃口半径过大时，反而会使已加工表面硬度增大。这是因为在切削过程中，对于具有较大钝圆刃口半径的刀具，其工件切削层的更多部分受到挤压，而不是与工件分离形成切屑。钝圆刃口半径越大，切削层受到的挤压越严重，回弹效果越不明显。此外，根据对铣削区域表面温度的分析可以看出，铣削温度受钝圆刃口半径的影响最大，并且随着刃口半径增加呈上升趋势。在这种情况下，材料变形会随着刃口尺寸增加，进而导致硬化程度提高。这是因为随着被加工材料的塑性变形加大，大部分能量转化为热量，进而材料的应变率提高，最终工件表面切削区域发生硬化。

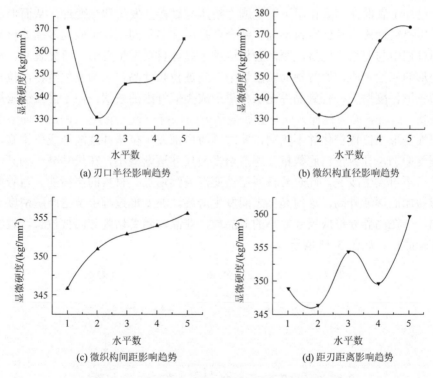

(a) 刃口半径影响趋势　　　　　　　(b) 微织构直径影响趋势

(c) 微织构间距影响趋势　　　　　　(d) 距刀距离影响趋势

图 5-34　介观几何特征对工件表面显微硬度影响

随着微织构直径增加，已加工表面硬度呈现先小幅降低后迅速升高的趋势，且已加工表面硬度随着微织构直径减小逐渐降低，这是因为在切削过程中随着切削层金属发生塑性变形，已加工表面会有较硬的细小颗粒析出，而球头铣刀后刀面与已加工表面发生摩擦时后刀面微织构会与析出的细小颗粒发生摩擦，在切削过程中微织构的边缘会起到类似于切削刃的作用，对已加工表面的硬质点进行切削并减少其对后刀面的磨损情况，在微织构直径逐渐增加的过程中硬质点的减少可以降低已加工表面的硬度。随着微织构直径逐渐增大，已加工表面硬度也升高，这是因为直径增加会导致已加工表面温度升高并提高材料的应变率，使硬质颗粒析出增多进而增加了已加工表面的显微硬度。微织构间距与距刃距离对已加工表面显微硬度的影响相对来说较小，从微织构间距与距刃距离对显微硬度的影响趋势图可以看出，随着二者增加，对显微硬度的影响大体呈正相关，原因是微织构间距与距刃距离的变大导致微织构在后刀面的数量相对减少，后刀面与已加工表面接触面积相对增多，使刀工接触中刀具对工件的挤压情况加剧并产生较多热量，导致已加工表面硬度变大。

5.6.5　铣削表面变质层分析

已加工表面在刀具作用下发生剧烈挤压与摩擦并发生塑性变形，从而形成的变质层材料性质与基体材料不同。钛合金是由许多不同晶粒组成的多晶体材料，切削过程中与刀具产生挤压摩擦会使这种多晶材料发生变形。研究表明，在材料变形的初始阶段，原等轴晶粒沿切削方向被拉长使晶粒之间发生滑移，拉长程度随变形程度增加，直到晶界无法分辨形成类似纤维的条状，由于晶粒被延展成细条状，此时各晶粒延伸方向与金属变形方向保持一致（余俊，2018）。而各晶粒在塑性变形中位置变化并不相同，此时晶粒内部发生位错并逐渐形成位错胞，变形程度增加，导致位错胞数量会逐渐增多而尺寸逐渐减小，在尺寸减小到某一临界值后不再发生改变，此时若材料塑性变形继续增加，材料的层错能会随着塑性变形增加而逐渐升高，这使晶界之间发生滑移，在变形过程中位错胞壁密度不断增加，会在晶界处形成尺寸较小的亚晶粒，亚晶粒随着切削方向被拉长，最终形成等轴晶粒，如图 5-35 所示。

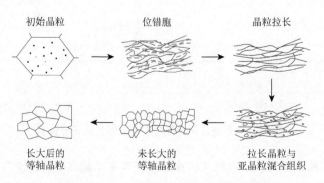

图 5-35　加工过程中显微结构变化过程

　　为了方便对介观几何特征刀具切削后的已加工表面变质层进行观测，将加工后的钛合金工件借助慢走丝线切割机进行切割。切割过程中电火花放电会导致表面强化，因此需要对工件表面用不同粒度的砂纸进行打磨，再用专用金相砂纸进行研磨，最后借助抛光机进行表面抛光，方便对钛合金已加工表层进行酸蚀。将处理好的试件放入扫描电镜中并倾斜 30° 以便对工件表面及表层进行观测。试件制作过程及观测所用扫描电镜设备如图 5-36 所示。不同介观几何特征作用下工件变质层如图 5-37 所示。

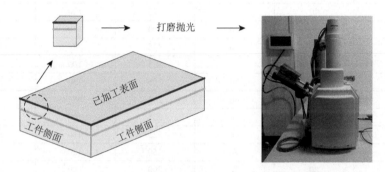

图 5-36　试件制作过程及观测所用扫描电镜设备

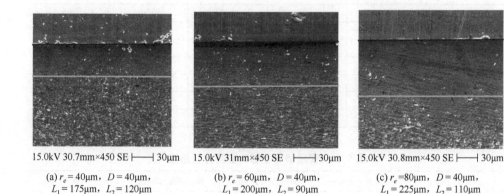

15.0kV 30.7mm×450 SE ⊢——⊣ 30μm　　15.0kV 31mm×450 SE ⊢——⊣ 30μm　　15.0kV 30.8mm×450 SE ⊢——⊣ 30μm

(a) $r_e = 40\mu m$，$D = 40\mu m$，　　(b) $r_e = 60\mu m$，$D = 40\mu m$，　　(c) $r_e = 80\mu m$，$D = 40\mu m$，
$L_1 = 175\mu m$，$L_2 = 120\mu m$　　　$L_1 = 200\mu m$，$L_2 = 90\mu m$　　　$L_1 = 225\mu m$，$L_2 = 110\mu m$

图 5-37　不同介观几何特征作用下工件变质层

　　借助扫描电子显微镜（scanning electron microscope，SEM）对工件变质层进行显微观测，以此探究钛合金在介观几何特征影响下的变质层厚度与微观组织结构。对工件变质层厚度进行多次测量后取平均值，探究介观几何特征对已加工表面变质层厚度的影响情况，同时通过极差分析研究钝圆刃口半径及微织构参数对变质层厚度的影响规律。介观几何特征对变质层厚度影响结果见表 5-15，变质层厚度影响极差分析结果见表 5-16。

表 5-15 介观几何特征对变质层厚度影响结果

试件序号	刃口半径 r_e/μm	微坑直径 D/μm	微坑间距 L_1/μm	距刃距离 L_2/μm	变质层厚度 Th/μm
1	20	30	125	90	91
2	20	40	150	100	80
3	20	50	175	110	76
4	20	60	200	120	93
5	20	70	225	130	105
6	40	30	150	110	90
7	40	40	175	120	87
8	40	50	200	130	105
9	40	60	225	90	111
10	40	70	125	100	133
11	60	30	175	130	146
12	60	40	200	90	116
13	60	50	225	100	142
14	60	60	125	110	131
15	60	70	150	120	150
16	80	30	200	100	161
17	80	40	225	110	143
18	80	50	125	120	170
19	80	60	150	130	200
20	80	70	175	90	207
21	100	30	225	120	196
22	100	40	125	130	206
23	100	50	150	90	190
24	100	60	175	100	185
25	100	70	200	110	201

表 5-16 变质层厚度影响极差分析结果

因素/极差值	刃口半径 r_e/μm	微坑直径 D/μm	微坑间距 L_1/μm	距刃距离 L_2/μm
k_1	89.0	136.8	146.2	143.0
k_2	105.2	126.4	142.0	140.2
k_3	137.0	136.6	140.2	128.2
k_4	176.2	144.0	135.2	139.2
k_5	195.6	159.2	139.4	152.4
Δ	106.6	32.8	11.0	24.2

从统计结果中可以看出，钝圆刃口半径对变质层厚度影响最大，其次是微织构直径，微织构间距的影响较小。从图 5-38 中可以看出，钝圆刃口半径与变质层

厚度为正相关且为主要影响因素，结合刀-工接触区域温度可以说明温度升高后工件表层变质层变深。钛合金切削过程中积热现象明显，工件表层温度高且在切削过程中不断受力，工件表层材料晶粒沿晶界面开始滑移，导致晶粒内部发生位错形成位错胞并沿晶界间的滑移面运动而使材料发生塑性变形。随着切削过程继续进行，温度升高导致晶格间摩擦力降低，表层温度影响范围内的材料先后发生位错形成变质层，变形层中与基体相连的材料变形受基体的影响，晶粒拉长现象不明显而呈现网格状，因此变质层厚度随着钝圆刃口半径增加而变厚。

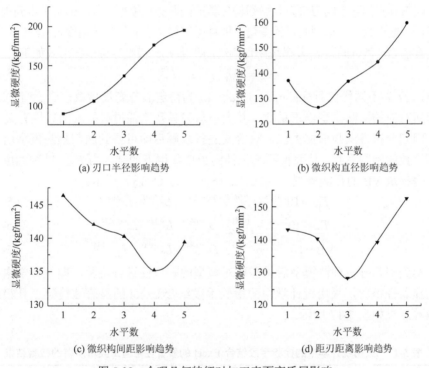

图 5-38　介观几何特征对加工表面变质层影响

微织构直径增大使变质层厚度呈现先降低后升高的趋势。当微织构直径较小时，其边缘在收集碎屑的同时，不易与已加工表面发生刮擦，从而能够较好地改善刀具与工件之间的接触状况；然而，当微织构直径增加到一定程度时，材料在刀具作用下发生塑性变形并与后刀面发生挤压，导致微织构边缘与塑性变形材料之间产生摩擦。这种摩擦会使工件表面温度升高，进而使材料晶粒更容易被拉长，最终导致变质层厚度增加。微织构间距和距刃距离对变质层的影响相对较小，但其影响趋势与微织构直径类似。当距刃距离较小时，微织构的热影响区靠近刃口，容易对刃口强度产生影响，进而降低刀具的使用寿命。在这种情况下，工件材料受温度影响，晶格间更容易发生位错，从而对变质层产生一定影响。

5.7　基于支持向量回归机的球头铣刀介观几何特征参数优化

5.7.1　基于支持向量回归机的回归模型计算

首先，利用支持向量回归机算法对球头铣刀介观几何特征参数进行优化，算法参数与前文相同。得到优化后的铣削力、铣削温度、刀具磨损量及工件表面粗糙度后，利用回归分析得到不同刃口刀具微织构参数的回归分析模型。本书选取了不同刃口与微织构参数作为优化模型的设计变量，即钝圆刃口半径 r_ε、倒棱角度 τ、倒棱宽度 b、微坑直径 D、微坑间距 L_1 及微坑距切削刃的距离 L_2。模型目标函数形式如下：

$$\Pi = C_1 r_\varepsilon^{a_1} D^{a_2} L_1^{a_3} L_2^{a_4} \tag{5-15}$$

式中，Π 为不同优化目标；a_1、a_2、a_3、a_4 为待定的各变量指数；C_1 为不同评价指标所对应的回归模型修正系数，其大小与刀具及工件材料的表面属性有关。

回归分析方法与前文类似，对等式进行求解后即可得到回归预测模型所对应的各参数的回归系数，从而得到基于钝圆刃口作用下的铣削力 $F_铣$、铣削温度 $T_铣$、刀具磨损量 VB 的预测模型，如式（5-16）～式（5-18）所示。

$$F_铣 = 10^{2.1695} \cdot r_\varepsilon^{0.0405} \cdot D^{-0.0326} \cdot L_1^{0.0645} \cdot L_2^{0.0316} \tag{5-16}$$

$$T_铣 = 10^{2.0386} \cdot r_\varepsilon^{0.0813} \cdot D^{-0.0623} \cdot L_1^{0.126} \cdot L_2^{-0.0234} \tag{5-17}$$

$$VB = 10^{3.036} \cdot r_\varepsilon^{-0.0439} \cdot D^{-0.0849} \cdot L_1^{-0.0687} \cdot L_2^{-0.164} \tag{5-18}$$

得到回归分析预测模型后仍需要对模型的有效性进行检验，即统计学中的模型的显著性检验，采用统计学中的检验手段结合 Excel 的显著性检验工具箱所得的检验结果如表 5-17 所示。

表 5-17　采用统计学中的检验手段结合 Excel 的显著性检验工具箱所得的检验结果

不同优化目标	方差来源	平方和 SS	自由度 df	均方 MS	统计量 F	P
铣削力 $F_铣$/N	因素 $F_{铣1}$	1210.05	4	302.51	137.26	3.06×10^{-14}
	残差	44.08	20	2.20	—	—
	总计	1254.13	24	—	—	—
铣削温度 $T_铣$ /℃	因素 $T_{铣1}$	3172.37	4	793.09	141.64	2.26×10^{-14}
	残差	111.98	20	5.60	—	—
	总计	3284.35	24	—	—	—
刀具磨损量 VB/μm	因素 VB_1	2257.38	4	564.34	161.52	6.37×10^{-15}
	残差	69.88	20	3.49	—	—
	总计	2327.26	24	—	—	—

表 5-17 中列出了预测模型显著性检验所需的几个参数，其中试验次数 25，自变量个数 4，预测模型所对应的显著性水平为 0.05，在这个前提下需要结合 F 检验中的上限估计值来判定预测模型是否显著。此处查表可得，所对应的上限估计值 $F_{0.95}(m, n-m-1) = F_{0.95}(4, 20) = 2.87$。当模型所对应的统计量 F 大于 2.866 且 P 值小于 0.05 时，表明预测模型是显著的。由表 5-17 可得，四个预测模型所对应的 F 及 P 值均满足要求，因此所得模型都是显著的。

钝圆刃口刀具表面完整性的回归结果为式（5-19）～式（5-22），预测模型的显著性检验见表 5-18。

$$Ra = 73.4532 r_e^{0.0369} D^{-0.02} L_1^{0.0541} L_2^{0.1962} / 1000 \tag{5-19}$$

$$\sigma_x = -403.14 r_\varepsilon^{0.0678} D^{-0.1007} L_1^{-0.2585} L_2^{-0.0525} \tag{5-20}$$
$$\sigma_y = -30.48 r_\varepsilon^{0.1771} D^{0.1841} L_1^{0.0101} L_2^{0.1616}$$

$$\text{HV} = 175.7 r_\varepsilon^{-0.0015} D^{0.1098} L_1^{0.0036} L_2^{0.0551} \tag{5-21}$$

$$\text{Th} = 10.0103 r_\varepsilon^{0.5034} D^{0.1409} L_1^{-0.0993} L_2^{0.1184} \tag{5-22}$$

表 5-18　工件表层特征预测模型的显著性检验结果

目标	方差来源	自由度 df	平方和 SS	均方 MS	统计量 F	P
Ra	回归分析	4	5.90×10^{-3}	1.48×10^{-3}	20.96	6.3704×10^{-7}
	残差	20	1.41×10^{-3}	7.04×10^{-5}	—	—
	总计	24	7.31×10^{-3}	—	—	—
σ_x	回归分析	4	1.16×10^{-2}	2.91×10^{-3}	17.11	3.06×10^{-6}
	残差	20	3.40×10^{-3}	1.70×10^{-4}	—	—
	总计	24	1.51×10^{-2}	—	—	—
σ_y	回归分析	4	6.42×10^{-2}	1.60×10^{-2}	23.14	2.89×10^{-7}
	残差	20	1.39×10^{-2}	6.93×10^{-4}	—	—
	总计	24	7.81×10^{-2}	—	—	—
HV	回归分析	4	5.34×10^{-3}	1.34×10^{-3}	14.60	9.86×10^{-6}
	残差	20	1.83×10^{-3}	9.15×10^{-5}	—	—
	总计	24	7.17×10^{-3}	—	—	—
Th	回归分析	4	3.95×10^{-1}	9.89×10^{-2}	27.48	7.06×10^{-8}
	残差	20	7.19×10^{-2}	3.60×10^{-3}	—	—
	总计	24	4.67×10^{-1}	—	—	—

通过表 5-18 中的总体自由度、统计数据、临界显著性水平可以验证回归模型的显著性，组间自由度 m 为 4，组内自由度为 20，总计自由度 n 为 24，由于研究样本数量较少，为提高统计效力将显著性水平提高到 0.05。根据数据结果可以看出，P 值远小于有效水平 0.05，通过查 F 检验临界值表可以得出 $F_{0.05}(m, n-m-1) = F_{0.05}(4, 20) = 2.866$，统计量 F 实际值均大于 2.895，可以判断显著性差异存在，关于介观几何特征参数变化的表面完整性回归模型显著，说明所拟合的回归方程较优。

5.7.2　粒子群优化算法

粒子群优化算法（particle swarm optimization algorithm，PSOA）又称鸟类觅食算法，是通过将鸟群觅食行为进行延伸而发展起来的一种基于群体协同合作的随机搜索优化算法。鸟类觅食时能够利用自身经验、信息共享和协同合作搜寻食物，粒子群算法就是将这种鸟类捕食行为数字化并将其应用于问题优化。因此在某个区域内寻找相关函数的最值即可看作鸟群的觅食行为，将区域内的各个坐标点比作鸟（粒子），每个粒子仅具有两个属性——速度和位置，速度代表移动的快慢，位置代表移动方向。还存在一个与目标函数相关的适应度值，在迭代过程中每个粒子能够根据自身的当前最优结果和整个粒子群的每个粒子的当前最优结果来调整自己的速度与位置。

假设鸟群搜索的区域是一个多维空间（M 维）且群体中有 N 个粒子，第 i 个粒子的位置与速度可以用向量 X_i 与 V_i 表示：

$$X_i = (x_{i1}, x_{i2}, \cdots, x_{iM}), \quad i = 1, 2, \cdots, N \tag{5-23}$$

$$V_i = (v_{i1}, v_{i2}, \cdots, v_{iM}), \quad i = 1, 2, \cdots, N \tag{5-24}$$

将某一个粒子目前搜索到的局部最优位置作为个体极值（personal best），记为 P_{best}，整个粒子群体目前搜索到的最优位置为全局极值（global best），记为 P_g：

$$P_{\text{best}} = (p_{i1}, p_{i2}, \cdots, p_{iM}), \quad i = 1, 2, \cdots, N \tag{5-25}$$

$$P_g = (p_{g1}, p_{g2}, \cdots, p_{gM}) \tag{5-26}$$

粒子群算法初始为一群随机粒子，然后通过不断迭代在目标空间找寻最优解。在每一次的迭代中，粒子通过跟踪两个极值来更新自己的速度和位置，即个体极值与全局极值，迭代过程如式（5-27）与式（5-28）所示：

$$v_{im}(k+1) = \omega\, v_{im}(k) + c_1 r_1 [p_{im}(k) - x_{im}(k)] + c_2 r_2 [p_{gm}(k) - x_{gm}(k)] \tag{5-27}$$

$$x_{im}(k+1) = x_{im}(k) + v_{im}(k+1) \tag{5-28}$$

式中，ω 为惯性因子；c_1 为局部搜索能力因子；c_2 为全局搜索能力因子；r_1、r_2 是区间 [0, 1] 上均匀分布的随机数；$k = 1, 2, \cdots, T$ 为迭代序号，T 为预先设定的最大迭代次数；$i = 1, 2, \cdots, N$ 为粒子序号；$m = 1, 2, \cdots, M$ 为维度序号。

式（5-27）为迭代后的速度计算公式，此部分可由社会学角度的三部分组成：

第一部分是惯性项（记忆项），反映粒子的运动习惯，表示上次速度大小和方向对当前粒子的影响，表示粒子有保持先前速度的趋势；第二部分是自身认知项，反映粒子的动作取决于自身经验，表示粒子会向自己先前最优位置运动的趋势；第三部分是社会认知项，反映粒子间的协同合作与信息共享，表示粒子会朝群体历史最优位置运动的趋势。式（5-28）为迭代后粒子的位置计算公式，通过粒子历史位置与当前粒子速度调整当前位置。

粒子群算法计算具体流程见图 5-39（王虎等，2017）。

（1）初始化粒子群，设定相关因子参数并随机分配初始粒子的速度与位置，设置粒子群体规模 M。

（2）计算群体内每个粒子的适应度。

（3）对于单个粒子，将其目前适应度值与自身历史最优位置 P_{best} 的适应度值进行对比，选取更优的适应度值对应的位置作为当前位置 P_{best}。

（4）对于单个粒子，将其目前适应度值与全局历史最优位置 P_{g} 的适应度值进行对比，选取更优的适应度值对应的位置作为当前位置 P_{g}。

（5）根据式（5-27）与式（5-28）不断更新迭代粒子当前速度与位置。

（6）若达到最优适应度值不发生变化或迭代次数达到初始设定的最大迭代次数 T_{max}，则终止计算并输出当前最优结果。

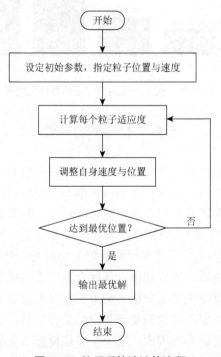

图 5-39　粒子群算法计算流程

为了进一步优化介观几何特征的参数选取范围，提高算法的精准度，现将铣削试验中所得的各评价指标对应的参数选取范围作为算法的约束条件。钝圆刃口后刀面微织构参数针对刀具的切削性能与工件表面完整性的优化约束条件是：$20\mu m \leqslant$钝圆刃口半径 $r_e \leqslant 80\mu m$；$30\mu m \leqslant$微织构直径 $D \leqslant 60\mu m$；$125\mu m \leqslant$微织构间距 $L_1 \leqslant 200\mu m$；$90\mu m \leqslant$微织构距刃距离 $L_2 \leqslant 130\mu m$。

参数模型优化结果如下所示。以铣削力、铣削温度、后刀面磨损量及工件表面完整性为综合评价指标，依据计算得到的回归模型进行粒子群算法求解方程的编写并寻找方程的最优解，通过调试算法中的参数优化求解过程。为保证运算结果的准确性，需对粒子群优化算法参数进行设置，其中局部搜索能力因子 $c_1 = 2.31$，全局搜索能力因子 $c_2 = 1.67$，种群数量 $N = 20$，最大迭代次数 $T = 100$，粒子速度范围 V 在 $[-1, 1]$ 上，惯性因子 $\omega = 0.8$。刀具介观几何特征参数优化结果如图 5-40 所示。钝圆刃口半径 $r_e = 31.97\mu m$，微织构直径 $D = 46.77\mu m$，微织构间距 $L_1 = 136.98\mu m$，距刃距离 $L_2 = 96.88\mu m$。

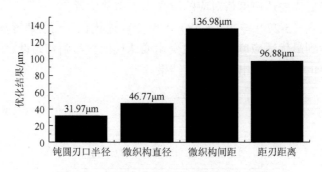

图 5-40　刀具介观几何特征参数优化结果

5.8　本　章　小　结

本章针对球头铣刀介观几何特征，即钝圆刃口及后刀面微织构对铣削钛合金过程中铣削行为的影响进行研究，分别以铣削力、铣削温度、后刀面磨损量、工件表面完整性为指标来研究介观几何特征对铣削行为的影响。

首先，通过对微织构球头铣刀铣削钛合金理论分析，发现在球头铣刀后刀面制备微织构可以减小刀-工实际接触面积并降低切削力，同时微织构能够对工件表面形成过程中产生的硬质点进行切削，使钛合金的表面质量得到提高；对后刀面置入微织构的刀具进行结构强度分析，结果发现后刀面置入微织构对刀具强度影响不大；对加工表面残留高度模型与产生原因进行分析，揭示影响残余应力产生的机理，研究显微硬度的影响因素，基于位错理论分析变质层的形成理论。微织构球头铣刀铣削钛合金试验研究结果表明，钝圆刃口半径是影响球头铣刀铣削性能的首要因素,其次是微织构间距,而距刃距离对刀具切削性能影响不大;介观几何特征对可以对工件表面完整性有改善作用,钝圆刃口是表面粗糙度、残余应力及变质层厚度的主要影响因素,微织构直径对工件表面显微硬度影响显著,微织构间距对表面完整性影响最小。然后,分别以刀具铣削力、铣削温度与后刀面磨损量及钛合金已加工表面完整性为评价指标,以正交铣削试验优选出的介观几何特征参数为约束条件,建立球头铣刀铣削钛合金的多目标优化模型。利用粒子群算法对回归模型进行优化,优化结果是:钝圆刃口半径 $r_\varepsilon = 31.97\mu m$,微织构直径 $D = 46.77\mu m$,微织构间距 $L_1 = 136.98\mu m$,距刃距离 $L_2 = 96.88\mu m$。

参 考 文 献

崔晓雁. 2016. 微织构球头铣刀铣削钛合金表面质量研究[D]. 哈尔滨:哈尔滨理工大学.

董永旺. 2013. 模具钢多轴球头铣削过程几何及表面形貌研究[D]. 济南:山东大学.

秦海龙,张瑞尧,毕中南,等. 2019. GH4169 合金圆盘时效过程残余应力的演化规律研究[J]. 金属学报,(8):997-1007.

佟欣. 2019. 球头铣刀微织构精准分布设计及其参数优化研究[D]. 哈尔滨:哈尔滨理工大学.

王虎,刘佩松,叶润章,等. 2017. 基于 PSO-BP 神经网络的刀具寿命预测[J]. 现代制造技术与装备,(11):53-54,60.

徐芝纶. 1983. 弹性力学简明教程[M]. 2 版. 北京:高等教育出版社.

杨东. 2017. 基于长疲劳寿命的钛合金 Ti6Al4V 铣削加工表面完整性研究[D]. 济南:山东大学.

余俊. 2018. 基于 MTConnect 的数控机床网络监测及能耗建模研究[D]. 武汉:华中科技大学.

曾泉人,刘更,刘岚. 2010. 机械加工零件表面完整性表征模型研究[J]. 中国机械工程,21(24):2995-2999.

Jr. Giardina R,Wei D M. 2021. Ramberg-Osgood material behavior expression and large deflections of Euler beams[J]. Mathematics and Mechanics of Solids,26(2):179-198.

Segal V M. 1995. Materials processing by simple shear[J]. Materials Science and Engineering A,197(2):157-164.

第6章 变分布密度微织构球头铣刀抗磨减摩机理及切削性能研究

本章以微织构球头铣刀为切入点，结合摩擦理论，对变分布密度硬质合金球头铣刀表面微织构进行设计；通过理论分析与试验相结合的方法，研究变分布密度微织构球头铣刀抗磨减摩机理；进一步分析变分布密度微织构对钛合金已加工工件表面质量的影响规律，探究在改变分布密度情况下刀具铣削性能的改善情况；基于模糊评价法，建立变分布密度微织构球头铣刀切削性能的评价体系，得到该评价下最优的微织构分布参数。

6.1 球头铣刀前刀面微织构变分布密度模型建立

微织构的置入区域对微织构的作用起到至关重要的作用，因此，为了能从理论上揭示刀具前刀面微织构置入后的抗磨减摩机理，需要建立刀-屑接触区域摩擦系数模型；依据摩擦接触形式，对刀-屑接触区域进行确定及划分，建立刀-屑接触区域内微织构变分布密度模型，从而实现硬质合金球头铣刀的准确制备，保证后续研究的准确性。

6.1.1 球头铣刀前刀面微织构置入位置设计

在刀-屑接触区域内，摩擦力主要由两部分构成：第一部分是工件表面受到剪切破坏时表现出来的抗剪力，其大小等于抗剪强度与实际刀-屑接触面积的乘积；第二部分是犁耕力，其大小等于刀具切削较软的被加工材料时，切屑流经硬度较高的刀具表面的凸峰时产生的阻力（杨树财等，2015）。图 6-1 为切屑与刀具前刀面摩擦情况示意图。

由图 6-1 中可知，由于法应力的分布不均匀，在刀-屑接触长度方向上存在两种类型的接触，因此，将刀-屑接触区域分为粘结区和滑动区两部分。在粘结区上刀具与切屑为紧密型接触，其摩擦类型为内摩擦，不服从古典摩擦法则。粘结区内各点的摩擦系数为

$$\mu_1 = \frac{\tau_s}{\sigma(x)} \qquad (6\text{-}1)$$

式中，τ_s 为材料的剪切屈服强度；$\sigma(x)$ 为滑动摩擦区所受到的正应力，x 为刀具和切屑接触区域内任意点与刀尖之间的距离。由式（6-1）可知，粘结区的摩擦系数是变量，距离切削刀越远，摩擦系数越大，最大值为 μ。

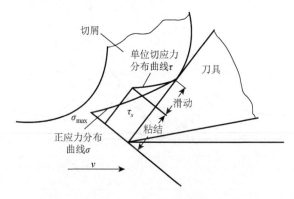

图 6-1　切屑与刀具前刀面摩擦情况示意图

滑动区上刀具与切屑接触类型为峰点型接触，其摩擦类型为干摩擦，因此其摩擦形式为滑动摩擦，服从古典摩擦法则，各点的摩擦系数相等，且为常数，不同摩擦接触类型示意图如图 6-2 所示。滑动区的摩擦系数为

$$\mu = \frac{F_t}{F_n} = \frac{\tau_s \cdot A_r}{F_n} = \frac{\tau_s \cdot \dfrac{F_n}{\sigma_s}}{F_n} = \frac{\tau_s}{\sigma_s} \qquad (6\text{-}2)$$

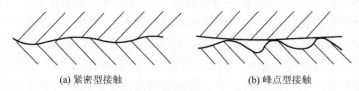

(a) 紧密型接触　　　　　　　　　　　(b) 峰点型接触

图 6-2　不同摩擦接触类型示意图

在刀-屑接触区域进行微织构分布密度设计时，应当充分地考虑到刀-屑接触区域内摩擦形式及前刀面所受到的应力作用，以充分地发挥微织构的抗磨减摩作用，改善钛合金的加工现状，提高工件加工质量。

如图 6-3 所示，假设刀具前刀面与剪切面上有均匀应力，且方向与合力 F_r 方向一致，则由图中 A 点引平行于合力 F_r 方向的直线，交前刀面于 B 点，在 BA 平面上无交互力作用，则 B 点为切屑与前刀面的理论分离点，因此，理论刀-屑接触长度为

$$l_{f_0} = \frac{a_c \sin(\phi + \beta - \gamma_0)}{\sin\phi\cos\beta} \tag{6-3}$$

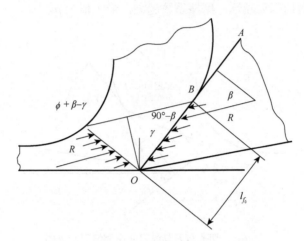

图 6-3　刀-屑接触长度

由于在实际中剪切面与前刀面之间的受力并不均匀，实际接触长度要大于理论接触长度值，实际值约等于理论值的 2 倍，因此实际刀-屑接触长度应为

$$l_f \approx 2l_{f_0} = k_m \frac{a_c \sin(\phi + \beta - \gamma_0)}{\sin\phi\cos\beta} \tag{6-4}$$

紧密型刀-屑接触长度与实际总刀-屑接触长度比值在一定范围内，通常为 $1/2 \sim 3/4$。

由上述可知，将刀-屑接触区域分成两个不同区域，如图 6-4 所示。刀具前刀面不同部分位置在铣削过程中与切屑的接触形式不同，因此，在进行刀具微织构分布设计时，微织构分布的密集程度也不相同。如图 6-5 所示，不同织构分布参数对于刀具切削性能存在影响，因此，需要建立微织构在刀具前刀面的分布模型，确定两区域内每一个微织构的位置，实现微织构分布形式的准确设计。

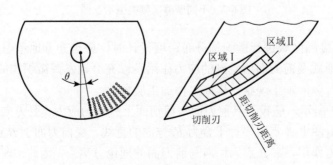

图 6-4　微织构分布区域划分

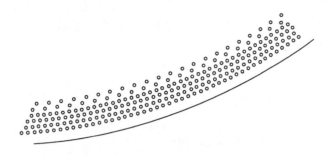

图 6-5 变分布密度微织构示意图

6.1.2 摩擦系数模型的建立

在进行钛合金的切削加工时,被切材料在第一变形区产生塑性变形成为切屑,在第二变形区刀具与切屑之间产生接触挤压和摩擦,使接近前刀面的部分切屑纤维化,切屑流出速度变慢,或停留在刀具前刀面产生卷曲形变。压力和摩擦力产生的切削热使刀-屑接触区域温度升高,进而使工件、切屑及刀具的温度和应力发生变化。在一般的摩擦过程中,摩擦力会随正应力的增加而变大,但在切削加工过程中由刀-屑接触区域应力分布情况分析可知,古典摩擦模型理论不适用于计算刀-屑接触区域的摩擦力。众多研究表明,应力在刀具表面的分布并不均匀,图 6-6 为刀-屑接触界面应力特征模型。将刀-屑接触面的应力分成两种:粘结摩擦区域刀-屑之间的摩擦作用应力与材料的抗剪切强度相等;滑动摩擦区域刀-屑之间摩擦作用应力符合古典摩擦学理论,即摩擦力等于正应力与摩擦系数之积。上述不同区域的摩擦应力 τ_f 可以表示为

$$\tau_f = \begin{cases} \tau_s, & 0 \leqslant x \leqslant l_a \\ \mu\sigma(x), & l_a < x \leqslant l_c \end{cases} \tag{6-5}$$

$$l_a + l_s = l_c \tag{6-6}$$

式中,τ_s 为材料的剪切屈服强度;μ 为常数,表示滑动摩擦区的摩擦系数,根据刀具和材料的性质,摩擦系数一般取 0.3(王志伟,2016);$\sigma(x)$ 为滑动摩擦区所受到的正应力,x 为刀具和切屑接触区域内任意点与刀尖之间的距离;l_a 为黏结摩擦区域的长度;l_s 为滑动摩擦区域的长度;l_c 为刀-屑接触区域的总长度。

刀-屑接触区域的正应力在该区域为指数函数分布,在刀具切削刃处应力值达到最高,距离切削刃越远应力越小,用公式表示如下:

$$\sigma(x) = \begin{cases} \sigma_{\max}\left(1 - \dfrac{x}{l_c}\right)^{\xi}, & x < l_c \\ 0, & x \geqslant l_c \end{cases} \tag{6-7}$$

式中，ξ 为刀具前刀面应力分布系数，根据加工条件一般取 2 或 3；σ_{max} 为切削刃受到的最大正应力。

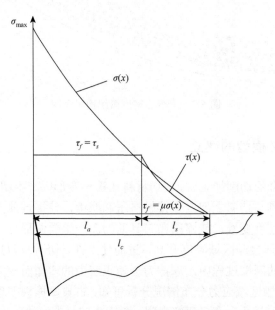

图 6-6　刀-屑接触界面应力特征模型

假设刀-屑接触区域仅有粘结区和滑移区两个部分，在两个区域分界点处，刀-屑间摩擦应力与材料的剪切屈服强度相同，因此，根据式（6-5）和式（6-7）可以求得

$$\tau_s = \mu\sigma_{max}\left(1 - \frac{l_a}{l_c}\right)^{\xi} \tag{6-8}$$

粘结摩擦区长度 l_a 可以表示为

$$l_a = l_c\left[1 - \left(\frac{\tau_s}{\mu\sigma_{max}}\right)^{1/\xi}\right] \tag{6-9}$$

分别对刀具表面正应力和剪应力进行积分，可以计算出刀具表面的法向力 F_N 和剪切力 F_T：

$$F_N = \int_0^{l_a}\sigma_0\left(1 - \frac{x}{l_c}\right)^{\xi}a_e\mathrm{d}x + \int_{l_a}^{l_c}\sigma_0\left(1 - \frac{x}{l_c}\right)^{\xi}a_e\mathrm{d}x \tag{6-10}$$

$$F_T = \int_0^{l_a}\sigma_s a_e\mathrm{d}x + \int_{l_a}^{l_a}\tau_s\left(1 - \frac{x - l_a}{l_c}\right)^{\xi}a_e\mathrm{d}x \tag{6-11}$$

式中，a_e 为切宽；σ_s 为被加工材料的挤压屈服强度；σ_0 为接触区中初始应力。

由式（6-10）和式（6-11），可得刀-屑接触面的整体摩擦系数 μ_a 为

$$\mu_a = \frac{F_T}{F_N} = \mu - \frac{l_a}{l_c}\left(\mu - \frac{\sigma_s}{\sigma_{\max}}\right) \qquad (6\text{-}12)$$

6.1.3　变分布密度微织构数学模型建立

1. 微织构几何模型建立

假定微织构平面形状为圆形，结合实际制备中激光加工烧蚀理论（崔江涛，2019），假定在相同的制备条件下，制备出的所有微织构几何形状完全相同，因此将微织构简化为图 6-7 所示的圆坑形式，并建立其几何参数模型。此时，假定圆形微织构半径为 R，深度为 h，微织构的中心距为 L。

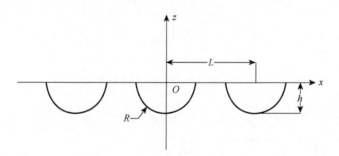

图 6-7　微织构几何模型

则微织构的大小形状则应该满足表达式：

$$z = \begin{cases} R - h - \sqrt{R^2 - x^2 - y^2}, & x^2 + y^2 < R^2 - (R-h)^2 \\ 0, & \text{其他} \end{cases} \qquad (6\text{-}13)$$

式中，R 为微织构半径；h 为微织构深度。R、h 决定微织构的大小和形状。

在微织构制备过程中，微织构的尺寸由微织构半径控制，而实际深度由制备过程中激光工艺控制。

2. 微织构分布模型建立

以硬质合金球头铣刀中心为原点，建立 xyz 空间坐标系，如图 6-8 所示。由于刀具两侧前刀面一致对称，因此，在建立数学模型时仅考虑一侧分布。微织构在前刀面分布考虑坑深的情况下属于平面型分布，因此，在模型建立上仅考虑前刀面所处 zy 平面（佟欣，2019）。

　　微织构的分布参数主要为微织构距切削刃距离、微织构在刀具径向方向上的间距及微织构在刀具切削刃方向上的分布距离。依据球头铣刀切削刃形状，将微织构在沿切削刃方向上的距离以其所对应的圆心角度表示，分布参数示意图如图 6-9 所示。

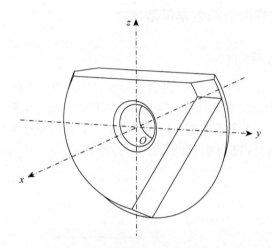

图 6-8　球头铣刀空间坐标系

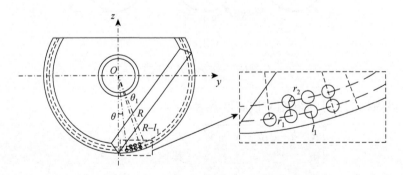

图 6-9　zy 平面微织构分布参数示意图

　　如图 6-9 所示，结合前面微织构分布参数，得到第一排第一个微织构在刀具 zy 平面坐标系分布位置为

$$O_{11} = [(R - l_1)\sin\theta_1, -(R - l_1)\cos\theta_1] \tag{6-14}$$

式中，l_1 为第一排微织构圆心与切削刃之间的距离；θ_1 为该位置微织构圆心与坐标系原点连线与 z 轴所夹锐角。

　　由此可知第一排微织构中第二个微织构位置坐标表示，一直到第一排第 n 个微织构的位置坐标表示方式如下：

$$O_{12} = [(R - l_1)\sin\theta_2, -(R - l_1)\cos\theta_2]$$
$$O_{13} = [(R - l_1)\sin\theta_3, -(R - l_1)\cos\theta_3]$$
$$\vdots$$
$$O_{1n} = [(R - l_1)\sin\theta_n, -(R - l_1)\cos\theta_n]$$

$$(6\text{-}15)$$

式中，θ_2、θ_3、θ_n 分别为第一排不同位置的第 2 个、第 3 个、第 n 个微圆坑织构圆心与刀具中心连线和 z 轴的夹角，角度表达关系式如下：

$$\theta_2 = \arccos\left[1 - \frac{l_1^2}{2(R - l)^2}\right] + \theta_1$$

$$\theta_3 = \arccos\left[1 - \frac{l_1^2}{2(R - l)^2}\right] + \theta_2$$

$$(6\text{-}16)$$

$$\vdots$$

$$\theta_n = (n - 1)\arccos\left[1 - \frac{l_1^2}{2(R - l)^2}\right] + \theta_1$$

设任意两排相邻的首个微圆坑织构圆心间连线与 y 轴所成的夹角为 $\alpha \in (0, \pi/2)$，由此可得第二排微织构微坑具体分布位置坐标为

$$O_{21} = [(R - l_1)\sin\theta_1 + d\cos\alpha, -(R - l_1)\cos\theta_1 + d\sin\alpha]$$
$$O_{22} = [(R - l_1)\sin\theta_2 + d\cos\alpha, -(R - l_1)\cos\theta_2 + d\sin\alpha]$$
$$\vdots$$
$$O_{2n} = [(R - l_1)\sin\theta_n + d\cos\alpha, -(R - l_1)\cos\theta_n + d\sin\alpha]$$

$$(6\text{-}17)$$

式中，d 为第一排首个微织构圆心与第二排首个微织构圆心之间的距离。

由以上推导可知，第 m 排任意微织构所在的位置为

$$O_{nm} = \begin{bmatrix} (R - l)\sin\theta_k + (n - 1)d_1\cos\alpha, \\ R - (R - l)\cos\theta_k + (n - 1)d_1\sin\alpha \end{bmatrix}, \quad n, m = 1, 2, 3, \cdots, k \qquad (6\text{-}18)$$

d_1 为第一排首个微织构圆心与第二排首个微织构圆心之间的距离。

以上表达式可简述为

$$O_{nm} = \begin{bmatrix} (R - l_k)\sin\theta_k, \\ -(R - l_k)\cos\theta_k \end{bmatrix}, \quad n, m = 1, 2, 3, \cdots, k \qquad (6\text{-}19)$$

式中，l_k 为微织构圆心所在位置与刀具切削刃之间的距离；θ_k 为圆心所在位置与原点连线同 z 轴所成圆心角大小。

以上推导过程中考虑微织构分布状态为均匀分布，即任意两排微织构之间间距相等，任意相邻微织构之间所成圆心角大小相等。本章研究的微织构为基于不同摩擦形式下的变分布密度微织构，因此，结合前面的推导，确定粘结区及滑动区微织构分布模型如下所示。

粘结区域实际为刀-屑的紧密接触区域，该区域内微织构分布模型为

$$O_{1n} = [(R-l_1)\sin\theta_n, -(R-l_1)\cos\theta_n]$$
$$O_{2n} = [(R-l_1)\sin\theta_n + d\cos\alpha, -(R-l_1)\cos\theta_n + d\sin\alpha]$$
$$O_{3n} = [(R-l_1)\sin\theta_n + 2d\cos\alpha, -(R-l_1)\cos\theta_n + 2d\sin\alpha] \quad （6-20）$$
$$\vdots$$
$$O_{mn} = [(R-l_1)\sin\theta_n + (m-1)d\cos\alpha, -(R-l_1)\cos\theta_n + (m-1)d\sin\alpha]$$

各角度间关系如式（6-21）所示：

$$\theta_2 = \theta_1 + \theta,$$
$$\theta_3 = \theta_1 + \theta_2 = \theta_1 + 2\theta \quad （6-21）$$
$$\vdots$$
$$\theta_n = \theta_1 + (n-1)\theta$$

滑动区在刀-屑接触区长度较小，结合微织构的参数设计及前面刀-屑接触长度分析，设定在本区域内制备微织构两排即能够达到滑动区域位置要求。因此，本区域微织构分布模型为

$$O_{1n} = [(R-l_2)\sin\theta_n, -(R-l_2)\cos\theta_n]$$
$$O_{2n} = [(R-l_2)\sin\theta_n + d\cos\alpha, -(R-l_2)\cos\theta_n + d\sin\alpha] \quad （6-22）$$

根据以上推导内容，能够准确地确定在微织构球头铣刀刀-屑接触区域每一个微织构的准确分布位置，实现了微织构的准确设计，为进一步研究微织构刀具参数及微织构分布密度对刀具切削性能影响提供基础。

6.2　微织构对球头铣刀刀-屑接触区域影响研究

本节通过微织构与无织构球头铣刀铣削钛合金有限元仿真试验，得到微织构对刀-屑接触区应力的影响。利用微织构与无织构球头铣刀分别进行铣削钛合金试验，分析刀-屑接触区元素分布含量，根据元素分布分析粘结区与滑移区长度。根据应力分布情况及元素分布含量分析微织构抗磨减摩性能，根据刀具磨损和激光加工之后刀具表层钴元素析出量分析刀具的抗磨减摩性能，为进一步研究球头铣刀表面变分布密度微织构抗磨减摩机理提供理论支持。

6.2.1　微织构与无织构球头铣刀刀-屑接触区域应力仿真研究

仿真试验采用的球头铣刀材料为 YG8 钨钴类硬质合金材料，其具有很高的硬度、良好的强度和耐高温、耐腐蚀性，但其韧性和耐磨性较低，常用于微型钻、立铣刀和锉刀等。YG8 硬质合金球头铣刀物理特性如表 6-1 所示。

表 6-1 YG8 硬质合金球头铣刀物理特性

物理特性	参数
密度/(kg/m³)	14740
抗弯强度/MPa	1800
弹性模量/GPa	510
泊松比	0.22
熔点/℃	2780
硬度（HRA）	90.3
冲击韧性/(J/cm²)	2.5
导热系数/(W/(m·℃))	75.4

图 6-10 为无织构刀具与微织构刀具应力仿真结果。从图中可以看出，刀具表面微织构对刀具参与切削的区域应力分布的影响十分显著，无织构刀具的最大应力明显地低于微织构刀具，并且从图 6-10（a）中可以看出无织构刀具最大应力主要集中分布在切削刃附近，最大应力为 1053.8MPa，而从图 6-10（b）可知微织构刀具应力主要分布在微圆坑织构区域，最大应力为 1561.7MPa，因此，微织构的存在虽然使最大应力增加，但可以起到减少应力集中的作用。

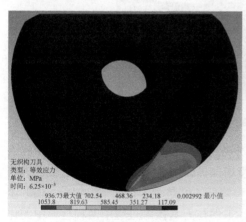

(a) 无织构刀具仿真结果

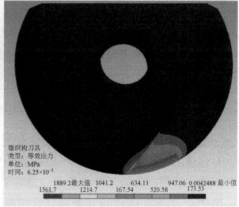

(b) 微织构刀具仿真结果

图 6-10 无织构刀具与微织构刀具应力仿真结果

6.2.2 微织构与无织构球头铣刀铣削钛合金试验研究

本试验采用 ZTQ-50 型光纤激光器制备微织构。激光加工参数表如表 6-2 所示。

表 6-2　激光加工参数表

激光波长/nm	定位精度/μm	输出功率/W	激光频率/kHz	扫描速度为/(mm/s)	加工次数/次
1064	2	35	20	1700	7

　　试验制备的微织构参数：微织构距刃距离为 110μm，微坑直径为 40μm，微坑间距为 125μm，角度为 0.8°。试验采用的加工参数：铣削速度 v_c = 150m/min，每齿进给量 f_z = 0.05mm，切宽 a_e = 0.5mm，切深 a_p = 0.3mm。

　　微织构与无织构球头铣刀铣削钛合金试验完成后还需利用超声波清洗机对刀具进行清洗，以除去铣削过程中黏附在刀具表面的切屑颗粒。清洗完成后利用 SEM 结合能谱分析仪（energy dispersive spectroscopy，EDS）检测刀具前刀面刀-屑接触区域钛元素分布情况，扫描电子显微镜如图 6-11 所示，检测方式为线分析扫描，使电子束从切削刃开始沿刀-屑接触区域上指定的一条线扫描，即可检测出该直线上钛元素的分布含量情况，检测路径尽可能地避开微织构区域，以避免微坑的存在影响检测结果。

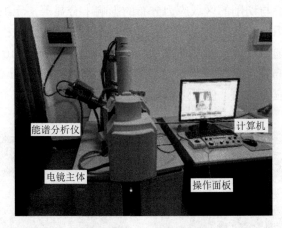

图 6-11　扫描电子显微镜

　　图 6-12 为刀-屑接触区域元素含量的分布，图中横坐标为检测长度，纵坐标为相对含量。由图可知，随着刀-屑检测长度增加，钛等元素含量先在一定范围内略有下降，然后有急剧下降的趋势，最后平稳降低。这是因为在加工过程中，切削温度增加及刀-屑间的挤压和摩擦导致切屑、工件与刀具接触过程中两种材料中的化学元素相互接触并扩散，改变了材料原来的成分与结构，使钛合金材料中含量较高的钛元素、铝元素和钒元素残留在刀具表面的刀-屑接触区域，同样刀具材料中的钨钴和碳类元素也有一部分残留在切屑与工件表面。

　　由于将刀-屑接触区域分为粘结区域与滑移区域两个部分，粘结区域部分切屑与刀具为紧密型接触，铣削过程中温度和应力较大，因此，工件材料残留在刀具表面量更加明显，在此区域刀具表面钛等元素含量相对较高。随着刀-屑检测长度

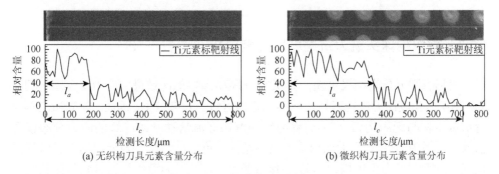

(a) 无织构刀具元素含量分布　　　(b) 微织构刀具元素含量分布

图 6-12　刀-屑接触区元素含量的分布

增加，温度和应力逐渐减小，导致工件材料的残留和元素扩散现象减弱。随着刀-屑检测长度由粘结区开始向滑移区过渡，刀-屑接触由紧密型接触过渡为峰点型接触，扩散作用急剧下降，滑移区刀-屑接触应力及切削温度显著地降低，使各元素含量逐渐降低。因此，从刀-屑接触区域各元素分布含量情况即可确定刀-屑接触区域的粘结摩擦区域长度与滑移摩擦区域长度。

对比研究带有微织构的刀具和无织构刀具的能谱分析结果可知，相较于无织构刀具，微织构刀具粘结区明显地增加，并且刀-屑接触总长度有所减小，这是由于在刀具前刀面制备微织构可以减小刀-屑间的接触面积，进而导致切削刃处最大应力变大，粘结区长度增加，但微织构的存在同时会减小应力集中现象，使应力分散在微织构区域附近，进而使刀-屑接触区域应力迅速地下降，因此，刀-屑接触长度变短。

图 6-13 为无织构刀具与微织构刀具磨损测量结果，比较两把刀具磨损量发现，无织构刀具磨损量明显地大于微织构刀具，并且无织构刀具磨损区域也比微织构刀具大，因此，微织构刀具能够降低刀具的磨损，从而起到一定的抗磨效果。

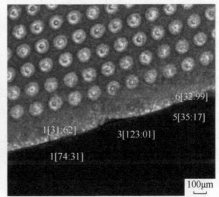

(a) 无织构刀具磨损　　　　　　　(b) 微织构刀具磨损

图 6-13　刀具磨损图

6.2.3 微织构球头铣刀抗磨减摩性能分析

根据有限元仿真结果可知，微织构刀具刀-屑接触区域最大应力比无织构刀具大，粘结区长度比无织构刀具长，刀-屑接触区域总长度减小，因此，建立如图 6-14 所示微织构与无织构刀具刀-屑界面粘结摩擦区域滑动摩擦区域的应力分布示意图。图中 $l_a^{\text{Non-texture}}$ 为无织构刀具粘结区长度，$l_s^{\text{Non-texture}}$ 为无织构刀具滑移区长度，$l_c^{\text{Non-texture}}$ 为无织构刀具刀-屑接触长度；l_a^{Texture} 为微织构刀具粘结区长度，l_s^{Texture} 为微织构刀具滑移区长度，l_c^{Texture} 为微织构刀具刀-屑接触长度。结合式（6-12）可知，粘结区与刀-屑接触长度的比值 l_a/l_c 及刀-屑接触区域最大应力 $\sigma_{\max}$ 同时增大使刀-屑接触区与整体摩擦系数 μ_a 减小，因此，微织构的置入会提高刀具的抗磨减摩性能。

图 6-15 为激光制备出微织构后在打磨抛光处理之前微圆坑的照片，可以看到微圆织构四周有大量喷溅出的覆熔物。对比激光处理前和处理后的刀具表面元素含量，结果如图 6-16 所示，可见在激光处理后，刀具表面上除了具有因熔融喷溅导致含量上升的钨元素，还有因温度升高而析出的钴元素。

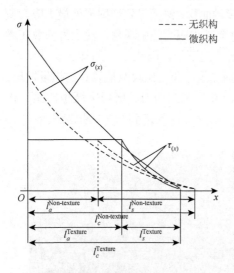

图 6-14　微织构对粘结区与滑移区应力
分布影响

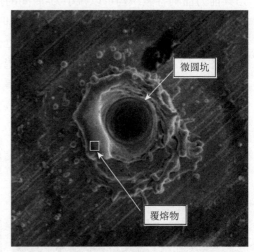

图 6-15　激光加工后硬质合金表面微圆坑和
覆熔物

从微观角度来说，硬质合金材料的表层及次表层均为 WC + Co 两相显微组织，其内层则为 WC + Co + η 三相显微组织。当材料最外层 Co 相浓度降低时，会提升硬质合金的硬度并提高其耐磨性能。因此，随着 Co 元素析出，硬质合金的表层 Co 浓度下降，材料表面整体硬度提高。刀面硬度降低导致的与工件材料粘结是产生粘结磨损的原因之一，钴元素的析出提高了刀具的硬度，减小了刀具刀-屑接触区域的粘结磨损，增强了刀具的抗磨性能。

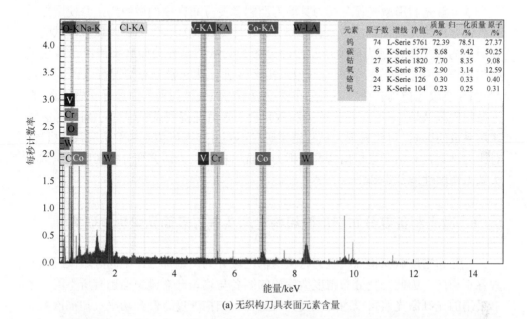

(a) 无织构刀具表面元素含量

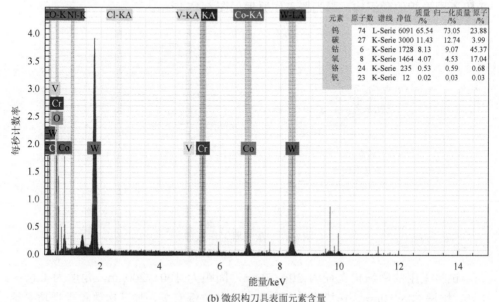

(b) 微织构刀具表面元素含量

图 6-16　激光处理前后硬质合金表面元素含量

6.3   变分布密度微织构球头铣刀抗磨减摩机理研究

本节首先利用激光设备在刀具前刀面制备变分布密度的微织构，并使用能谱分析仪分析钴元素含量，然后进行变分布密度微织构球头铣刀铣削钛合金试验，利用测力仪采集铣削力并使用超景深显微镜测量刀具前刀面磨损情况，最后采用扫描电镜和能谱分析仪对刀具微织构区域进行钛元素分布情况分析，并利用ANSYS有限元仿真软件对不同分布密度微织构球头铣刀前刀面进行应力仿真，得到微织构区域最大应力，根据应力和钛元素分布情况得到微织构对刀-屑接触区域摩擦系数的影响，对比铣削力试验结果研究不同分布密度微织构的抗磨减摩机理，对比刀具磨损和钴元素析出情况分析刀具抗磨机理，为研究变分布密度微织构球头铣刀切削性能奠定基础。

6.3.1   激光制备变分布密度微织构对球头铣刀表面元素影响研究

变分布密度微织构球头铣刀将微织构区域分为两个部分，不同区域微织构参数各不相同，因此，变分布密度微织构的制备与均匀分布微织构也有所不同。本书采用的光纤激光器可以通过改变光斑直径、扫描速度、激光功率及扫描次数加工出不同形貌的微织构，激光器工作原理如图 6-17 所示。

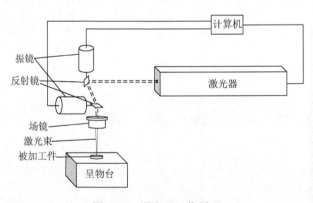

图 6-17   激光器工作原理

试验采用的微织构直径为 30～70μm，间距为 100～200μm，角度为 0.6°～1.4°，坑深约为 50μm。扫描次数和激光功率与坑深有关，加工次数和激光功率越大，微坑深度越深，为了尽可能地保证坑深不变，设置激光功率为 35W，扫描次数为 7 次。微织构直径受光斑直径和扫描速度的影响较大（Su et al., 2014），由于扫描速度越大微织构直径越小，因此，为增大微织构直径，可适当地减小激光扫描速度并增大光斑直径。不同直径的微织构对应的激光加工参数如表 6-3 所示，图 6-18 为激光加工参数设置页面。

表 6-3　不同直径的微织构对应的激光加工参数

微织构直径/μm	光斑直径/μm	扫描速度/(mm·s^{-1})
30	20	1800
40	25	1700
50	30	1600
60	35	1500
70	40	1400

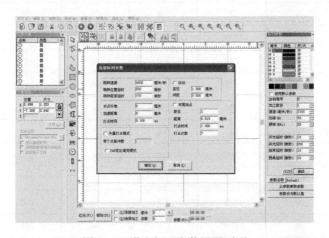

图 6-18　激光加工参数设置页面

在激光加工微织构过程中，由于激光功率会随单次加工微织构数量的增多而逐渐衰减，因此，难以确保微织构的深度达到理想值，且已有的研究表明微坑深度对刀具切削性能影响较小，故本书不将微织构深度作为研究内容；由于微织构距刃距离过长会影响微织构的作用，距离过短会影响刀具的强度和韧性，并且本章主要研究微织构分布密度对球头铣刀抗磨减摩性能的影响，因此将微织构距刃距离设为 110μm（佟欣等，2019）。在进行微织构参数设计过程中，分别选取以下因素作为研究对象：粘结区域微织构沿刀具切削刃方向上的间距 l_1，粘结区域微织构直径 d_1，粘结区相邻两个微织构中心与刀具中心连线的夹角 θ_1；滑移区域微织构沿刀具切削刃方向上的间距 l_2，滑移区域微织构直径 d_2，滑移区相邻两个微织构中心与刀具中心连线的夹角 θ_2，每个被研究因素分别选择五个水平，设计六因素五水平正交试验表，每组刀具的试验参数如表 6-4 所示。

表 6-4　六因素五水平正交试验表

试验序号	直径 d_1/μm	间距 l_1/μm	角度 θ_1/(°)	直径 d_2/μm	间距 l_2/μm	角度 θ_2/(°)
1	30	100	0.6	30	100	0.6
2	30	125	0.8	40	125	0.8
3	30	150	1.0	50	150	1.0
4	30	175	1.2	60	175	1.2
5	30	200	1.4	70	200	1.4
6	40	100	0.8	50	175	1.4
7	40	125	1.0	60	200	0.6
8	40	150	1.2	70	100	0.8
9	40	175	1.4	30	125	1.0
10	40	200	0.6	40	150	1.2
11	50	100	1.0	70	125	1.2
12	50	125	1.2	30	150	1.4
13	50	150	1.4	40	175	0.6
14	50	175	0.6	50	200	0.8
15	50	200	0.8	60	100	1.0
16	60	100	1.2	40	200	1.0
17	60	125	1.4	50	100	1.2
18	60	150	0.6	60	125	1.4
19	60	175	0.8	70	150	0.6
20	60	200	1.0	30	175	0.8
21	70	100	1.4	60	150	0.8
22	70	125	0.6	70	175	1.0
23	70	150	0.8	30	200	1.2
24	70	175	1.0	40	100	1.4
25	70	200	1.2	50	125	0.6

对激光加工后微织构区域中元素成分进行检测分析，分别检测粘结区和滑移区钴元素含量情况，并计算微织构区域整体钴元素含量，图 6-19 为微圆坑织构钴元素含量检测示意图。

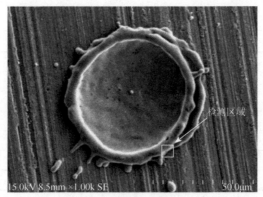

(a) 微圆坑织构检测

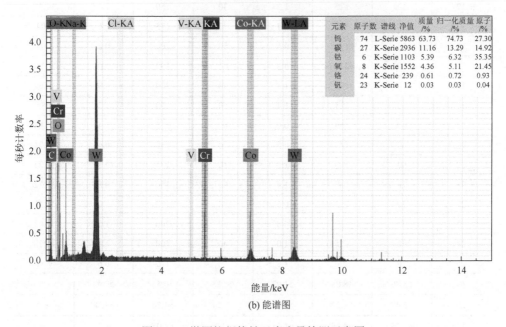

(b) 能谱图

图 6-19　微圆坑织构钴元素含量检测示意图

表 6-5 为球头铣刀前刀面微织构区域钴元素含量检测结果，钴元素含量越高，说明刀具前刀面微织构区域钴析出越多，刀具表层钴含量越低。

表 6-5　球头铣刀前刀面微织构区域钴元素含量检测结果

试验序号	直径 d_1/μm	间距 l_1/μm	角度 θ_1/(°)	直径 d_2/μm	间距 l_2/μm	角度 θ_2/(°)	钴含量/%
1	30	100	0.6	30	100	0.6	9.63
2	30	125	0.8	40	125	0.8	11.96
3	30	150	1.0	50	150	1.0	16.81

试验序号	直径 d_1/μm	间距 l_1/μm	角度 θ_1/(°)	直径 d_2/μm	间距 l_2/μm	角度 θ_2/(°)	钻含量/%
4	30	175	1.2	60	175	1.2	13.29
5	30	200	1.4	70	200	1.4	14.17
6	40	100	0.8	50	175	1.4	6.33
7	40	125	1.0	60	200	0.6	11.26
8	40	150	1.2	70	100	0.8	12.41
9	40	175	1.4	30	125	1.0	12.16
10	40	200	0.6	40	150	1.2	10.32
11	50	100	1.0	70	125	1.2	8.71
12	50	125	1.2	30	150	1.4	14.51
13	50	150	1.4	40	175	0.6	8.04
14	50	175	0.6	50	200	0.8	8.04
15	50	200	0.8	60	100	1.0	9.45
16	60	100	1.2	40	200	1.0	12.69
17	60	125	1.4	50	100	1.2	8.88
18	60	150	0.6	60	125	1.4	11.87
19	60	175	0.8	70	150	0.6	11.71
20	60	200	1.0	30	175	0.8	14.25
21	70	100	1.4	60	150	0.8	10.72
22	70	125	0.6	70	175	1.0	12.11
23	70	150	0.8	30	200	1.2	15.63
24	70	175	1.0	40	100	1.4	10.18
25	70	200	1.2	50	125	0.6	9.84
K_1	65.86	48.08	51.97	66.18	50.55	50.48	—
K_2	52.48	58.72	55.08	53.19	54.54	57.38	—
K_3	48.75	64.76	61.21	49.9	64.07	63.22	—
K_4	59.4	55.38	62.74	56.59	54.02	56.83	—
K_5	58.48	58.03	53.97	59.11	61.79	57.06	—
k_1	13.172	9.616	10.394	13.236	10.11	10.096	—
k_2	10.496	11.744	11.016	10.638	10.908	11.476	—
k_3	9.75	12.952	12.242	9.98	12.814	12.644	—
k_4	11.88	11.076	12.548	11.318	10.804	11.366	—
k_5	11.696	11.606	10.794	11.822	12.358	11.412	—
R	3.422	3.336	2.154	3.256	2.704	2.548	—

从表 6-5 可知激光加工不同分布密度的微织构球头铣刀对刀具表面析出的钴元素影响顺序依次为直径 d_1＞间距 l_1＞直径 d_2＞间距 l_2＞角度 θ_1＞角度 θ_2。图 6-20 为指标-因素趋势图。

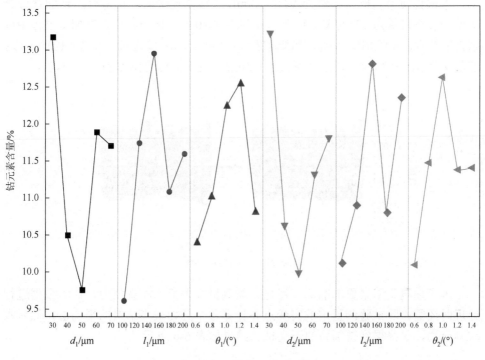

图 6-20　指标-因素趋势图

由图 6-20 可知，粘结区与滑移区微织构参数对钴元素析出情况的影响趋势基本一致，随微织构直径增大，钴元素含量先下降后上升，这是由于：微织构直径较小或光斑直径较大、扫描速度较低时，被加工区域激光较密集，温度较高，钴析出较多，当微织构直径为 30μm 时，钴析出最多；随着微织构间距增大，钴元素析出情况呈先增大后减小的趋势，这是由于激光加工后微织构周围会存在热影响区域，热影响区域内钴被析出一部分，将对周围微织构产生影响，随着微织构间距增大，微织构间热影响区域相距越远，被检测区域的钴元素含量升高，随着微织构间距进一步增大，微织构不再处于相邻微织构热影响区域内，温度降低，钴析出减少，当微织构间距为 150μm 时，钴析出最多；相邻两微织构与刀具中心连线的夹角越大，微织构沿切削刃周向间距越大，作用效果与间距基本一致，当角度为 1°或 1.2°时，钴析出最多。

检测完成后还需要对微织构区域进行打磨清洗等处理，具体操作步骤如第 2 章所述，处理结束后进行钛合金铣削试验。

6.3.2　变分布密度微织构球头铣刀铣削钛合金铣削力研究

本试验使用的机床依然为 VDL-1000E 三轴立式铣床，将带有凸台的钛合金工件安装在设置为 15° 的虎口钳上，并利用 Kistler 旋转测力仪采集加工过程中铣削力的数据。试验切削参数：切削速度 $v_c = 150\text{m/min}$；每齿进给量 $f_z = 0.05\text{mm/z}$；切削深度 $a_p = 0.3\text{mm}$；切削宽度 $a_e = 0.5\text{mm}$。铣削力信号图如图 6-21 所示。

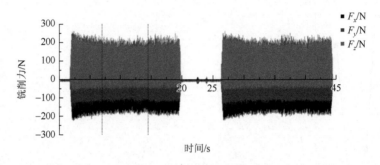

图 6-21　铣削力信号图

为了使测量结果更加准确，每把刀需测量并采集三次铣削力，在对数据进行处理时还需去除试验测量中的突变点并计算各个分力采集结果的平均值，然后求取其合力，最终得到铣削力的正交试验结果如表 6-6 所示。

表 6-6　铣削力的正交试验结果

试验序号	直径 $d_1/\mu\text{m}$	间距 $l_1/\mu\text{m}$	角度 $\theta_1/(°)$	直径 $d_2/\mu\text{m}$	间距 $l_2/\mu\text{m}$	角度 $\theta_2/(°)$	铣削力 F/N
1	30	100	0.6	30	100	0.6	257.18
2	30	125	0.8	40	125	0.8	242.79
3	30	150	1.0	50	150	1.0	307.71
4	30	175	1.2	60	175	1.2	271.48
5	30	200	1.4	70	200	1.4	244.26
6	40	100	0.8	50	175	1.4	213.84
7	40	125	1.0	60	200	0.6	248.14
8	40	150	1.2	70	100	0.8	241.99
9	40	175	1.4	30	125	1.0	291.99
10	40	200	0.6	40	150	1.2	278.51
11	50	100	1.0	70	125	1.2	227.06
12	50	125	1.2	30	150	1.4	302.11
13	50	150	1.4	40	175	0.6	268.12
14	50	175	0.6	50	200	0.8	274.87

续表

试验序号	直径 d_1/μm	间距 l_1/μm	角度 θ_1/(°)	直径 d_2/μm	间距 l_2/μm	角度 θ_2/(°)	铣削力 F/N
15	50	200	0.8	60	100	1.0	268.38
16	60	100	1.2	40	200	1.0	274.88
17	60	125	1.4	50	100	1.2	307.27
18	60	150	0.6	60	125	1.4	329.50
19	60	175	0.8	70	150	0.6	261.55
20	60	200	1.0	30	175	0.8	265.06
21	70	100	1.4	60	150	0.8	282.60
22	70	125	0.6	70	175	1.0	301.17
23	70	150	0.8	30	200	1.2	328.93
24	70	175	1.0	40	100	1.4	308.87
25	70	200	1.2	50	125	0.6	305.30

表 6-7 为铣削力极差分析结果，根据极差分析表可以得出刀-屑接触范围内微织构参数对铣削力的影响。

表 6-7　铣削力极差分析结果

水平	直径 d_1/μm	间距 l_1/μm	角度 θ_1/(°)	直径 d_2/μm	间距 l_2/μm	角度 θ_2/(°)
1	264.68	251.11	288.25	289.05	276.74	268.06
2	254.89	280.30	263.10	274.63	279.33	261.46
3	268.11	295.25	271.37	281.80	286.49	288.83
4	287.65	281.75	279.15	280.02	263.93	282.65
5	305.37	272.30	278.85	255.21	274.21	279.72
Δ	50.48	44.14	25.15	33.85	22.56	27.37

根据表 6-7 中极差分析结果可知，微织构各参数对试验过程中铣削力作用程度依次为直径 d_1＞间距 l_1＞直径 d_2＞角度 θ_2＞角度 θ_1＞间距 l_2。图 6-22 为粘结区微织构参数对铣削力的影响。根据其变化趋势可以得出，随着微织构直径增大，铣削力呈逐渐上升的趋势，当粘结区微织构直径为 40μm 时，铣削力达到最小值；随着微织构间距逐渐变大，铣削力先升高后下降，当间距为 100μm 时，铣削力达到最小值；随着相邻两个微织构到刀具中心连线夹角的增大，铣削力先降低后升高，当角度为 0.8°时，铣削力达到最小值。

图 6-23 为滑移区微织构参数对铣削力的影响。由图可知，随着微织构直径的增大，铣削力整体呈下降趋势，当粘结区微织构直径为 70μm 时，铣削力达到最小值；随着微织构间距逐渐变大，铣削力呈下降趋势，当间距为 175μm 时，铣削力达到最小值；随着相邻两个微织构到刀具中心连线夹角的增大，铣削力整体呈上升趋势，当角度为 0.8°时，铣削力最小。

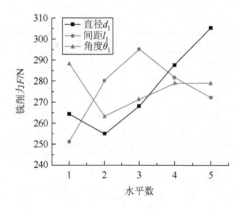　　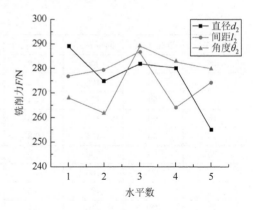

图 6-22　粘结区微织构参数对铣削力的影响　　图 6-23　滑移区微织构参数对铣削力的影响

6.3.3　微织构区域钛元素分布规律

　　为避免检测误差，在刀具铣削钛合金后还需要对刀具表面进行清洁处理，首先利用清洁气吹或气枪对刀具表面进行吹拂，然后将刀具放置在装有适量的无水乙醇的容器中，利用超声波清洗机进行清洗处理，最后再利用扫描电镜和能谱分析仪观察并检测不同分布密度的微织构刀具前刀面刀-屑接触区域钛元素分布规律。图 6-24 为清洁器具。

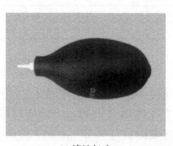　　

(a) 清洁气吹　　　　　　　　(b) 乙醇溶液

图 6-24　清洁器具

　　一般情况下如待测样品不导电需要对样品进行喷金处理，由于本试验采用的刀片材料为硬质合金材料，其本身具有良好的导电性，因此，不需要进行导电处理。利用双面碳导电胶带将刀具样品粘接在样品台上，选用直径为 12mm 的样品台，可一次性放置多把刀具，以便提高检测效率。放置刀具样品时需确保刀具底面与导电胶带面平整贴实。图 6-25 为电子显微镜样品制备过程。

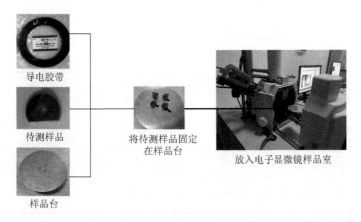

图 6-25　电子显微镜样品制备过程

被加工工件为 Ti-6Al-4V，主要成分为：Al，含量为 5.5%～6.75%；V，含量为 3.5%～4.5%；其余为 Ti，因此仅检测 Ti 元素含量即可。图 6-26 为分析结果示意图，元素分布检测结果如表 6-8 所示，其中，l_a/l_c 为粘结区长度与刀-屑接触总长度比。

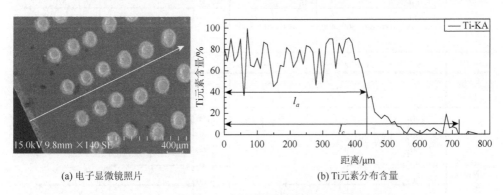

(a) 电子显微镜照片　　　　　　　　(b) Ti 元素分布含量

图 6-26　分析结果示意图

表 6-8　元素分布检测结果

试验序号	1	2
粘结区/滑移区	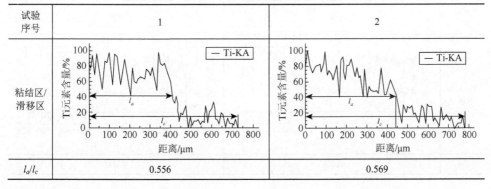	
l_a/l_c	0.556	0.569

续表

试验序号	3	4
粘结区/滑移区		
l_a/l_c	0.326	0.520
试验序号	5	6
粘结区/滑移区		
l_a/l_c	0.596	0.554
试验序号	7	8
粘结区/滑移区		
l_a/l_c	0.488	0.528
试验序号	9	10
粘结区/滑移区		
l_a/l_c	0.446	0.390

续表

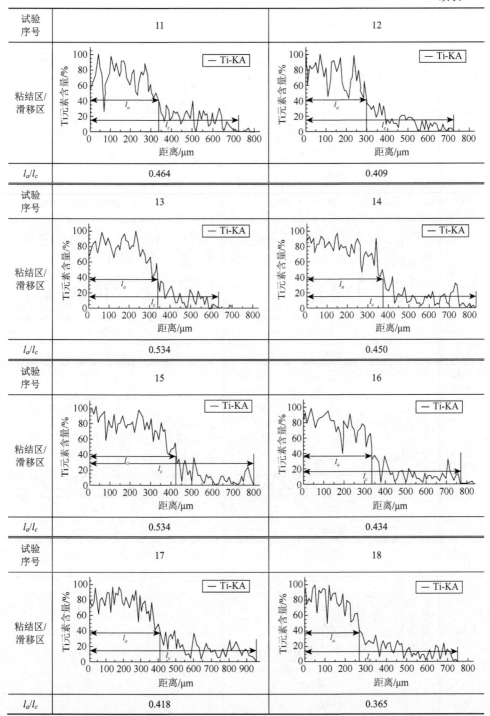

试验序号	11	12
粘结区/滑移区		
l_a/l_c	0.464	0.409
试验序号	13	14
粘结区/滑移区		
l_a/l_c	0.534	0.450
试验序号	15	16
粘结区/滑移区		
l_a/l_c	0.534	0.434
试验序号	17	18
粘结区/滑移区		
l_a/l_c	0.418	0.365

续表

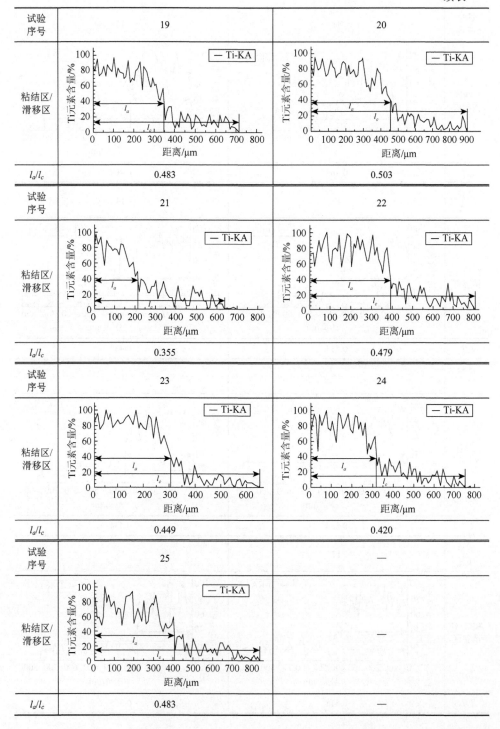

试验序号	19	20
粘结区/滑移区		
l_a/l_c	0.483	0.503
试验序号	21	22
粘结区/滑移区		
l_a/l_c	0.355	0.479
试验序号	23	24
粘结区/滑移区		
l_a/l_c	0.449	0.420
试验序号	25	—
粘结区/滑移区		—
l_a/l_c	0.483	—

6.3.4 变分布密度微织构球头铣刀抗磨减摩机理研究

1. 变分布密度微织构球头铣刀刀-屑接触区域应力仿真研究

首先需要建立变分布密度微织构球头铣刀几何模型，利用三维建模软件绘制刀具三维模型，然后在特定区域分别绘制变分布密度的微织构特征。为了使变分布密度微织构刀具几何模型与实际加工刀具表面微织构位置始终保持一致，还需利用 CAD 软件在特定的坐标位置绘制微织构分布的二维图形，再将二维 CAD 图形导入所建立三维刀具几何模型中，利用切除选项创建微圆坑织构特征，使用阵列选项得到刀-屑接触区域微织构特征。图 6-27 为变分布密度微织构三维模型图。

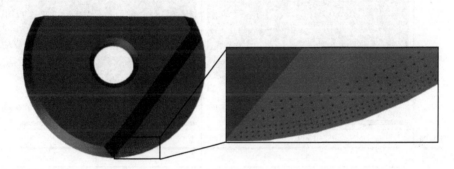

图 6-27 变分布密度微织构三维模型图

利用 ANSYS 有限元仿真软件对变分布密度的微织构球头铣刀分别进行应力仿真，在仿真过程中网格划分过程及网格参数、边界条件及载荷施加方式均与第 2 章所述内容相同，应力仿真结果如表 6-9 所示。

表 6-9 应力仿真结果

试验序号	1	2
应力云图	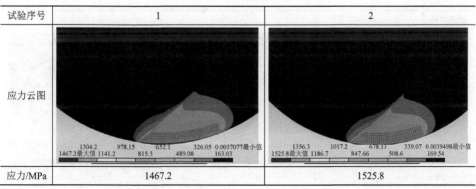	
应力/MPa	1467.2	1525.8

续表

试验序号	3	4
应力云图	983.87 737.9 491.94 245.97 0.0025071最小值 1106.9最大值 860.89 614.92 368.95 122.99	1232.5 924.37 616.25 308.13 0.0027337最小值 1386.6最大值 1078.4 770.31 462.19 154.06
应力/MPa	1106.9	1386.6
试验序号	5	6
应力云图	1341.4 1006 670.69 335.35 0.0039635最小值 1509最大值 1173.7 838.36 503.02 167.68	1583.7 1187.7 791.83 395.92 0.0027568最小值 1781.6最大值 1385.7 989.78 593.87 197.93
应力/MPa	1509	1781.6
试验序号	7	8
应力云图	1328.7 996.55 664.37 332.18 0.0045353最小值 1494.8最大值 1162.6 830.46 498.28 166.09	1362.8 1022.1 1684.41 340.71 0.0030841最小值 1533.2最大值 1192.5 851.76 511.06 170.36
应力/MPa	1494.8	1533.2
试验序号	9	10
应力云图	1094.2 820.66 547.11 273.56 0.0030902最小值 1231最大值 957.44 683.89 410.33 136.78	1137.2 852.89 568.59 284.3 0.0026209最小值 1793.3最大值 995.04 710.74 426.45 142.15
应力/MPa	1231	1279.3

续表

试验序号	11	12
应力云图		
	1472.7　　1104.5　　736.36　　368.18　0.002878最小值 1656.8最大值 1288.6　920.45　　552.27　　184.09	1086.7　　815.06　　543.38　　271.69　0.0034266最小值 1222.6最大值 950.9　679.22　　407.53　　135.85
应力/MPa	1656.8	1222.6
试验序号	13	14
应力云图		
	1251.2　　938.43　　625.62　　312.81　0.0020093最小值 1407.7最大值 1094.8　782.03　　469.22　　151.41	1194.4　　895.77　　597.18　　298.59　0.0017948最小值 1343.7最大值 1045.1　746.48　　477.89　　149.3
应力/MPa	1407.7	1343.7
试验序号	15	16
应力云图		
	1237　　927.75　　618.5　　309.25　0.0021955最小值 1391.6最大值 1082.4　773.12　　463.87　　154.63	1149.1　　861.79　　574.53　　287.27　0.0026643最小值 1292.7最大值 1005.4　718.16　　430.9　　143.63
应力/MPa	1391.6	1292.7
试验序号	17	18
应力云图		
	1069.6　　802.19　　534.79　　267.4　0.0023546最小值 1203.3最大值 935.88　668.49　　401.09　　133.7	1069.6　　802.19　　534.79　　267.4　0.0023546最小值 1203.3最大值 935.88　668.49　　401.09　　133.7
应力/MPa	1203.3	1203.3

续表

试验序号	19	20
应力云图		
应力/MPa	1451.5	1407.4
试验序号	21	22
应力云图		
应力/MPa	1243.6	1228.2
试验序号	23	24
应力云图		
应力/MPa	1073.6	1088.9
试验序号	25	—
应力云图		—
应力/MPa	1206.8	—

2. 变分布密度微织构抗磨减摩机理

根据仿真结果及钛元素分布规律可以进一步得到变分布密度微织构抗磨减摩机理。根据表 6-8、表 6-9 和式（2-16）可以得到具有变分布密度微织构球头铣刀钛合金铣削加工过程中的整体摩擦系数 μ_a，其摩擦系数正交试验结果如表 6-10 所示。

表 6-10　变分布密度微织构球头铣刀摩擦系数正交试验结果

试验序号	直径 d_1/μm	间距 l_1/μm	角度 θ_1/(°)	直径 d_2/μm	间距 l_2/μm	角度 θ_2/(°)	摩擦系数 μ_a
1	30	100	0.6	30	100	0.6	0.4459
2	30	125	0.8	40	125	0.8	0.4369
3	30	150	1.0	50	150	1.0	0.4453
4	30	175	1.2	60	175	1.2	0.4534
5	30	200	1.4	70	200	1.4	0.4471
6	40	100	0.8	50	175	1.4	0.3903
7	40	125	1.0	60	200	0.6	0.4228
8	40	150	1.2	70	100	0.8	0.4256
9	40	175	1.4	30	125	1.0	0.4652
10	40	200	0.6	40	150	1.2	0.4345
11	50	100	1.0	70	125	1.2	0.3918
12	50	125	1.2	30	150	1.4	0.4532
13	50	150	1.4	40	175	0.6	0.4527
14	50	175	0.6	50	200	0.8	0.4413
15	50	200	0.8	60	100	1.0	0.4563
16	60	100	1.2	40	200	1.0	0.4467
17	60	125	1.4	50	100	1.2	0.4610
18	60	150	0.6	60	125	1.4	0.4752
19	60	175	0.8	70	150	0.6	0.4295
20	60	200	1.0	30	175	0.8	0.4438
21	70	100	1.4	60	150	0.8	0.4290
22	70	125	0.6	70	175	1.0	0.4778
23	70	150	0.8	30	200	1.2	0.5102
24	70	175	1.0	40	100	1.4	0.4922
25	70	200	1.2	50	125	0.6	0.4851

表 6-11 为摩擦系数极差分析结果，由表可知，不同区域织构参数对刀具摩擦系数的作用效果依次为直径 d_1＞间距 l_1＞直径 d_2＞角度 θ_2＞间距 l_2＞角度 θ_1。

表 6-11　摩擦系数极差分析结果

水平数	直径 d_1/μm	间距 l_1/μm	角度 θ_1/(°)	直径 d_2/μm	间距 l_2/μm	角度 θ_2/(°)
1	0.4457	0.4207	0.4550	0.4637	0.4562	0.4472
2	0.4277	0.4504	0.4446	0.4526	0.4508	0.4353
3	0.4391	0.4618	0.4392	0.4446	0.4383	0.4582
4	0.4513	0.4563	0.4528	0.4473	0.4436	0.4502
5	0.4789	0.4534	0.4510	0.4343	0.4536	0.4516
Δ	0.0512	0.0411	0.0158	0.0293	0.0179	0.0229

图 6-28 为粘结区微织构各参数对摩擦系数的影响趋势图。从图中可以看出，随着微织构直径逐渐变大，摩擦系数先降低后升高，整体呈升高趋势，当微织构直径为 40μm 时，摩擦系数达到最小值，随着微织构沿刀具径向方向间距的不断增加，摩擦系数逐渐增大，当间距为 100μm 时，摩擦系数达到最小值，随着相邻两微织构与刀具中心连线夹角变大，摩擦系数先下降然后上升最后又略有下降，当角度为 1°时，摩擦系数达到最小值。粘结区摩擦系数随织构参数变化的趋势与铣削力变化趋势基本一致。

滑移区微织构各参数对摩擦系数的影响趋势图如图 6-29 所示。从图中可以看出，随着微织构直径增大，摩擦系数逐渐降低，当微织构直径为 70μm 时，摩擦系数达到最小值；随着微织构沿刀具径向方向间距增大，摩擦系数先下降后升高，

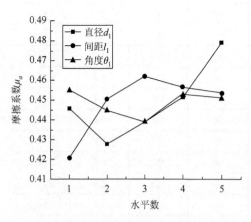

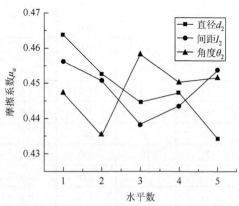

图 6-28　粘结区微织构各参数对摩擦系数的影响趋势图　　　图 6-29　滑移区微织构各参数对摩擦系数的影响趋势图

当间距为 150μm 时，摩擦系数达到最小值；随着相邻两微织构与刀具中心连线夹角变大，摩擦系数先降低后升高，当角度为 0.8°时，摩擦系数达到最小值。

滑移区摩擦系数随微织构参数变化的趋势与摩擦力变化趋势略有不同，主要体现在微织构间距对摩擦系数和铣削力的影响，这是因为滑移区微织构间距增大会逐渐超过刀-屑接触区范围，使区域内起到作用的微织构减少，从而影响到微织构的抗磨减摩效果，并且在试验和检测过程中也会存在一定的误差，导致结果不完全相同，就滑移区微织构参数对摩擦系数和摩擦力的整体影响趋势来看，其误差在允许范围内。

综上所述，分析摩擦系数计算结果并与铣削力试验结果进行对比，发现粘结区微织构直径为 40μm，间距为 100μm，当夹角为 1°时摩擦系数和铣削力都为最小，微织构的直径、间距和夹角对铣削力与摩擦系数的影响趋势均相同；滑移区微织构直径为 70μm，间距为 175μm，当夹角为 0.8°时，铣削力最小，当间距为 150μm 时，摩擦系数最小，微织构直径与夹角对铣削力和摩擦系数的影响趋势基本相同，间距对其影响有所区别，但十分接近，由于滑移区微织构间距对摩擦系数影响程度较小，并且其误差也较小，由此可知微织构参数对摩擦系数和铣削力的影响趋势一致，验证了微织构球头铣刀抗磨减摩模型的准确性。

3. 变分布密度微织构抗磨机理

不同分布密度微织构的置入对刀具磨损的影响是本书重点研究对象之一，所以需对刀具磨损情况进行检测，检测结果如表 6-12 所示。

表 6-12　刀具磨损值检测结果

试验序号	1	2	3	4	5	6	7	8	9
磨损值/μm	39.13	33.24	24.71	27.86	33.34	47.42	37.03	19.36	44.02
试验序号	10	11	12	13	14	15	16	17	18
磨损值/μm	43.92	45.35	34.81	47.34	42.99	40.02	38.25	33.73	33.24
试验序号	19	20	21	22	23	24	25	—	—
磨损值/μm	40.33	33.58	38.73	41.36	27.85	35.01	34.14	—	—

刀具磨损主要分为粘结磨损、氧化磨损、扩散磨损及磨料磨损等。本节中微织构制备区域为球头铣刀前刀面，因此，为研究刀具表层钴元素析出对刀具磨损的影响，需采用超景深检测量刀具前刀面的磨损值，在检测区域取多个测量位置并求其平均值，将其作为刀具磨损值。

刀具磨损的极差分析结果如表 6-13 所示。由极差分析结果可知，不同分布密度的微织构对刀具磨损的影响顺序依次为间距 l_1＞直径 d_1＞角度 θ_1＞角度 θ_2＞间距 l_2＞直径 d_2。

表 6-13　刀具磨损的极差分析结果

水平数	直径 d_1/μm	间距 l_1/μm	角度 θ_1/(°)	直径 d_2/μm	间距 l_2/μm	角度 θ_2/(°)
1	31.652	41.772	40.124	35.874	33.446	39.59
2	38.346	36.03	37.768	39.548	37.994	33.576
3	42.098	30.496	35.132	36.594	36.496	37.668
4	35.822	38.038	30.88	35.372	39.508	35.738
5	35.414	36.996	39.428	35.944	35.888	36.76
Δ	10.446	11.276	9.244	4.176	6.062	6.014

刀具磨损指标-因素趋势图如图 6-30 所示。由图可知，粘结区不同微织构参数对刀具磨损的影响较大，滑移区的刀具磨损值相对较小，这是因为粘结区为刀具的主要磨损区域。

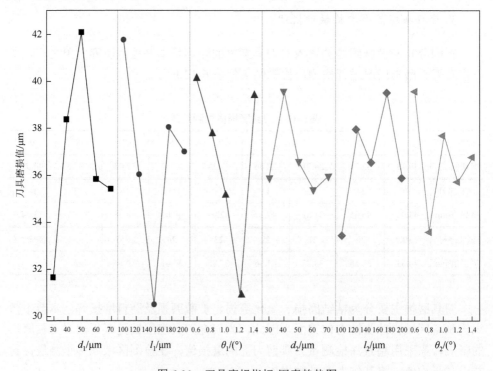

图 6-30　刀具磨损指标-因素趋势图

对粘结区域进行分析可知，随着微织构直径增大，刀具磨损先增大后减小，当织构直径为 30μm 时，微织构磨损最小；随着微织构间距增大，刀具磨损先减小后增大，当间距为 150μm 时，微织构磨损最小；随相邻两个微织构与刀具中心连线夹角的增大，刀具磨损同样呈先减小后增大的趋势，当角度为 1.2°时，刀具磨损最小，这是由于粘结区钴元素析出使刀具更加抗磨，钴析出越多，刀具磨损越小；对于滑移区，当微织构直径为 60μm、间距为 100μm、角度为 0.8°时，刀具磨损最小；分析其主要磨损区域，微织构参数对钴元素含量和刀具磨损情况影响趋势相同，并且当粘结区微织构直径为 30μm、间距为 150μm、角度为 1°时，钴含量最高，刀具磨损最小，由此可知，激光制备微织构对刀具表层钴含量产生影响，进而影响到刀具的抗磨效果。

6.4　变分布密度微织构球头铣刀切削钛合金工件表面质量研究

本节通过对不同分布密度的微织构球头铣刀进行钛合金工件铣削加工后，对工件表面粗糙度、表面残余应力及表面加工硬化进行试验分析，研究粘结区和滑动区不同分布密度微织构对已加工工件表面质量的影响规律，为进一步优化变分布密度织构分布方式奠定基础。

6.4.1　表面粗糙度试验结果分析

已加工表面粗糙度是评价刀具切削性能的重要评价指标，采用如图 6-31 所示的 3D 光学表面轮廓仪对高速铣削钛合金工件表面的表面粗糙度进行测量。在测量试验之前，使用乙醇对工件表面进行彻底的清洗，测试时沿进给方向选取 3 个点进行表面粗糙度数据的测量，对测量结果取其平均值，表面粗糙度测量结果如表 6-14 所示，极差分析结果如表 6-15 所示。

图 6-31　3D 光学表面轮廓仪

表 6-14　表面粗糙度测量结果　　　　　　单位：μm

试验序号	测量数据	试验序号	测量数据	试验序号	测量数据
1	0.431	5	0.384	9	0.513
2	0.367	6	0.391	10	0.442
3	0.39	7	0.382	11	0.389
4	0.498	8	0.463	12	0.556

试验序号	测量数据	试验序号	测量数据	试验序号	测量数据
13	0.431	18	0.534	23	0.7
14	0.621	19	0.473	24	0.595
15	0.393	20	0.406	25	0.61
16	0.563	21	0.646	—	—
17	0.536	22	0.563	—	—

表 6-15 极差分析结果

水平数	直径 d_1/μm	间距 l_1/μm	角度 θ_1/(°)	直径 d_2/μm	间距 l_2/μm	角度 θ_2/(°)
1	0.414	0.484	0.5182	0.5212	0.4836	0.4654
2	0.4382	0.4808	0.4648	0.4796	0.4826	0.5006
3	0.478	0.5036	0.4324	0.5096	0.5014	0.4844
4	0.5024	0.54	0.538	0.4906	0.4578	0.513
5	0.6228	0.447	0.502	0.4544	0.53	0.492
Δ	0.2088	0.093	0.1056	0.0668	0.0722	0.0476

如图 6-32 所示,在粘结区域内,微织构直径增加会使已加工表面粗糙度增大,因为微织构直径增大会增大铣削力,并且微织构直径较大时会降低切削刃结构强度,进而增大工件表面粗糙度;间距的增加使表面粗糙度先增加后减小,当间距减小时,刀-屑接触长度减小,降低钛合金表面变形程度,从而减小了表面粗糙度。随着间距继续增大,前刀面相对变得更加平滑,减小工件表面粗糙度;角度的增大会使工件表面粗糙度先减小后增大,这是因为沿切削刃方向微织构的减少能够使刀刃强度更高,减小振动从而提高已加工工件表面质量,当角度过大时沿切削刃方向微织构越稀疏,微织构起到降低抗磨减摩的作用,工件表面质量又随之下降。当粘结区直径为 30μm、间距为 200μm、角度为 1°时,工件表面粗糙度最小。

如图 6-33 所示,在滑动区域内,随着微织构直径增大,表面粗糙度整体呈减小趋势,这是由于随着滑动区微织构直径增大,微坑能够更好地储存磨屑颗粒,进而减小磨粒对工件表面的影响,使表面粗糙度下降;随着微织构间距和角度增加,工件表面粗糙度整体呈缓慢上升的趋势,这是因为间距和角度越大,微织构分布越稀疏,微织构抗磨减摩效果下降,因此工件表面粗糙度增大。当直径为 70μm、间距为 175μm、角度为 0.6°时,工件表面粗糙度最小。

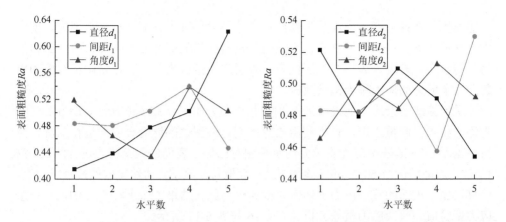

图 6-32 粘结区微织构参数与表面粗糙度的
关系

图 6-33 滑动区微织构参数与表面粗糙度的
关系

6.4.2 表面残余应力试验结果分析

残余应力可以对工件表面起到强化作用，而过大的残余应力则可能导致工件变形，严重时还可能发生宏观尺寸的变化（Cao et al.，2016）。如图 6-34 所示，在铣削过程中残余应力产生的原因主要包括如下两种。

（1）切削加工中会产生大量的切削热，并传递到切屑、工件及刀具，热量由工件表层向刀具内部传递，使材料表面温度升高、发生膨胀，进而产生体积变化，同时由后刀面摩擦及挤压而消失。切削加工后，工件开始冷却收缩，表层材料受内部材料影响而产生拉应力，由于力的作用在工件内部产生压应力，这种由切削热引起残余应力的原因称为热效应。

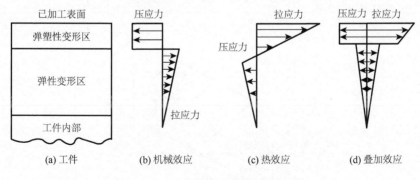

图 6-34 工件表面应力效应分布图

（2）切削金属时，材料会在刀具挤压作用下发生塑性变形及屈服等复杂物理变化，力的传递会使材料内部同样产生变形，而力向内递减会使变形程度不同，外层发生弹塑性形变，内层发生弹性形变。刀尖划过工件后，机械力消失，使发生弹性形变的材料恢复原状态，无法消除表层材料的塑性变形，使材料达到新的力平衡状态，表现为表层产生压应力，内层产生拉应力，这种由切削机械应力引起的残余应力的原因称为机械效应。

采用检测残余应力的设备为 X 射线衍射仪，如图 6-35（a）所示，图 6-35（b）为测量结果。测量之前，首先利用乙醇溶剂对待测试的钛合金表面进行清洗，然后根据图 6-36 的残余应力测试方向示意图对已加工表面的残余应力进行测试。沿 15° 加工斜面的进给方向选取 3 个测试点，获取每个测试点进给方向的残余应力值，计算已加工表面的残余应力平均值并将其作为试验结果（陈建岭等，2010）。残余应力试验值和残余应力极差分析如表 6-16 与表 6-17 所示。

(a) X射线衍射仪

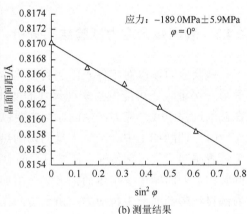
(b) 测量结果

图 6-35　X 射线衍射仪及测量结果

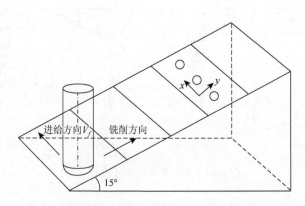

图 6-36　残余应力测试方向示意图

表 6-16　残余应力试验值　　　　　　　单位：MPa

试验序号	残余应力	试验序号	残余应力	试验序号	残余应力	试验序号	残余应力	试验序号	残余应力
1	124.7	11	224	21	259.3	31	142.7	41	113.5
2	133.5	12	203.4	22	212.6	32	112.8	42	199.4
3	155.8	13	102.7	23	201.4	33	136.7	43	149.8
4	136.5	14	117.5	24	100.5	34	203.2	44	72.9
5	163.5	15	113.6	25	168.8	35	174.6	45	122.2
6	107.6	16	206.8	26	199.9	36	155.9	46	87.2
7	109.8	17	190.4	27	187.9	37	143.2	47	71.5
8	199.8	18	185.8	28	154.7	38	124.3	48	100.5
9	215.7	19	103.5	29	143.2	39	112.9	49	99.1
10	189	20	85.9	30	207.7	40	106.2	50	133.1

表 6-17　残余应力极差分析

水平数	距刃距离 l/μm	直径 d_1/μm	间距 l_1/μm	角度 θ_1/(°)	直径 d_2/μm	间距 l_2/μm	角度 θ_2/(°)
1	160.74	162.16	153.83	157.39	155.85	125.86	140.91
2	159.15	156.45	126.98	133.17	156.04	156.92	136.84
3	140.37	151.11	132.07	138.48	151.49	164.7	145.33
4	143.02	130.5	158.46	157.4	129.27	158.43	157.35
5	143.4	146.46	175.34	160.24	154.03	140.77	166.25
Δ	20.37	31.66	48.36	27.07	26.77	38.84	29.41

如图 6-37 所示，当距刃距离 $l = 110$μm、粘结区域间距 $l_1 = 125$μm、角度 $\theta_1 = 0.8°$、滑动区域间距 $l_2 = 100$μm、角度 $\theta_2 = 0.6°$、直径为 60μm 时，残余应力最小。分析认为，残余应力的产生受到机械力效应、热效应及力与热的叠加效应影响，因此，微织构置入能够降低刀具力与热效应影响的作用，而变分布密度微织构球头铣刀在微织构刀具基础之上，进一步对刀具摩擦作用区域进行细化，最大程度上发挥微织构刀具的作用，对于控制切削过程力-热的影响优于普通微织构刀具，从而能够进一步减小已加工表面残余应力。

在粘结区域内，当微织构间距 $l_1 = 125$μm、角度 $\theta_1 = 0.8°$时，残余应力最小。因为当粘结区域微织构分布密集时，热效应产生的拉应力减小幅度增大，而机械效应所产生压应力减小幅度变小，因此，两者差值逐渐增大，即残余应力逐渐增大，且残余应力表现为机械效应所产生的压应力；当粘结区域微织构分布稀疏时，铣削力和铣削温度逐渐增大，热效应产生的拉应力增大、幅度减小，而机械效应所产生压应力增大、幅度变大，因此，两者差值逐渐增大，表现为残余应力逐渐增大，且残余应力形式依然为机械效应所产生的压应力。

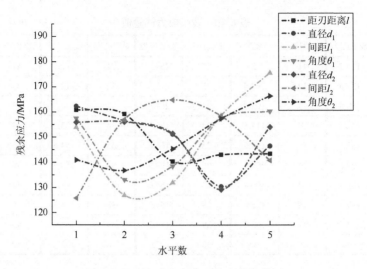

图 6-37　残余应力与微织构参数的关系

6.4.3　表面加工硬化试验结果分析

　　金属材料在切削过程中产生塑性变形，晶粒发生滑移、变长、破碎及纤维化，已加工表面会对金属件的进一步加工带来困难，能够增大切削过程切削力，加速刀具的磨损。采用断面法（Shirooyeh et al.，2014）测量已加工表面硬度，工件切割后的试件如图 6-38 所示。对切割后的钛合金已加工表面使用如图 6-39 所示的 HV-1000 型显微硬度仪进行检测。进行测量时使用 9.807N 的力进行加载，选择 HV1 为硬度标尺，载荷保持时间设定为 15s，在此条件下对已加工表面硬度进行测量。测得的钛合金工件表面显微硬度测量结果如表 6-18 所示，显微硬度极差分析结果如表 6-19 所示。

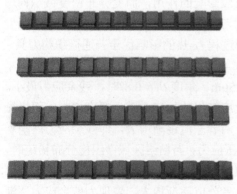

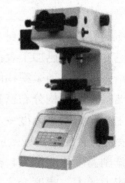

图 6-38　工件切割后的试件　　　　　　　图 6-39　HV-1000 型显微硬度仪

表 6-18　显微硬度（HV）测量结果

试验序号	显微硬度	试验序号	显微硬度	试验序号	显微硬度	试验序号	显微硬度	试验序号	显微硬度
1	564.63	11	574.27	21	544.83	31	522.70	41	483.07
2	564.33	12	588.77	22	527.63	32	503.20	42	487.57
3	540.87	13	636.43	23	535.73	33	501.30	43	479.90
4	571.73	14	520.07	24	538.40	34	519.90	44	498.27
5	556.33	15	535.30	25	552.67	35	509.03	45	521.97
6	594.63	16	529.97	26	498.37	36	526.90	46	490.97
7	540.53	17	542.30	27	508.00	37	528.03	47	496.37
8	548.90	18	534.60	28	475.73	38	520.43	48	495.03
9	551.60	19	537.97	29	527.50	39	460.13	49	517.60
10	551.37	20	519.47	30	520.77	40	466.27	50	479.53

表 6-19　显微硬度极差分析结果

水平数	距刃距离 $l/\mu m$	直径 $d_1/\mu m$	间距 $l_1/\mu m$	角度 $\theta_1/(°)$	直径 $d_2/\mu m$	间距 $l_2/\mu m$	角度 $\theta_2/(°)$
1	532.83	537.03	514.21	518.59	524.38	527.36	551.79
2	538.32	528.67	529.82	528.83	527.95	524.36	522.44
3	535.66	526.89	525.89	533.41	535.28	525.44	515.59
4	513.51	524.32	531.15	529.03	535.21	527.52	521.37
5	517.88	521.27	537.11	528.32	515.37	533.51	526.99
Δ	24.81	15.76	22.90	14.83	19.90	9.15	36.19

由图 6-40 可知，当距刃距离为 120μm 时，已加工表面加工硬化程度小，且影响趋势基本与切削力及切削温度趋势相同，因为切削力的降低会使工件表层的钛合金在切削过程中受到的塑性变形程度减弱，从而导致冷作硬化程度减弱。

在粘结区域内，随着微织构分布逐渐稀疏化，使微织构抗磨减摩作用减弱，铣削力增大，导致钛合金材料受到塑性变形强度增强，使表层材料冷作硬化现象明显；微织构直径的增大使已加工表面强度降低，因钛合金材料较差的传热性能，微织构直径增大时能够使切屑带走更多的热量，更少的热量留在已加工表面使加工硬化程度减小。滑动区域内微织构分布密度的增大会使已加工表面冷作硬化程度先减小后增大，而随着微织构直径增大，加工硬化程度先增大后减小。加工硬化变化趋势与力-热变化趋势相符。因为加工硬化与钛合金表面材料塑性变形及后刀面挤压有关，在后刀面无变化的情况下，材料塑性变形影响加工硬化程度。

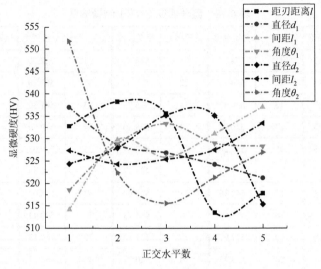

图 6-40　加工硬化与微织构参数间关系

6.5　基于模糊评价钛合金铣削加工性能多目标优化

变分布密度微织构球头铣刀切削钛合金切削性能评价因素较多，各因素之间存在相互影响，很难定量评价，因此，本章基于多目标决策理论，运用模糊评价法，针对不同评价目标采用指数标度的层次分析法，建立球头铣刀切削性能评价体系，对变分布密度微织构球头铣刀切削性能进行综合性评价。

6.5.1　变分布密度微织构球头铣刀切削性能评价指标

在实际加工过程中，刀具切削振动受到机床等因素影响相对较大，因此，不考虑切削振动性能（李香飞，2019）。本章将铣削力、铣削温度及表面完整性中的表面粗糙度、加工硬化及表面残余应力等因素作为变分布密度微织构球头铣刀的评价体系指标，综合考虑这几方面因素，对变分布密度微织构球头铣刀切削性能进行评价。

在切削加工过程中，切削力的产生将直接决定切削热的产生，通过切削力的大小还能够影响零件已加工表面质量及工件的加工精度，切削力的大小对于多种因素都有较大的影响，因此，铣削力应作为评价刀具切削性能的重要指标。切削热及由切削热所产生的切削温度能够直接影响到刀具使用寿命，同时切削热产生的大小能够改变切削部分工件材料组织性能，从而影响到工件加工的机械精度和已加工表面质量。

经过切削加工形成的已加工表面质量主要评价指标包括已加工表面粗糙度、

表面层冷作硬化程度及表面层残余应力。已加工表面质量对于加工的零件有着重要的影响，工件表面粗糙度过大，将会使工件和刀具的接触刚度降低，同时表面粗糙度较大使加工表面容易腐蚀和磨损，导致零件耐磨性差，易损坏。而工件表面层的冷作硬化现象将会降低零件的抗冲击能力。已加工表面的表面层存在的残余应力将会使表面产生微裂纹，从而降低零件本身的抗冲击能力。已加工表面完整性对零件的使用性能有着较大的影响，因此，切削加工完成后的已加工表面质量也是评定刀具切削性能的重要指标。

6.5.2　切削性能模糊综合评价模型

模糊综合评价法是基于模糊数学隶属度原则对受多种因素制约的对象做评价，将定性评价转化为定量评价的方法，因此，多目标决策是通过全面考虑多种条件和因素对事物进行总体的评价（王文宝等，2019）。对事物或目标进行模糊综合评价，考虑评价指标特性，首先采用单一指标对目标进行评价，之后结合各评价指标进行模糊综合评价。

1）评价指标的因素集 U

被评价目标受到多个评价指标相互影响，多个指标构成所有对目标有影响的评价指标因素集 U：

$$U = \{u_1, u_2, u_3, \cdots, u_n\} \tag{6-23}$$

式中，$u_i (i = 1, 2, \cdots, n)$ 为第 i 个评价指标；n 为评价指标数目。

2）评价指标的评判集 V

评判集 V 是被评价目标可能出现的结果集合：

$$V = \{v_1, v_2, v_3, \cdots, v_m\} \tag{6-24}$$

式中，$v_j (j = 1, 2, \cdots, m)$ 为第 j 个评价结果；m 为结果数目。

3）隶属度的确定

在模糊综合评价模型基础上，建立评价指标隶属度，对单个因素 u_i 进行评判，从而得到第 i 个因素 u_i 的评判结果 R_i 为

$$R_i = [r_{i1}, r_{i2}, r_{i3}, \cdots, r_{im}] \tag{6-25}$$

式中，r_{ij} 表示在因素集中，第 i 个因素 u_i 对评判集 v_j 对应的第 j 个等级的隶属度。n 维因素的综合评判矩阵由单因素评判结果 R_i 构成，即模糊矩阵 $R = (r_{ij})_{n \times m}$，$r_{ij} \in [0,1]$。

$$R = \begin{bmatrix} R_1 \\ R_2 \\ \vdots \\ R_n \end{bmatrix} = \begin{bmatrix} r_{11} & r_{12} & \cdots & r_{1m} \\ r_{21} & r_{22} & \cdots & r_{2m} \\ \vdots & \vdots & & \vdots \\ r_{n1} & r_{n2} & \cdots & r_{nm} \end{bmatrix} \tag{6-26}$$

根据因素集 U 中每个元素 $u_i(i=1,2,\cdots,n)$ 及判断集 V 中各元素 $v_j(j=1,2,\cdots,m)$ 进行隶属度 $r_{ij}(i=1,2,\cdots,n;\quad j=1,2,\cdots,m)$ 判断及计算，模糊数学理论对隶属度计算采用从优原则。本章所有指标均根据越小越优的原则确定隶属度。

（1）越大越优：

$$r_{ij}=\frac{x-a_1}{a_2-a_1}, \quad a_2=u_{\max}(x), \quad a_1=u_{\min}(x) \tag{6-27}$$

（2）越小越优：

$$r_{ij}=\frac{a_2-x}{a_2-a_1}, \quad a_2=u_{\max}(x), \quad a_1=u_{\min}(x) \tag{6-28}$$

4）建立权重集 A

基于各评价指标对评价结果影响程度进行权重分配，权重集 A 采用模糊向量可以表示为

$$A=[a_1,a_2,a_3,\cdots,a_n] \tag{6-29}$$

式中，$a_i(i=1,2,\cdots,n)$ 表示权重向量 $A=[a_1,a_2,a_3,\cdots,a_n]$ 中第 i 个评价指标因素 u_i 的加权值，规定 $a_i\geqslant0$，$\sum\limits_{i=1}^{n}a_i=1$。

5）模糊综合评价

模糊综合评价的被评价目标被多个因素影响，模糊变换矩阵为

$$B=A\circ R=[b_1,b_2,\cdots,b_m] \tag{6-30}$$

式中，B 为模糊综合评价矩阵；$b_i(i=1,2,\cdots,m)$ 为模糊综合评价指标。

在式（6-30）中 "。" 符号表示运算方式，可以根据选择的综合评价模型确定，主要有以下两种运算方式。

（1）$(\bullet,+)$ 表示先运算乘法，再运算加法。

$$b_j=\sum_{i=1}^{n}a_i\cdot r_{ij}, \quad i=1,2,\cdots,n, \quad j=1,2,\cdots,m \tag{6-31}$$

（2）$(\wedge,\vee)$ 表示先取最小值，再取最大值的运算（$\wedge$ 为取小，$\vee$ 为取大）。

$$b_j=\mathop{\vee}\limits_{i=1}^{n}(a_i\wedge r_{ij}), \quad i=1,2,\cdots,n, \quad j=1,2,\cdots,m \tag{6-32}$$

6.5.3　变分布密度微织构球头铣刀切削性能多级模糊综合评价

当采用传统的层次分析法中随机一致性指标建立判断矩阵时，虽然该指标有均匀性好的优点，但是因为其一致性好，构权结果易出现逆序问题，因此，需采用计算更加可靠的指标进行权重计算，指标如表 6-20 所示。

表 6-20　不同指标的重要性程度

重要性程度	指标值	$a = 1.316$ 时
同等重要	a_0	1
稍微重要	a_2	1.732
明显重要	a_4	3
强烈重要	a_6	5.194
极端重要	a_8	9

首先通过指数标度法构造指标因素判断矩阵，依据刀具选择情况统计得出判断矩阵，按照 $\{A, B, C, D, E\}$ = {切削力，切削温度，表面粗糙度，加工硬化，残余应力}顺序构建判断矩阵 M：

$$M = \begin{bmatrix} 1 & 1/a^2 & 1/a^4 & 1/a^6 & 1/a^6 \\ a^2 & 1 & 1/a^2 & 1/a^3 & 1/a^3 \\ a^4 & a^2 & 1 & 1/a^2 & 1/a^2 \\ a^6 & a^3 & a^2 & 1 & 1 \\ a^6 & a^3 & a^2 & 1 & 1 \end{bmatrix} \tag{6-33}$$

指数标度的随机一致性指标如表 6-21 所示。

表 6-21　指数标度的随机一致性指标

指数标度阶数	随机一致性指标 RI
1	0
2	0
3	0.360
4	0.580
5	0.720
6	0.820
7	0.880
8	0.930
9	0.970
10	0.990

一致性指标为

$$CI = \frac{\lambda_{max} - n}{n - 1} \tag{6-34}$$

式中，指标标度阶数 $n=5$，使用 MATLAB 软件计算出式（6-33）中判断矩阵 M 的最大特征根 $\lambda_{max}=5.0121$ 并代入式（6-34）中，求得 $CI=0.003025$。

定义一致性比例（CR）为

$$CR=\frac{CI}{RI} \qquad (6-35)$$

因此将 CI 及 λ_{max} 代入式（6-35）中，求得 $CR=0.0042$，因为 $CR \ll 0.1$，所以满足一致性要求。

最大特征值所对应的特征向量 $\overline{W}$ 为

$$\overline{W}=[0.4426,\quad 0.2297,\quad 0.1476,\quad 0.09,\quad 0.09]^{T} \qquad (6-36)$$

由此能够得到变分布密度微织构球头铣刀切削性能评价指标各部分的权重，经过量化织构的球头铣刀切削性能评价指标中，切削力的影响最大，切削温度次之，在确定选取的评价指标中，切削力影响最大，确定量化结果的正确性。

变分布密度微织构球头铣刀切削性能的模糊综合评价可以分成一级评价、二级评价。根据模糊评价的原理，前面建立了影响切削加工性能的指标因素集，本章依据试验结果建立了变分布密度微织构球头铣刀切削性能的多级模糊综合评价体系，图 6-41 为切削加工性能模糊综合评价体系。

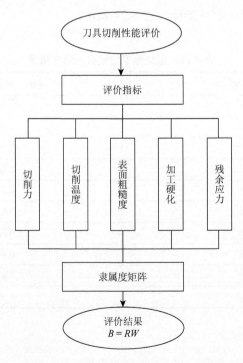

图 6-41　切削加工性能模糊综合评价体系

根据微织构球头铣刀的切削性能评价指标的特点，其因素集是 $U = \{u_1, u_2, u_3,$ $u_4, u_5\}$ = {切削力，切削温度，表面粗糙度，加工硬化，残余应力}。在切削过程中产生的切削力和切削温度越小，已加工表面的粗糙度、加工硬化和残余应力越小，则刀具的切削性能越好。评价集为 V = {优，良，差}，评价标准如表 6-22 所示。

表 6-22　评价标准

评价集	切削力/N	切削温度/℃	表面粗糙度/μm	残余应力/MPa	加工硬化（HV）
优	≤280	≤200	≤0.62	≤125	≤520
良	280～320	200～225	0.62～0.76	125～180	520～560
差	≥320	≥225	≥0.76	≥180	≥560

依据越小越优的原则，本节建立模糊隶属度函数，并通过计算得到表达式：

$$r_i = \begin{cases} 1, & x_i \leqslant s_i \\ \dfrac{s_j - x_i}{s_j - s_i}, & s_i < x_i < s_j \\ 0, & x_i \geqslant s_j \end{cases} \tag{6-37}$$

所以刀具性能评价隶属度矩阵 R：

$$R = [r_1, r_2, r_3, r_4, r_5] \tag{6-38}$$

刀具模糊综合评价矩阵结果 B：

$$B = R \cdot W \tag{6-39}$$

评价结果指标 B 数值越大，越接近于 1，则证明刀具性能越优，结果数值越小，越接近于 0，则刀具切削性能越差。

根据钛合金切削试验结果，本节采用基于模糊评价理论建立的变分布密度球头铣刀评价模型，评价后得到结果如图 6-42 所示。由评价结果可知，当刀具前刀面制备的微织构采用变分布密度设计时，刀具性能得到有效的提升，在本次评价体系下，当微织构分布参数为 $l = 100\mu m$，$l_1 = 150\mu m$，$l_2 = 175\mu m$，$\theta_1 = 0.8°$，$\theta_2 = 1°$，$d_1 = 40\mu m$，$d_2 = 60\mu m$ 时，刀具切削性能最优，且此时微织构在前刀面粘结区内分布密度大于滑动区域内微织构分布密度，且微织构尺寸参数略小于滑动区微织构尺寸参数，与试验结果相符。

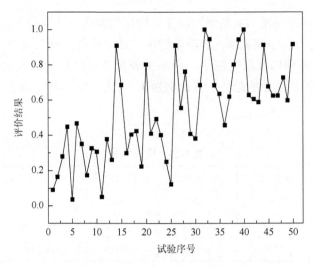

图 6-42　刀具切削性能评价结果

6.6　本章小结

本章主要基于理论分析，研究了球头铣刀铣削工件时的刀-屑接触关系，得到前刀面刀-屑接触区域位置及分布情况，并划分刀-屑接触区域为粘结区及滑动区；基于断续切削理论，结合刀-屑接触区域摩擦状态，提出了变分布密度微织构球头铣刀设计方法，建立了微织构变分布密度理论模型。然后，本章根据硬质合金球头铣刀三维几何模型，进行变分布密度微织构球头铣刀设计，采用仿真-试验等手段，得出微织构能够提高刀具的抗磨减摩性能的结论。之后，本章进一步利用扫描电子显微镜等设备研究了不同分布密度的微织构的抗磨减摩机理，发现微织构抗磨性能主要与激光加工后钴元素析出量有关，即钴元素析出量越高，微织构刀具磨损值越小、抗磨性能越好；而当 $d_1 = 30\mu m$、$d_2 = 60\mu m$、$\theta_1 = 1.2°$、$\theta_2 = 0.8°$、$l_1 = 150\mu m$、$l_2 = 100\mu m$ 时，微织构抗磨效果最好。同时，微织构的减摩性能主要与粘结区和滑移区长度及刀-屑接触区应力有关，当 $d_1 = 40\mu m$、$d_2 = 70\mu m$、$\theta_1 = 1°$、$\theta_2 = 0.8°$、$l_1 = 100\mu m$、$l_2 = 150\sim175\mu m$ 时，微织构减摩效果最好。通过对钛合金已加工表面的完整性进行测量分析，发现微织构的存在能够改善已加工表面质量，且当微织构分布呈现为变分布密度时，对已加工表面完整性作用更为明显，可使已加工表面质量得到有效改善。此外，本章还基于层次分析法，依照各参数指标特点确定综合模糊评价隶属度矩阵及评价指标矩阵，以此建立变分布密度微织构球头铣刀切削性能评价模型，并依照所建模型进行刀具切削性能评价，得出变分布密度微织构最优参数。结果表明，当 $l = 100\mu m$、$l_1 = 150\mu m$、$l_2 = 175\mu m$、$\theta_1 = 0.8°$、

$\theta_2 = 1°$、$d_1 = 40\mu m$、$d_2 = 60\mu m$ 时，球头铣刀切削性能较优。评价结果与试验结果相符，为变分布密度微织构球头铣刀切削性能优化研究提供理论基础。

参 考 文 献

陈建岭，李剑峰，孙杰，等. 2010. 钛合金铣削加工表面残余应力研究[J]. 机械强度，32（1）：53-57.

崔江涛. 2019. 钝圆刃口微织构球头铣刀参数设计与优化[D]. 哈尔滨：哈尔滨理工大学.

李香飞. 2019. 基于不同隶属度函数的金属材料切削加工性模糊综合评价[J]. 工具技术，53（4）：67-72.

佟欣，杨树财，何春生，等. 2019. 变密度织构球头铣刀切削性能多目标优化[J]. 机械工程学报，55（21）：221-232.

佟欣. 2019. 球头铣刀微织构精准分布设计及其参数优化研究[D]. 哈尔滨：哈尔滨理工大学.

王文宝，杨俊涛，郭留成，等. 2019. 模糊综合评价法优选小儿消食泡腾片的处方工艺[J]. 中国医院药学杂志，39（7）：662-665.

王志伟. 2016. 基于表面摩擦性能的硬质合金球头铣刀微织构优化[D]. 哈尔滨：哈尔滨理工大学.

杨树财，王志伟，张玉华，等. 2015. 表面微坑织构对球头铣刀片结构强度的影响[J]. 沈阳工业大学学报，37（3）：312-317.

Cao X，Xu Z，Peng Y，et al. 2016. Current development of residual stress measurement and research methods[J]. Low Temperature Architecture Technology，38（4）：76-79.

Shirooyeh M，Xu J，Langdon T G. 2014. Micro hardness evolution and mechanical characteristics of commercial purity titanium processed by high-pressure torsion[J]. Materials Science and Engineering A，614：223-231.

Su Y S，Li L，He N，et al. 2014. Experimental study of fiber laser surface texturing of polycrystalline diamond tools[J]. International Journal of Refractory Metals and Hard Materials，45：117-124.